国家科学技术学术著作出版基金资助出版

复金兹堡-朗道方程系统的混沌与斑图控制

高继华 谢玲玲 著

科学出版社

北京

内 容 简 介

本书介绍复金兹堡-朗道方程(CGLE)中混沌与斑图的控制方法,结合前沿课题展示混沌与斑图控制的潜在应用;通过理论分析结合数值模拟计算,探讨模型的动力学行为,介绍研究过程中的新发现。本书主要侧重于 CGLE 中混沌控制与斑图研究,系统地阐述非线性动力学的基本概念、发展历程、研究方法,为读者提供很好的入门参考;同时结合线性反馈、广义函数反馈等反馈方法,以及相压缩、耦合等非反馈方法,介绍作者具有创新性的研究成果,提供更为丰富的时空斑图研究内容。

本书可作为非线性科学等相关专业的本科生、研究生的参考用书,也可供动力系统控制方面的科研人员参考。

图书在版编目(CIP)数据

复金兹堡-朗道方程系统的混沌与斑图控制/高继华,谢玲玲著. —北京:科学出版社,2018.5
ISBN 978-7-03-057073-4

I.①复… II.①高… ②谢… III.①金茨堡-朗道理论 IV.①O511

中国版本图书馆 CIP 数据核字(2018)第 064443 号

责任编辑:周 涵／责任校对:邹慧卿
责任印制:张 伟／封面设计:无极书装

科学出版社出版
北京东黄城根北街 16 号
邮政编码:100717
http://www.sciencep.com
北京虎彩文化传播有限公司 印刷
科学出版社发行 各地新华书店经销

2018 年 5 月第 一 版 开本:720×1000 B5
2019 年 6 月第二次印刷 印张:15
字数:303 000
定价:118.00 元
(如有印装质量问题,我社负责调换)

前　言

非线性科学作为系统科学的一个重要分支,研究不同系统中的非线性问题,以及非线性现象之间的共性,发展至今,经历了孤立波、混沌、分形以及斑图动力学。

混沌现象从发现到发展,目前已有相对完备的体系。随着计算机技术的普及,对混沌现象的研究在各个领域迅速增多,新的成果不断涌现,尤其在混沌控制与同步方面,出版的相关书籍比较多。但是对时空系统斑图控制研究的系列参考书籍,特别是关于复金兹堡–朗道方程 (complex Ginzburg-Landau equation, CGLE) 的专门著作较少。时空斑图比单个振子具有更高的空间自由度,以及时间、空间上的复杂性,动力学行为更加多样,在一定程度上描述了真实体系的物理或化学过程。

本书主要取材于作者课题组与相关领域研究者的合作研究成果,包括在国内外重要刊物上发表的论文以及硕士学位论文。作者对 CGLE 研究近二十年,此书是在多年科学研究工作基础上对混沌与斑图控制合作研究工作的一个总结,主要侧重于 CGLE 中混沌控制与斑图研究,参考国内外相关论文与专著补充了一些基本知识,如非线性动力学的基本概念、发展历程、研究方法,为读者提供了很好的入门参考。同时结合前沿课题展示混沌与斑图控制的潜在应用;通过理论分析结合数值模拟计算,探讨模型的动力学行为,介绍研究过程中具有创新性的研究成果。

对非线性科学感兴趣的人员可将本书作为入门学习资料。同时,本书是作者在混沌与斑图控制领域的研究工作总结,可作为相关专业的本科生、研究生的参考用书,也可供动力系统控制方面的科研人员参考。

本书内容共 8 章。第 1 章介绍混沌与斑图动力学基本概念及研究方法、复金兹堡–朗道方程的推导及其性质。第 2 章研究连续变量线性反馈控制时空混沌,分别介绍随机巡游反馈方法、优化巡游反馈方法、混合巡游反馈方法以及全局负反馈方法。第 3 章介绍广义函数反馈方法抑制混沌运动,包括二次函数反馈方法、速度反馈方法以及其他形式函数反馈方法。第 4 章通过外力控制实现斑图的控制,如局域变量块方法、局域周期信号方法诱导生成靶波;讨论螺旋波波头的竞争行为;分析边界控制对系统变化趋势的影响;利用脉冲阵列控制螺旋波。第 5 章介绍相空间压缩方法实现一维及二维时空混沌的控制。第 6 章研究耦合作用下的斑图动力学行为,从模螺旋波的新发现到产生机制及稳定性行为研究,推广至更广泛的相–模同步行为。第 7 章分析介质不均匀性对系统的影响,如非均匀介质中波的竞争规律;从"能量"特征值的角度分析斑图动力学行为;利用局部参数不均匀性讨论系统频率的变化;研究双层系统中引入局域不均匀性产生周期性振荡的行为。第 8 章为结束语。

在我们的课题研究过程中,得到许多专家同行的大力帮助与支持,在此表示衷心的感谢。同时,也感谢高加振、谢伟苗、王宇、张超、史文茂、汤艳丰和肖骐诸研究生在编写过程中的帮助。

由于本领域研究发展较快,作者的水平有限,书中难免存在不足之处,敬请读者批评指正。

高继华
2018 年 1 月

目 录

前言
第1章 绪论 ·· 1
  1.1 非线性系统和复杂性问题 ··· 1
    1.1.1 线性观的成功与非线性的复杂性 ······································· 1
    1.1.2 自然界中的非线性现象 ·· 4
    1.1.3 非线性科学研究的国内外发展 ··· 6
    1.1.4 动力系统理论基本概念介绍 ·· 7
  1.2 混沌与混沌控制 ·· 10
    1.2.1 混沌研究的发展史 ·· 10
    1.2.2 混沌的特征 ··· 13
    1.2.3 混沌控制的主要方法 ··· 14
    1.2.4 混沌同步 ·· 18
  1.3 斑图 ·· 18
    1.3.1 斑图与斑图动力学 ·· 19
    1.3.2 反应扩散系统 ··· 20
    1.3.3 实验中观察到的斑图 ··· 23
    1.3.4 螺旋波的动力学行为 ·· 23
    1.3.5 螺旋波控制 ··· 28
  1.4 线性稳定性分析 ··· 29
  1.5 复金兹堡-朗道方程介绍 ·· 31
    1.5.1 方程的推导 ··· 32
    1.5.2 方程的有关性质 ·· 36
    1.5.3 行波解的稳定性 ·· 36
    1.5.4 螺旋波解 ·· 39
  参考文献 ·· 41
第2章 连续变量线性反馈方法实现时空混沌的控制 ····················· 48
  2.1 时空混沌的随机巡游反馈方法 ··· 49
  2.2 时空混沌的优化巡游反馈方法 ··· 55
  2.3 时空混沌的混合巡游反馈方法 ··· 60
  2.4 时空混沌控制的过渡区域——负反馈控制方法 ·························· 65

2.4.1　理论分析 ································· 65
　　2.4.2　数值实验结果 ······························ 67
参考文献 ··· 71

第 3 章　广义函数反馈方法实现时空混沌的控制与同步 ····· 75
3.1　广义反馈控制方法介绍 ························· 75
3.2　二次函数反馈方法 ····························· 76
3.3　局域速度反馈方法 ····························· 82
　　3.3.1　利用速度反馈方法控制时空混沌的解析研究 ·············· 82
　　3.3.2　局域速度反馈方法同步时空混沌 ················ 85
3.4　速度反馈方法 ································· 89
　　3.4.1　线性稳定性分析 ························· 89
　　3.4.2　临界控制强度 ·························· 90
　　3.4.3　系统的尺寸效应 ························ 93
3.5　耦合振子中广义函数反馈控制方法的应用 ········ 95
　　3.5.1　不同函数反馈控制数值模拟结果 ················ 96
　　3.5.2　参数对速度反馈控制方法的影响 ················ 97
参考文献 ·· 100

第 4 章　外力控制下斑图的动力学行为 ················ 101
4.1　局域变量块方法 ······························ 102
4.2　利用局域周期信号抑制螺旋波 ·················· 107
4.3　边界控制产生的振幅波 ························ 113
　　4.3.1　振幅波的介绍 ·························· 113
　　4.3.2　数值实验结果 ·························· 114
4.4　利用脉冲阵列控制螺旋波 ······················ 120
　　4.4.1　螺旋波的尺寸转换 ······················ 120
　　4.4.2　脉冲强度的作用 ························ 122
　　4.4.3　脉冲时间的作用 ························ 123
　　4.4.4　阵列密度的作用 ························ 123
4.5　螺旋波波头的竞争行为 ························ 125
　　4.5.1　模型与控制方法 ························ 125
　　4.5.2　数值模拟 ····························· 126
参考文献 ·· 135

第 5 章　相空间压缩方法控制时空混沌与螺旋波 ········· 141
5.1　全局相空间压缩方法 ·························· 141
5.2　局域相空间压缩方法 ·························· 145

| | | 5.2.1 一维局域相空间压缩 · 145 |
| | | 5.2.2 二维局域相空间压缩 · 146 |

参考文献 · 151

第 6 章 耦合作用下的斑图动力学行为 · 152

6.1 模螺旋波的产生 · 153
6.1.1 模型与初始条件 · 153
6.1.2 实验观察 · 154
6.1.3 模螺旋波的产生机制 · 157
6.1.4 新频率 Ω_2 的来源 · 160

6.2 模螺旋波的稳定条件及影响因素 · 163
6.2.1 模螺旋波产生过程 · 164
6.2.2 初始条件的影响 · 165
6.2.3 系统参数的影响 · 167

6.3 模螺旋波与其他斑图的竞争情况 · 169
6.3.1 模型介绍 · 170
6.3.2 数值实验结果 · 171
6.3.3 理论分析 · 175

6.4 相–模同步现象的广泛存在性 · 178
6.4.1 模型介绍 · 179
6.4.2 数值模拟 · 180

参考文献 · 187

第 7 章 不均匀介质中斑图的动力学行为 · 191

7.1 复金兹堡–朗道方程中能量特征值分析 · 191
7.1.1 理论推导 · 191
7.1.2 数值分析 · 193

7.2 二维非均匀振荡介质中波的竞争规律 · 198
7.2.1 方法与模型介绍 · 199
7.2.2 波的常规竞争规律 · 200
7.2.3 界面选择波的产生 · 204
7.2.4 波共存 · 205

7.3 局部不均匀性对时空系统振荡频率的影响 · 207
7.3.1 模型和控制方法 · 208
7.3.2 数值模拟与分析 · 208

7.4 局域不均匀性产生靶波在双层系统中周期性振荡行为研究 · · · · · · · · · · 216
7.4.1 靶波的产生 · 216

  7.4.2 双层耦合复金兹堡–朗道方程系统 ·· 219
  7.4.3 理论分析 ··· 220
 参考文献 ··· 224
第 8 章 结束语 ··· 227
附录 科学家中外译名对照表 ··· 229
索引 ··· 231

第1章 绪　　论

非线性科学是关注各个学科中非线性问题共性的一门跨领域基础性研究学科，研究非线性现象中的规律性与普适性，涉及物理化学、生命科学、社会科学等多个领域。非线性科学发展至今，经历了孤立波、混沌、分形、斑图以及复杂性等方面的研究。

在理论研究中，时空系统的动力学特性通常采用反应扩散方程来建模描述。复金兹堡–朗道方程 (complex Ginzburg-Landau equation，CGLE) 是其中一个典型的振荡介质反应扩散系统。CGLE 是一个非线性偏微分方程，描述了非线性动力系统在霍普夫分岔点附近的一些普遍性质，系统参数简单且包含极为丰富的时空斑图模式，在力学、物理学以及其他领域中用来描述非线性波动和相变现象的重要物理模型，如化学反应的湍流、流体系统的不稳定性、超导中的涡旋问题等，具有丰富的物理背景。国内外的研究小组借助此模型在研究时空混沌与斑图控制方面，已取得一些重要研究结果，将在后续对应的章节中介绍。本书基于非线性动力学，以 CGLE 为时空系统模型，探讨时空混沌、螺旋波等斑图的动力学行为与控制问题。

本章从非线性科学基础知识与基础理论出发，简单介绍非线性科学研究的内容，着重介绍混沌与斑图的发展，包括数学模型及基本理论；以双变量系统为例介绍线性稳定性分析方法，这是非线性科学中常用的工具之一。本章还将详细介绍 CGLE 的由来与方程的主要性质。

1.1　非线性系统和复杂性问题

1.1.1　线性观的成功与非线性的复杂性

在系统科学中，对系统的定义是一些相互作用或相互联系的要素 (部件) 的集合，包含了自然系统与人造系统。根据系统与环境之间的相互作用情况，可分为封闭系统与开放系统。当系统中的状态变量随时间变化而变化时，这样的系统称为动力系统 (dynamical system)[1,2]。例如，草地上兔子的数量、水龙头的水滴速度、海岸线的长度、大气的运动、心脏的跳动、商品价格的涨落等。动力系统在某个时刻的状态 (性质或特征) 可以用一些状态变量 (state variables) 来表示，如运动物体的位置与速度、物种的数量。动力系统中变量的演化以及动力系统的变化趋势是我们所感兴趣的内容。研究动力系统中变量随时间演化行为的学科我们称之为动力学。状态变量演化的规律可用连续或离散的微分方程来表示，这种方程称为动力学方程 (dynamical equation)。

按照系统中动力学演化与变量之间的关系，可分为线性系统与非线性系统。借助数学公式可更直观地了解，用线性方程描述的系统即线性系统，用非线性方程描述的系统称为非线性系统。图 1.1 中从线性函数到对线性的偏离，看似无规律的波动曲线，后者的非线性一目了然。

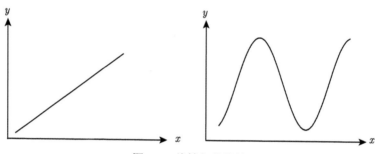

图 1.1　线性与非线性

从数学角度看，线性是简单的比例关系，线性方程的解满足线性叠加原理，任意两个解加在一起构成新的解。人们通过把问题分解为多个小问题，分别求解后加起来得到整个问题的解，如傅里叶变换方法与拉普拉斯方法。确定性系统 (deterministic system) 中后一个状态由前一个状态按照一定的规律演变而来，是可预测的，完全可知的。非线性动力学的解无法通过线性叠加构成。这也是为什么研究非线性系统比线性系统更困难。一方面，因为线性系统中变量之间的关系简单直接，系统随初始状态的变化是稳定且可预测的。线性方程具有可叠加的特性，可以将整体分解为几个部分处理，分别求解后再叠加起来，便得到整体的解。简单的叠加并不适用于非线性系统。另一方面，因为在数学里线性关系和线性方程都是可解的，而非线性方程往往很难得到精确解，需要通过近似求解。相比之下，非线性系统要比线性系统复杂许多。

几百年来，线性系统在科学研究上取得了巨大的成功，牛顿力学三定律、麦克斯韦电磁理论等奠定了现代科学发展的基础。经典力学中的基本规律都是确定性的，"只要给我初始条件，我就可以决定未来的一切"。近代科学的产生与发展实质上是以线性系统这样的简单对象进行研究。线性函数、线性方程等强有力的线性理论为线性系统的研究提供了数学方法与工具。

线性科学在理论与实践上取得了令人瞩目的非凡成果，但同时也造成了一种假象：认为只有线性现象才有普遍规律，非线性现象中不能建立普适方法与规律。在热力学的课堂上，大学老师跳过远离平衡态的耗散结构章节；在科学研究中，更

1.1 非线性系统和复杂性问题

倾向于建立线性模型或者把非线性模型线性化处理。这种线性观掩盖了复杂的客观世界。

世界的本质是非线性的。现实生活中广泛存在着非线性现象，例如，股票市场的波动、地壳运动与地震、种群的演化、谣言的传播、风中的旗帜、台风的运动等。运动中的钟摆因空气阻力最终会静止，如果没有摩擦力，物体将会保持其运动速度一直运动下去。一些确定性系统中却出现了随机性行为，形成了复杂的结构和变化。复杂性可以体现在多个方面，如系统行为随时间或空间变化的复杂性，形成看似杂乱无章图案的空间变化复杂性。所以说线性关系是非线性关系的特殊情形，是对一部分简单非线性系统的理论近似。非线性是丰富多样化的现实世界中的主导。

物理学是动力系统研究的源头之一，17世纪中叶，当时牛顿（Newton）发明了微分方程，发现了运动定律与万有引力定律，并将其结合起来解释开普勒的行星运动定律。牛顿还解决了太阳-地球运动的二体问题。之后几代科学家试图用牛顿二体问题的分析方法来处理三体问题，但都失败，对于三体问题，仍然找不到除能量之外的其他解析解。至今三体问题仍无法求出普遍适用的解析解。

到了19世纪末，庞加莱（H. Poincaré）做出了突破性的工作，他提出一种定性而非定量的角度。例如，我们不去关心行星在任何时刻的精确位置，而是问"太阳系是恒稳的呢，还是有些行星最终会往外飞向无穷远呢？"这样的问题。庞加莱创立了一套几何方法来分析这类天体运动问题，这种方法已经在现代动力学中得到广泛应用。庞加莱也是第一个窥见"混沌"存在的人，混沌意味着一个确定性系统会表现出对初始条件敏感的非周期行为，因而不可能进行长期的预测。动力系统的概念是由庞加莱在研究三体问题时提出的，其目的是考察轨道的长期行为。

但到20世纪前半时期，混沌仍然未引人注意，而非线性振子的动力学在物理学和工程中的应用则备受关注。例如，在收音机、雷达、锁相和激光等技术中，非线性振子发挥关键性作用；在理论方面，非线性振荡也促使了新数学技术的发展。同时，庞加莱的几何学方法被推广到新的应用领域。

20世纪50年代高速计算机的发明，在动力学发展史上是一道分水岭。计算机使得人们能够以不同以往的方式进行试验，得到非线性系统更直觉的结果。例如，爱德华·洛伦兹（Edward Lorenz）在1963年发现了奇怪吸引子混沌行为，但这种混沌现象在当时并未引起注意。直到20世纪70年代混沌学才开始兴起。

1971年吕埃勒（D. Ruelle）和塔肯斯（F. Takens）在混沌吸引子的基础上，提出了关于湍流的新理论。几年后，生物学家罗伯特·梅（Robert May）在群体生物学的迭代映射中发现了混沌的行为，并撰写了一篇极具影响力的评论，强调研究简单的非线性系统在教学上的重要性。而后物理学家米切尔·费根鲍姆（Mitchell Jay Feigenbaum）提出了一个极为重要的发现。他发现存在着一些特定的普遍定律支配着系统由规则转变为混沌的行为，也就是说，完全不同的系统会以同样的方式趋于混沌。他的工作将混沌与相变联系起来，掀起了物理学家们对动力学的研究热潮。一批物理学家在流体、化学反应、电路、机械振荡和半导体等实验中尝试用混沌思想开展研究。

同时期，动力学领域中还有两方面的重要发展：一是法国数学家曼德勃罗 (Benoit B. Mandelbrot) 创立分形学并指明其可应用于很多学科中。1967 年曼德勃罗在美国《科学》(Science) 杂志上提出"英国的海岸线有多长？"这一有趣的问题，初步表述了分形的思想，在随后的文章与论著中进一步阐明分形的研究，奠定了分形学的基础[3]。二是在新兴的生物数学领域，维夫瑞 (Arthur T. Winfree) 将动力学方法应用到生物周期运动中，尤其是生理节律与心脏系统。

1.1.2 自然界中的非线性现象

1. 化学振荡

别洛乌索夫–扎布亭斯基 (Belousov-Zhabotinski，BZ) 反应是化学反应扩散系统中最为经典的例子。

1951 年，苏联生物学家别洛乌索夫 (Belousov) 在研究溴酸盐与柠檬酸在铈离子催化下的化学反应过程中观察到了振荡现象，系统在黄色态与无色态之间有规律地周期振荡。这种现象在当时被认为与热力学第二定律相违背，因此别洛乌索夫的研究成果不被认可，论文投稿被拒。七年后他在一位朋友的帮助下才在一个医学会议论文集中发表了论文摘要。1960 年，另一位苏联生物学家扎布亭斯基 (Zhabotinski) 对别洛乌索夫的实验进行了改进，以丙二酸代替柠檬酸，用一系列严谨的实验结果说明溶液中颜色的振荡是由于黄色的四价铈离子浓度的变化，验证了化学反应振荡现象的客观存在。此后，为方便起见，将出现周期振荡现象的这一大类化学反应统称为化学振荡反应或别洛乌索夫–扎布亭斯基反应，简称 BZ 反应。1968 年，维夫瑞在一次会议上了解到 BZ 反应与化学振荡现象并将其介绍到西方，引起了化学及物理界的注意。普利高津 (I.Prigogine) 所在的比利时布鲁塞尔物理化学组建立了耗散结构理论，为振荡反应提供了理论基础。费尔德 (R. J. Field)、克劳斯 (E. Körös)、诺伊斯 (R. M. Noyes) 三位科学家经过多年的努力，研究 BZ 反应的机制，称为 FKN(Field, Körös and Noyes) 机制，并在此机制的基础上提出俄勒冈 (Oregonator) 数学模型，用来解释并描述 BZ 振荡反应的很多性质。该模型后续不断被简化及修正，能模拟 BZ 反应中的振荡与波行为。法国波尔多研究小组研发出一个全混釜开放反应器从实验上来观察研究 BZ 反应的化学波。从此，振荡反应赢得了重视，被系统性地研究并得到了迅速发展。随后人们发现了一大批可呈现化学振荡反应的系统。目前，已有至少 200 种不同的化学振荡系统被发现。

2. 贝纳德对流

1900 年，法国物理学家贝纳德 (E. Benard) 利用流体完成的一个著名实验，称为贝纳德对流 (图 1.2)。

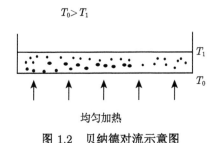

图 1.2 贝纳德对流示意图

取一层流体，上、下各与一片很大的恒温热源板接触，温度分别恒定在 T_1、T_0，要求板的宽度与长度远大于两板之间的距离。

实验中发现：

(1) 当两板温度相等，即 $T_1 = T_0$ 时，流体处于热力学平衡态。

(2) 当加热下板，使得 $T_1 < T_0$ 时，流体内分子间通过无规则碰撞传递能量，形成由下而上的温度梯度，热量不断地从下板通过流体传向上板，流体处于非平衡热传导态。如果两板温度差异不大，$\Delta T = T_0 - T_1 < \Delta T_c$ 在某一临界值内，经过一段时间后，整个流体宏观上仍保持静止。

(3) 当温差超过这一阈值，即 $\Delta T = T_0 - T_1 > \Delta T_c$ 时，流体内分子形成对流传热的形式，大量的分子被组织起来，协同参加了统一的运动，此时流体出现宏观花样，如图 1.3 侧面观察到的贝纳德对流。从上往下俯视观察，显示的是像蜂巢的正六边形格子，如图 1.4 所示。在正六边形格子中，中心液体往上流，边缘液体往下流。在对流

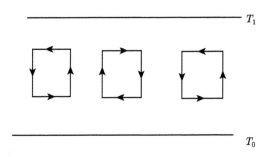

图 1.3 贝纳德对流侧面示意图

$\Delta T = T_0 - T_1 > \Delta T_c$ 时对流发生，对流方向为箭头所指方向

状态下，流体在空间各个方向的对称性被打破，系统内部自发产生了对称性破缺，使系统原本无序的热运动产生了如图 1.4 所示的规则图样，而且按照图 1.3 所示的箭头方向，通过宏观上的对流，将下板的能量传递给了上板。另外，贝纳德对流的图样依据流体厚度、宏观边界条件等方面的差异，也可以是其他形状，如正方形。

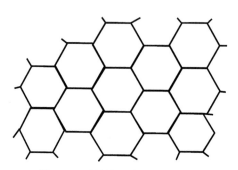

图 1.4　贝纳德对流俯视示意图

1.1.3　非线性科学研究的国内外发展

非线性科学是研究复杂现象共性问题的新学科。混沌、分形与孤立子是非线性科学发展较早的几个领域。混沌将越分越细的科学与技术横向联系起来，因而在科学中占据重要位置，被认为是相对论、量子力学之后的又一次科学革命。20 世纪 40 年代，以一般系统论、控制论、信息论为代表；60 年代，耗散结构、协同学、突变理论等自组织理论先后诞生；70 年代，确定性系统中混沌现象的广泛研究激发了人们对复杂性问题的探索。国际上，非线性科学研究中心或研究机构在各学术团体、大学、实验室、技术公司里接踵而建。

我国非线性科学的研究起步稍晚，在国家的支持下，经过"攀登计划"、"八五"、"九五"和 973 计划，研究水平有了很大的发展。国内前期的非线性科学研究曾一直笼统地称为系统科学。以科学家钱学森为代表的研究队伍便是其中一个学派，该学派侧重于系统工程的应用。

1983 年，郝柏林发表《分岔、混沌、奇怪吸引子、湍流及其他——关于确定论系统总的内在随机性》长篇综述，将非线性科学的基本内容与方法介绍到中国，起了很大的启蒙作用，推动了国内非线性科学事业的发展。

1991 年，关于复杂性科学第一次研讨会在中国科学院召开，促进了国内非线性科学研究的深入发展。《世界科学》期刊对非线性科学进行大力宣传、普及以及推广。中国科学院理论物理研究所常年举办非线性问题学术讨论会，介绍优秀的非线性专著以及国际上相关领域的发展，加强学术交流。

1992 年，国家 "攀登计划" 把非线性科学列入其中。

在 "八五" 计划期间把 "非线性科学" 作为国家十项重大课题之一，定下 15 个课题。

"非线性科学中的若干前沿问题" 是国家 973 计划项目之一。

1.1.4 动力系统理论基本概念介绍

动力系统理论研究的是系统状态变量随时间演变的变化规律，起源于 19 世纪末对常微分方程的研究，代表著作有法国数学家庞加莱《微分方程定义的积分曲线》系列论文，李雅普诺夫 (Lyapunov)《运动稳定性通论》，美国数学家伯克霍夫 (George David Birkhoff)《动力系统》等。

动力系统的分类：从物理角度考虑系统的演化行为可分为保守系统 (相空间体积不变) 与耗散系统 (相空间体积收缩)。从数学形式的不同分为连续动力系统与离散动力系统。按相空间维数可分为有限维动力系统与无穷维动力系统。

为了后续方便理解，简单介绍非线性动力学中常用的几个概念：相空间、分岔、李雅普诺夫指数、非线性动力系统模型。

1. 相空间

相空间 (phase space) 是一个假想的空间，由动力系统中的变量组成。系统某一时刻的状态在相空间中可用一个点来表示，如图 1.5 所示，以变量 x_1, x_2 为坐标轴构造这样一个空间，$(x_1(0), x_2(0))$ 是系统初始状态，随时间变化到下一个状态 $(x_1(t), x_2(t))$，在相空间中成一条曲线，这个曲线称为变量的轨迹 (trajectory)，轨迹可理解为状态的时间序列。这些轨迹曲线与初始条件相关。邻近的初始条件轨迹的集合构成流 (flow)，表示系统的运动趋势。

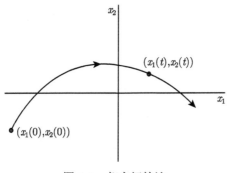

图 1.5 相空间轨迹

接下来通过一个简单的例子来介绍不动点与稳定性。考虑简单的一维动力系统

$$\frac{\partial x}{\partial t} = x^2 - 1$$

借助几何方法与流体中的向量场来展开讨论。想象有一个粒子，以一定的速度沿着 x 轴方向流动，如图 1.6 所示，x 是它的位置坐标，$\partial x/\partial t$ 则表示粒子的运动速度，$x^2 - 1$ 代表在 x 轴的向量场 (或流场)，是粒子在 x 位置时的运动速度。当 $x = \pm 1$，$x^2 - 1 = 0$ 时，即 $\partial x/\partial t = 0$，所以 $x = \pm 1$ 是两个不动点。当粒子的位置在 $-1 < x < 1$ 时，粒子向左运动，即 $\partial x/\partial t < 0$；当 $x > 1$ 或 $x < -1$ 时，粒子向右运动，$\partial x/\partial t > 0$。从流体力学看，当 $\partial x/\partial t > 0$ 时流体向右流动，$\partial x/\partial t < 0$ 时流体向左流动，$\partial x/\partial t = 0$ 时静止，在 $\partial x/\partial t = 0$ 的点就称为不动点 (fixed points) 或平衡态 (equilibrium)。$x = -1$ 是稳定不动点 (stable fixed point, 不随时间变化的状态)，也称为吸引子 (attractor)，因为附近的流体都汇集到这里，当系统状态发生偏离时自动地回到原来的位置；$x = 1$ 是不稳定的不动点，附近的流体从这里流出，像一个源头，当系统状态发生偏离时，会自动地从这里离开。

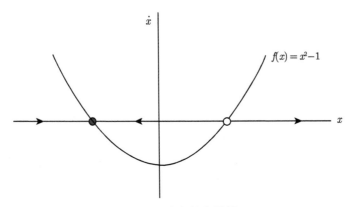

图 1.6　方程的向量场

2. 分岔

分岔 (bifurcation)，也称分歧或分支，指动力系统中参数值跨越临界值 (即分岔点) 所导致系统稳定状态定性变化的现象，如图 1.7(a) 所示。在非线性系统中，分岔是一个普遍现象。分岔的出现通常意味着系统的解是结构不稳定的。结构稳定性是指系统自身参数发生微小变化时，系统的解不会发生本质变化。除了结构稳定性，系统的另一种稳定性是状态稳定性，也称李雅普诺夫稳定性，将在后续章节中详细介绍。

霍普夫分岔 (Hopf bifurcation) 是分岔现象中一种典型的动态分岔，如图 1.7(b) 所示，参数 μ 在超过分岔点 μ_c 后系统失稳，由稳定解突变为周期振荡的极限环。

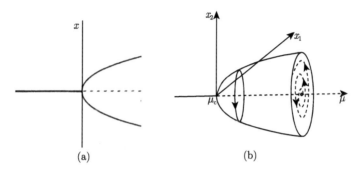

图 1.7 (a) 分岔示意图；(b) 霍普夫分岔，图片来自文献 [4]，图中实线表示稳定态，虚线表示不稳定态，实线与虚线的相交处是分岔点

3. 李雅普诺夫指数

李雅普诺夫指数 (Lyapunov exponent) λ 定义为 $\lambda = \lim\limits_{n \to \infty} \dfrac{1}{n} \sum\limits_{i=0}^{n-1} \log \left| \dfrac{\mathrm{d}y_i}{\mathrm{d}x_i} \right|$ (离散系统) 或 $\lambda = \int \log \left| \dfrac{\mathrm{d}y}{\mathrm{d}x} \right| \mathrm{d}u(x)$ (连续系统)。李雅普诺夫指数可能大于、等于或小于零，它的正负号可以作为混沌行为的判断依据。正的李雅普诺夫指数表明运动轨迹局部不稳定，相邻的轨道指数分离。只有零和负的李雅普诺夫指数表明运动轨迹是稳定的，对应着周期运动。运动行为的稳定性对应准周期 (多于一个零李雅普诺夫指数)、周期 (单个零李雅普诺夫指数) 或者稳定定态 (全为负的李雅普诺夫指数)。李雅普诺夫指数由负变正意味着系统从规则运动向混沌运动转变。

4. 非线性动力系统模型

时空复杂行为在生活中随处可见，因此研究时空系统显得尤为重要。通常可以用一系列的非线性偏微分方程组来描述，一般使用研究高维系统的方法，对方程组进行时间、空间以及状态变量的离散化，获得对偏微分方程组的良好近似。

目前被广泛研究的时空斑图和时空混沌的非线性动力系统模型主要有以下四类：元胞自动机 (cellular automata)、耦合映象格子 (coupled map lattices, CML)、耦合常微分方程组 (coupled differential equations)、非线性偏微分方程组 (nonlinear partial differential equations)。从表 1.1 可以更直观地比较四类模型的特点。

表 1.1 四类时空系统模型 [5]

模型	状态变量	时间	空间
元胞自动机	离散	离散	离散
耦合映象格子	连续	离散	离散
耦合常微分方程组	连续	连续	离散
非线性偏微分方程组	连续	连续	连续

元胞自动机，对时间、空间、状态变量都进行了离散化。离散化后的变量容易进行高效率的数值处理，但全面的离散化会影响计算的准确性，使得模型与实际系统之间产生较大的差别。

耦合映象格子，状态变量是连续的，对时间和空间同时离散化。和元胞自动机模型相比，仅保持了状态变量未被离散化。

耦合常微分方程组，也称非线性振子，只对系统的空间进行离散化，时间与状态变量保持连续性，这种模型对系统随时间的演化描述比较完备。与前两种方法相比，在理论分析上不易进行研究，但更能反映实际系统性质，并且在数值分析中与直接处理偏微分方程相比仍较简便。

非线性偏微分方程组，时间、空间、状态变量都连续的系统，具有无穷维数，是最接近实际系统行为的动力学模型。在时空系统中，前三种模型都可以通过将非线性偏微分方程组经过不同的离散化而得到。需要指出的是，前几种模型本身也可以直接反映一些实际系统的行为，例如，耦合映象格子直接表现神经网络的一些本质特点，耦合常微分方程组很好地反映了阵列激光和耦合约瑟夫森结 (Josephson junctions) 的行为等，所以这四类模型都有研究意义。

1.2 混沌与混沌控制

1.2.1 混沌研究的发展史

混沌是动力学的分支之一，有关混沌的研究亦是非线性科学的重要方向。动力系统中混沌现象的发现和研究可以追溯到庞加莱。1885 年，瑞士国王奥斯卡二世设立了 "n 体问题" 奖，这引起了庞加莱的兴趣，他在研究太阳、地球、月球这三者的相对运动时发现与单体运动或其他二体运动不同，三体运动产生更加复杂的动力学行为，以至于对于给定的初始条件几乎无法预测时间趋于无穷时轨道的最终结果。这就是著名的三体问题。后来的科学家们将这种轨道长时间行为的不确定性称为混沌。所以说庞加莱是发现混沌现象的先驱。但是当时的数学水平还不足以解决这类复杂的问题，他主要的工作偏重于发展新的数学工具。庞加莱与李雅普诺夫一起奠定了微分方程定性理论的基础，为现代动力学系统理论提供了一系列基础概念，如动力系统、稳定性、分岔等，以及许多有效的方法和工具，如摄动方法、庞加莱截面法等[6,7]。在他之后，一大批数学家和物理学家在各自的研究领域里为混沌系统的研究积累了有用的数据与模型[8]。

在 20 世纪 60 年代，在数学领域已经发现了许多混沌行为的例子，例如，法国天文学家厄农 (M. Henon) 在 1964 年发现了一个典型的映射，具有混沌吸引子特性，后人称之为厄农映射。混沌研究在以保守系统为研究对象的天体力学领域出现了重大突破，KAM 定理 (以 Kolmogorov, Arnold, Moser 三位科学家名字的首字母命名) 被公认为创建混沌学理论的历史性标志。1954 年，苏联数学家柯尔莫哥洛夫 (A. H. Kolmogorov) 在阿姆斯特丹国际数学大会上宣读了他的论文《在具有小改变量的哈密顿函数中条件周期运动的保持性》，他发现了一个充分接近可积哈密顿系统的不可积系统，对于这个系统，若把不可积当作可积的扰动来处理，当扰动足够小的情况下，系统的运动行为与可积系统基本保持一致；但当扰动比较大时，系统会产生与可积系统完全不同的运动行为，称为混沌系统。柯尔莫哥洛夫的学生阿诺尔德 (V. I. Arnold) 于 1963 年给出了严格的数学证明。几乎同时，瑞士数学家莫泽 (J. K. Moser) 改进了柯尔莫哥洛夫论文中的表述，同时也进行了独立的证明。从而简称为 KAM 定理。另一个重大突破是美国气象学家洛伦兹在计算机上进行的一系列数值计算。1963 年，洛伦兹在《大气科学杂志》(*Journal of Atmospheric Science*) 上发表了一篇论文名为《确定性的非周期流》(*Deterministic nonperiodic flow*)，他在计算机上用一组包含 12 个微分方程的简单模式模拟天气时发现了一些奇特的现象：十分微小的输入变化可以导致完全不同的输出结果。在完成一次计算后，洛伦兹想考察可能出现的其他变化，但为了节约时间他选择从中间开始，于是在计算机中直接输入数字 0.506 (这是计算机打印出来的数字，计算机的原始数据为 0.506127)。新计算的结果却与第一次大相径庭。洛伦兹这个 "失之毫厘，谬以千里" 的偶然发现，开辟了一个全新的科学领域。该文被认为是研究混沌现象的第一篇论文，但在当时并没有引起注意。将近十年之后，这篇论文的重要性才被学者们意识到。

到了 20 世纪 70 年代，科学家们以下一系列的发现引起人们对混沌特性的广泛关注。1977 年，在意大利召开了第一次国际混沌会议，标志着混沌科学的诞生。

1971 年，法国数学物理学家吕埃勒和荷兰数学家塔肯斯尝试利用混沌吸引子理论解释湍流的产生机理，并且修正了朗道 (Landau) 关于湍流形成机制的不正确理论，联名发表《论湍流的本质》一文。同时，他们还发现了动力系统中 "奇怪吸引子"(strange attractor) 的存在。

澳大利亚数学生物学家罗伯特·梅在研究种群动力学的过程中发现环境中的非线性反馈可导致动物种群数量的伪随机变化，提出了倍周期分岔进入混沌的道路，即著名的逻辑斯蒂 (Logistic) 模型，也叫虫口模型。相关的学术论文《具有复杂动力学过程的简单数学模型》于 1976 年发表在美国《自然》杂志。这个看似非常简单的一维映射模型表现出极为复杂的动力学行为，如图 1.8 展示了三种不同形式的虫口模型分岔图。郝柏林院士著作《从抛物线谈起 —— 混沌动力学引论》[9] 一书中有详细介绍。

1975 年，两位数学家李天岩和詹姆斯·约克 (James A. Yorke) 在美国《数学》杂志上发表了《周期三意味着混沌》(*Period three implies chaos*)。"混沌"(chaos) 这个词正式被用到。他们采用了"混沌"一词来描述一类一维映射下得到的具有局部不稳定性的离散系统,形成著名的李–约克定理 (Li-Yorke theorem)。论文里给出了大量例证,为后来的混沌研究提供了理论基础。

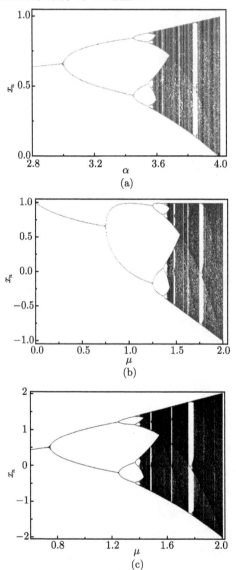

图 1.8　虫口模型分岔的三种不同形式[①]

(a)$x_{n+1} = ax_n(1-x_n)$, $a \in (0,4)$, $x_n \in [0,1]$; (b)$x_{n+1} = 1 - \mu x_n^2$, $\mu \in (0,2)$, $x_n \in [-1,1]$; (c)$x_{n+1} = \mu - x_n^2$, $\mu \in (0,2)$, $x_n \in [-\mu, \mu]$

---

① 本书数值模拟中均采用任意单位,下同。

1976 年，法国天文学家厄农对洛伦兹方程进行简化，通过数值分析得到了厄农二维映象，证实了在很简单的系统中同样可以出现复杂的混沌运动。

1978 年，美国数学物理学家费根鲍姆在《统计物理学》杂质上发表了《一个非线性变换类型的量子普适性》(*Quantitative universality for a class of nonlinear transformations*)，在罗伯特·梅的工作基础上，研究虫口模型为代表的一类映射时，发现了倍周期分岔现象中存在普适常数。他提出了"普适性"(universality) 一词，认为非线性反馈系统中存在共同特性，可以通过分析简单的问题来解决复杂问题。

费根鲍姆的发现掀起了混沌现象研究的高潮，自从 1975 年，"混沌"以一个科学名词在文献中出现，随着 20 世纪 70 年代末计算机技术的飞速发展和广泛普及，80 年代开始的混沌研究在各个领域迅速增大，开始形成自己的体系，并且有了一门专门的学科——混沌学 (chaology)。人们通过计算机数值分析及仿真模拟来发现和研究混沌行为，深化对混沌的认识。进入 90 年代，混沌研究逐渐从理论基础研究转向混沌控制与同步及实际应用方面。

1.2.2 混沌的特征

混沌是非线性系统中特有的一种运动形式，发生在确定性系统中，却表现出貌似随机的不规则运动，具有长期行为的不可重复性、不可预测性。混沌现象广泛存在于现实世界中，它揭示了自然界的复杂性，是有序与无序的统一。混沌系统至少具有一个正的李雅普诺夫指数，并且普遍具有分数维数。

混沌运动貌似随机过程，但与随机过程却有着本质的区别。下面详细介绍混沌的几点特性[2,10-14]。

(1) 初值敏感性：随着时间的推移，初始条件的微小差别最终演化为根本不同的轨道。洛伦兹把混沌对初始条件的敏感性称为"蝴蝶效应"(butterfly effect)，即混沌系统的长期行为很难预测，甚至不可预测。1972 年，洛伦兹在美国华盛顿召开的一次关于全球大气研究的学术会议上，发表演讲《一只蝴蝶在巴西扇动一下翅膀，能在美国得克萨斯州引起一场龙卷风吗?》。又因为洛伦兹研究的混沌系统产生的图像似一只蝴蝶，"蝴蝶效应"也就成了混沌的象征。

(2) 有界性：混沌的运动轨迹始终局限于一个确定的区域，这个区域称为混沌吸引域。无论混沌系统内部多么不稳定，它的轨迹都在这个吸引域内，所以说混沌是有界的。

(3) 随机性：混沌运动轨迹虽局限于一个有限区域但永不重复。混沌的初值敏感性造就了它的内在随机性。

(4) 遍历性：混沌所在的区域中具有很丰富的内涵。任何混沌轨道中都含有无穷多个不稳定的周期轨道。轨道在混沌吸引子上各态历经，即轨道在运行中会任意多次地达到任意一个不稳定轨道附近的任意小的邻域。

(5) 普适性: 在混沌研究中发现有一些系统表现出一些共性,这些性质并不因为系统的参数不同而消失,甚至在不同系统中仍然能发现这些性质。那么,通过研究其中一个系统,就可以了解整个一类系统的共同特征。

1.2.3 混沌控制的主要方法

由于混沌运动具有初值敏感性及不可预见性,混沌一直被认为是不可控制的,直到 1990 年奥特 (E. Ott)、格里波基 (G. Grebogi) 与约克[15] 提出了一种简单可行的方法,用微小外部信号调控混沌系统参数,使不稳定周期轨道稳定化,从而实现控制混沌,其方法被称为 OGY(Ott、Grebogi、Yorke) 混沌控制方法。他们的工作引发了混沌控制研究的热潮,混沌控制与同步迅速成为混沌研究领域的重要热点。迄今为止,人们已将低维非线性系统中的混沌控制方法成功推广至自由度更高、更复杂的空间延展系统,例如,连续变量反馈[16]、局域钉扎 (local pinning feedback) 方法[17,18]、自适应控制 (adaptive control) 方法[19-21]、延时反馈控制方法[22-25]、相压缩方法[26] 以及广义函数反馈[27-32,37-41] 等。这些方法大致可以分为两类[5]:

(1) 反馈控制,如变量反馈控制方法、局域钉扎方法等;测量系统数据的演化,来调节系统控制参数和控制信号。采用控制信号的形式为 $K[F(x) - F(x_0)]$ (其中 x 为系统变量, x_0 表示周期目标态, K 是反馈强度矩阵, F 是反馈函数)。文献 [17] 作者利用低维周期反馈信号成功地控制了 CGLE 中时空混沌,并且建立了局域线性变量反馈 (钉扎) 方法的解析理论。文献 [33] 中作者提出用一组标度信号控制超混沌,文献 [34] 中作者则提出用单个控制器通过边界控制一维偏流时空系统,而随机巡游反馈 (random itinerant feedback) 方法[35] 则利用单个控制器对二维时空系统进行控制,进一步提高了可控时空混沌系统的维数。在随机巡游反馈方法基础上提出的优化巡游反馈 (rectificative itinerant) 方法[36],进一步提高了巡游控制方法的效率,大大降低了控制器所需的反馈强度。文献 [29] 提出了广义反馈方法的概念,并且通过广义函数的局域反馈方法成功实现了控制时空混沌的数值实验。混沌控制中的一个重要内容是如何在降低控制信号的维数的同时提高可控时空系统的维数。

(2) 非反馈控制,包括周期信号控制、传输迁移控制。它的控制信号没有受到系统变量实际变化的影响,可以避免对系统变量数据的持续采集和响应。文献 [42] 作者利用压缩系统非线性轨道的相空间成功控制时空混沌,并获得高周期的稳定轨道。文献 [43] 中作者在系统中引入一个稳定的波源,该波源把系统的混沌态驱离到边界,从而实现了混沌的控制。文献 [44] 作者通过在系统中引入不均一性产生靶波,该靶波把系统中的缺陷点驱离至系统的边界,成功地控制了时空混沌。

下面介绍几种主要的反馈控制方法。

1) OGY 控制方法

OGY 方法假定系统的动力学行为可以用 n 维映象来描述：

$$\xi_{n+1} = f(\xi_n, p) \tag{1.1}$$

p 为可控参数，假设在 $p = p^* = 0$ 时系统是混沌状态。若系统为时间连续，则可以运用庞加莱截面的方法使时间离散化。令 ξ_F 是 $p = p^*$ 时一个不稳定的不动点，即系统控制的目标态，则 $\xi_F = f(\xi_F, p)$，然后在一个很小范围内调节 $p(-\delta < p < \delta, 0 < \delta \ll 1)$，通过对 p 的微调稳定 ξ_F。

OGY 方法的主要思想就是将不稳定轨道稳定化，即通过反馈方法稳定混沌系统中稠密的不稳定周期轨道对混沌进行控制。这种方法是根据混沌轨道中含有无穷多个不稳定的周期轨道，而且轨道在混沌吸引子上各态历经，通过对任意一次迭代微调系统参数，使得系统在几乎不改变动力学条件下，稳定到想要的周期轨道上，从而达到控制的目的。

OGY 控制不需要知道混沌系统的具体动力学描述，只需测量系统演化的时间序列；而且自始至终只用微小信号控制，既降低了控制成本，又使原有系统的性质不受外界控制的干扰，保持了自身的特点。但是也有一些不足之处：首先，OGY 控制是建立在目标态邻域线性分析的基础之上，只有当混沌轨道进入预定窗口时控制机制才能启动，这就需要较长的等待时间才能达到目标态；其次，控制信号是离散的脉冲形式，不能随时反馈连续轨道的变化，受噪声影响时会产生失控现象。

文献 [45] 中作者在控制重力场中弹性磁条混沌运动的实验中验证了 OGY 方法的有效性。随后，OGY 方法在激光系统中得到进一步拓展利用。

2) 连续变量反馈方法

为了克服 OGY 方法的缺陷，皮里格斯 (Pyragas)[16] 提出了一种更方便易行的连续变量反馈方法。考虑一个动力学系统

$$\frac{\mathrm{d}x}{\mathrm{d}t} = f(x, t) \tag{1.2}$$

加入反馈项后式 (1.2) 变为

$$\frac{\mathrm{d}x}{\mathrm{d}t} = f(x, t) - \boldsymbol{K}(x - \hat{x}) \tag{1.3}$$

$\boldsymbol{K}$ 为反馈强度矩阵 (一般为常数)，$\hat{x}$ 为目标态。

这种控制方法不依赖于对系统动力学行为的精确分析，只要找到适当的反馈变量，并对这一变量施加负反馈，就可以实现混沌控制；而且这种控制是连续地进行，具有更强的抗干扰能力。同时，可以把混沌轨道从远离目标态的位置直接驱动

到目标态，缩短了控制时间，对长周期轨道控制有明显优势。图 1.9 给出两种连续反馈方法的示意图，分别是外力反馈控制方法与延迟自反馈控制方法。

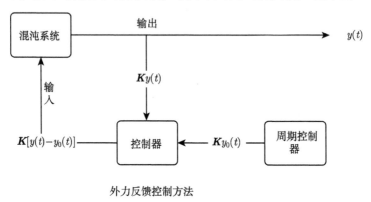

外力反馈控制方法

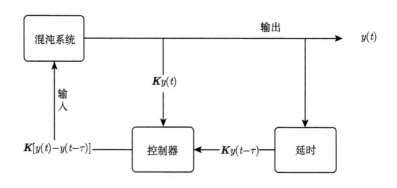

延迟自反馈控制方法

图 1.9　外力反馈控制方法与延迟自反馈控制方法示意图

外力反馈控制方法的特点是从外部注入一个信号并与系统自身进行比较，再输入系统中去。而延迟自反馈控制方法是直接把系统本身的输出信号取出一部分经过一段时延后与原信号相减，再反馈回系统中去。示意图中的 K 为反馈强度矩阵，通过调节反馈强度矩阵将系统控制到目标轨道上。

3) 自适应控制方法

自适应控制方法是根据自适应控制原理，通过调整系统参量将其控制到设定的目标态。1998 年，文献 [46,47] 中作者以逻辑斯蒂映射为例，通过此方法将混沌动力学系统控制到所设定的目标状态。

$x_{n+1} = f(\alpha, x_n)$，其中 α 是系统控制参量，施加控制时有 $\alpha_{n+1} = \alpha_n + \varepsilon(x^* - x_n)$，$x^*$ 是目标态，ε 是可调整的控制强度。

1.2 混沌与混沌控制

自适应顾名思义指通过调节自身的行为或结构以适应新的环境。在实际工程应用中系统的参数往往不可知，具有一定程度的不确定性，常规的控制方法未能取得有效控制，在处理这类问题上，自适应方法具有更大的优势，因其不需依赖系统模型或具体的动力学信息。根据外界环境的变化，不断提取相关的信息，自行调整改进。

4) 局域钉扎方法

考虑周期边界条件的一维 CGLE，在系统中增加了梯度力：

$$\partial_t A = A + r\partial_x A + (1+i\alpha)\partial_x^2 A - (1+i\beta)|A|^2 A \tag{1.4}$$

通过选取 x 空间的几个点采用局部钉扎方法实现湍流的控制，将整个系统由湍流态驱动至某个有规律的目标态，如图 1.10 所示。

$$\partial_t A = A + r\partial_x A + (1+i\alpha)\partial_x^2 A - (1+i\beta)|A|^2 A + \varepsilon \sum_{i=1}^{N} \delta(x-x_i)[\overline{A}(x,t) - A] \tag{1.5}$$

其中 $\overline{A}(x,t)$ 是目标态，为 CGLE 的某个周期行波解；ε 是可调整的控制强度；$x_i, i = 1,2,3,\cdots,N$ 是钉扎点位置。

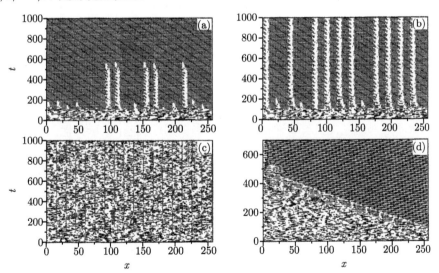

图 1.10 施加控制后 CGLE 时空演化结果

黑色区域对应 $\text{Re}(A) > 0.6$，其余为白色。$L = 256$，$\alpha = 2.1$，$\beta = -1.5$，$k = 0.03125\pi$。
(a) $r = 2$，$d = 15$，$d = 15$ 是给定参数中实现控制的最大值；(b) $r = 2$，$d = 17$；(c) $r = 0$，$d = 15$ 湍流运动不受影响；(d) $r = 2.6$，$d = 256$ (只有一个钉扎)。系统由湍流演化为规律运动的时空斑图。

图片引自文献 [34]

局域钉扎方法控制的本质是驱动钉扎点及附近区域到所设置的目标态中，再通过空间耦合作用传播至整个系统，使用更少量的信号注入，甚至只有一个，便将混沌系统控制到目标周期轨道上，是一个高效的控制方法。

1.2.4 混沌同步

自然界中的同步 (synchronization) 现象：一片树林中萤火虫同步闪动荧光；鸟群在空中飞翔过程中几乎可同时在改变方向；海里的鱼群看似有组织地游动，当遇到捕食者入侵时，很快散开后又聚集在一起；蟋蟀的叫声会自发地"一唱一和"；生活中当欣赏完一段精彩的演出，观众自发地开始鼓掌，掌声由最初短暂的零散变为一致；1673 年惠更斯 (C. Huygens) 观察到钟摆同步振荡的现象，极大地影响了当时科学技术的发展。

1990 年，在 OGY 混沌控制方法提出的同时，美国海军实验室的佩科拉 (L. M. Pecora) 与卡罗尔 (T. M. Carroll) 用混沌信号作为目标态驱动非线性系统，实现电子线路中的混沌同步，提出了混沌同步的概念[48]。混沌同步现象包括完全同步、广义同步、滞后同步、相位同步等，是以混沌反控制为基础的实际应用[49-52]。现在混沌应用研究发展到如何有效地利用混沌这方面，不仅仅是控制或消除混沌。例如，微波炉中"混沌除霜"装置，混沌通信与混沌电路设计。

关于混沌同步的相关书籍有很多可供读者阅读参考，本书中不详细介绍这方面的内容。

1.3 斑　　图

斑图动力学是非线性科学研究中的一个重要分支。斑图动力学的研究主要致力于探索不同系统之间具有普遍指导意义的斑图形成机制，揭示共性。核心内容是斑图转变点附近的普适行为。斑图动力学起始于英国数学家图灵 (Turing) 的反应扩散系统研究。1952 年，图灵通过数学计算的方法试图说明生物体表面的图纹是怎么产生的，他假想生物体内存在着某种物质，在生物胚胎发育的某个阶段，该物质在机体内随机扩散自发地形成一些有规律的结构。这些物质的不均匀分布引起了生物体表面各种花纹的形成。图灵在《形态形成的化学基础》这篇论文中详细地阐述了这个观点，称为"反应-扩散方程"。虽然就本书作者所知，到目前为止图灵的设想还未在生物实验中发现直接的证据，但是这种思想引发了人们的思考。在 1990 年亚氯酸盐-碘化物-丙二酸的反应中首次观测到了图灵斑图 (Turing pattern)，验证了图灵的理论预测。1968 年螺旋波 (spiral wave) 斑图在 BZ 反应中首次被观察到，由此动态斑图的时空动力学行为研究拉开序幕，逐渐形成非线性科学领域中一个新的分支，并占据着重要位置。

本节介绍斑图动力学的基本概念，包括斑图、反应扩散系统、反应扩散系统中的螺旋波及其性质。

1.3.1 斑图与斑图动力学

斑图 (pattern) 是在空间或时间上具有一定规律性的非均匀宏观结构,在自然界中存在各式各样的斑图,例如,动物体表花纹、流体中的对流斑图、化学反应系统中的斑图、细菌群体中的竞争与合作增长行为、非线性光学系统中的斑图以及气体放电中的斑图等。正是这形形色色的斑图结构,构成了多姿多彩的世界。因此研究该类斑图形成的原因和机理具有很重要的理论意义。斑图可以分为两种:一种是热力学平衡条件下产生的斑图,另一种是远离热力学平衡条件下产生的斑图[53]。运用已有的热力学原理可以很好地解释前者的形成,而这些原理在远离热力学平衡条件时不再适用。这时就需要从动力学的角度进行探索。斑图动力学由此应运而生,它是以远离热力学平衡条件下自组织形成的斑图为研究对象,核心内容是这类斑图的形成机制以及不同领域的系统 (包括流体力学系统、反应扩散系统、生物及生态系统和非线性光学系统等) 在临界点附近的普适行为,也就是系统在非平衡状态下伴随着时空对称性破缺,自发形成一种有序结构及其稳定性。自组织斑图大多数产生于非线性系统,与分岔、耗散结构、协同学 (synergetics) 等有密切联系。

迄今为止,反应扩散系统中观察到的自组织斑图现象,按自组织行为与产生条件分为以下若干类:图灵斑图、可激发系统中的行进波、振荡系统的相波、双稳系统中由伊辛--布洛赫 (Ising-Bloch) 横向失稳或相变引发的斑图、化学法拉第斑图等。

若按照时空斑图结构的有序--无序性质,可将斑图分为两大类:一是有序斑图,如螺旋波、靶波 (target wave);二是无序斑图,如时空混沌或湍流。时空混沌现象是非平衡体系中非常重要的组成部分。

时空系统中可以产生丰富的斑图现象,其中蕴含着有趣的自然规律。研究和掌握这些规律,具有很大的潜在应用价值。通过研究,人们发现均匀定态的线性失稳会导致时空斑图的自发形成。系统的一个定态在无穷小微扰下偏离原先的定态,则称该定态线性失稳。在一定条件下,线性失稳后的系统演化转变为新的具有一定稳定性的时空斑图。首先出现的线性不稳定模称为临界模 (振荡频率为 ω_0,波矢为 q_0)。按临界模的振荡频率 ω_0 与波矢 q_0 的特征,可以分为以下几种不同的类型[50,54]:

(1) 当 $\omega_0 = 0, q_0 \neq 0$ 时,临界模具有一定波长的空间周期结构,不随时间振荡,出现周期结构的定态斑图,如图灵斑图;

(2) 当 $\omega_0 \neq 0, q_0 = 0$ 时,临界模是空间均匀分布,且随时间周期振荡;

(3) 当 $\omega_0 \neq 0, q_0 \neq 0$ 时,临界模具有一定波长的空间周期结构,且随时间周期振荡，所形成的斑图是行波或者驻波。

这类自组织形成的斑图也称为耗散结构，"耗散结构"理论 (dissipative structure theory) 由诺贝尔化学奖得主普利高津提出，从理论上论证了化学振荡与化学波现象存在的可能性，解释了开放系统如何自发从无序走向有序的，揭示了自然界中不同系统中斑图形成的共性。

斑图动力学另一个重要理论是协同学理论，由德国科学家哈肯 (H. Haken) 提出。他认为系统中存在着相互作用的子系统，系统通过这种作用以自组织的方式形成空间、时间或功能的宏观有序结构。

斑图失稳时的动力学行为可以用振幅方程来描述。不同体系有着不同的方程，不同的系统参数对应着不同的斑图类型。但不管是什么体系，研究的都是斑图动力学行为的共同点。人们在流体系统、反应扩散系统等不同的体系中均发现了非平衡斑图，并对这类斑图的形成机制有了一定的了解。本书中主要讨论的是反应扩散系统中的时空斑图 (spatiotemporal pattern) 动力学行为与控制 [55-58]。

1.3.2 反应扩散系统

反应扩散系统的应用领域遍及许多学科，除了化学系统，还应用于医学、生态学、物理学、社会学等多个学科。

反应扩散系统可用如下偏微分方程描述：

$$\frac{\partial \boldsymbol{\Psi}}{\partial t} = f(\boldsymbol{\Psi}, \mu) + \boldsymbol{D}\nabla^2 \boldsymbol{\Psi} \tag{1.6}$$

其中 $\boldsymbol{\Psi}$ 为反应物浓度矢量，μ 是系统控制参量的总和，f 项代表系统的动力学函数，是非线性的；方程右边第二项为系统的扩散项，是线性项，$\boldsymbol{D}$ 为扩散系数矩阵，∇^2 为拉普拉斯算符。反应扩散系统中的自组织现象产生于系统非线性动力学行为与线性扩散行为之间的耦合。当系统远离热力学平衡态时，非线性效应成为主导因素，使得空间均匀态失稳自发形成一个有序 (如螺旋波、图灵斑图) 或无序 (如时空混沌) 的斑图态 [59-62]。

下面简单介绍几个典型的反应扩散系统。

1) 振荡介质系统 [54,59-71]

振荡介质系统是指局域动力学行为为周期态、准周期态或混沌态的非线性反应扩散系统，可分为简单振荡介质与复杂振荡介质两种。CGLE 是典型的振荡介质模型，它的局域动力学周期行为在相空间内表现为一个极限环，如图 1.11 所示。关于 CGLE 的性质将在 1.5 节详细介绍。

1.3 斑 图

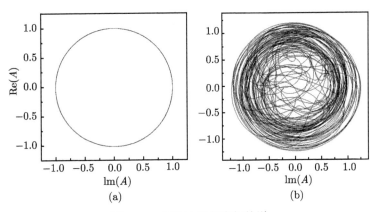

图 1.11 CGLE 的相空间轨道

(a) 周期轨道；(b) 混沌轨道

2) 可激发介质系统 [72-85]

最简单的可激发系统可以用一个双变量反应扩散方程表示：

$$\begin{cases} \gamma\dfrac{\partial x}{\partial t} = f_1(x,y) + D_x\nabla^2 x \\ \dfrac{\partial y}{\partial t} = f_2(x,y) + D_y\nabla^2 y \end{cases} \tag{1.7}$$

其中 x，y 为系统变量，$f_1(x,y)$，$f_2(x,y)$ 为动力学项，拉普拉斯符表示扩散项，D 表示扩散系数。γ 是一个远小于 1 的数，它决定了系统的可激发性。只考虑动力学项时，即扩散项系数为零，方程变为

$$\begin{cases} \gamma\dfrac{\partial x}{\partial t} = f_1(x,y) \\ \dfrac{\partial y}{\partial t} = f_2(x,y) \end{cases} \tag{1.8}$$

则方程在 (x,y) 平面内的图形如图 1.12 所示。

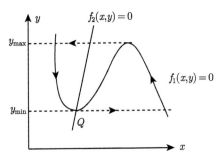

图 1.12 可激发系统的动力学行为

动力学特征：系统中只存在一个稳定点 (点 Q)，也就是说存在唯一的均匀定态解。当系统不受外界刺激或者受到一个小的扰动时，系统会回到稳定点。而当外界刺激达到或者超过某一阈值时，系统先被激发到远离原稳定态的区域，然后沿着 $f_1(x,y)=0$ 的一支快速跃迁至另一稳定分支，最后经弛豫振荡再次回到定态，这种性质被称为可激发性。我们把这样的系统称为可激发系统。神经元、心肌细胞、CO 在铂表面的催化氧化反应等都属于可激发系统。描述这类系统的方程有 Barkley 模型、Bär 模型、FHN 模型等。

3) 双稳介质系统 [86-89]

双稳系统的动力学行为特征是存在两个均匀定态解，并且都有各自的吸引域。当系统运动到某个定态的吸引域范围内时，就会被吸引到该定态上，在无外界干扰的情况下系统将永远停留在这个定态上。但当外界扰动足够强时，系统就会脱离原有定态，进入第二个定态的吸引域，完成从原有定态到新定态的跃迁。

有些模型根据系统控制参量的选择不同，既可以是振荡介质也可以是双稳或可激发介质系统，俄勒冈模型就是常见的一种，在不同控制参量下可表现出以上四种不同的动力学行为，如图 1.13 所示。(a) 表现为简单振荡行为；(b) 为复杂振荡；(c) 是双稳系统；(d) 为可激发性。

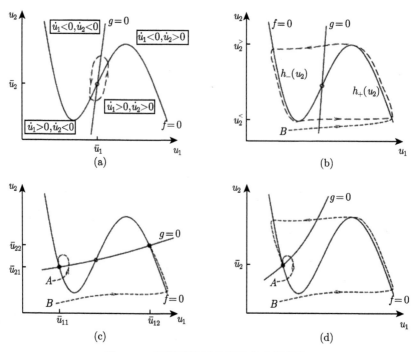

图 1.13 俄勒冈模型的四种动力学行为

图片引自文献 [54]

1.3.3 实验中观察到的斑图

斑图形成的实验研究可以追溯到 20 世纪初的贝纳德对流 (本书 1.1.2 节中介绍)，但在当时并未与其他系统中观察到的斑图联系起来，被认为是流体力学中的孤立现象。到了近现代苏联两位科学家在 BZ 反应中发现了螺旋波与靶波这类具有广泛意义的动态自组织斑图。实验中的图灵斑图于 1990 年首次观察到，验证了图灵的理论。

螺旋波和靶波是二维时空系统中常见的两类周期性斑图，它们虽然在形貌上非常相似，都具有环形的周期性结构，但是产生的条件却截然不同。螺旋波可以在均匀的时空系统中自发产生，而靶波则需要中心位置波源进行持续性激励，才能够稳定存在。在注入信号的影响下，螺旋波可以转化为靶波，并产生有趣的频率变化情况，对这种频率改变的规律进行研究，可以发现一些有趣的结论。

自从在 BZ 反应中首次发现螺旋波以来，螺旋波的实验研究一直是一个实验研究热点。而螺旋波动力学渐近行为的系统研究是在欧阳颀等成功设计了新型空间开放型反应器 (continuously fed stirred tank reactor, CSTR) 之后才开始的。之前的实验研究都是在封闭体系中进行，反应最终向热力学平衡移动，不能研究非平衡相变现象。空间开放性反应器的研发推动了化学斑图动力学的发展 (关于空间开放性反应器的详细介绍可阅读欧阳颀著作《反应扩散系统中的斑图动力学》相关章节)。1996 年，文献 [90] 中作者通过实验观察到 BZ 反应中规则的螺旋波演变为缺陷湍流 (defect turbulence) 的过程。2001 年，在 BZ-AOT 体系中向内旋转的螺旋波已被报道[91]。同年，诺贝尔化学奖得主 Gerhard Ertl 在研究 CO 在 Pt(110) 表面的吸附氧化反应体系中也观察到螺旋波、靶波[92]。图 1.14 展示了在化学反应中观察到的时空斑图结构，从左到右依次为螺旋波、靶波和时空混沌。图 1.14(a)~(c) 为 CO 在铂表面的催化氧化反应，属于可激发系统。图 1.14(d)~(f) 为振荡体系的别洛乌索夫–扎布亭斯基反应，即 BZ 反应。

1.3.4 螺旋波的动力学行为

在生物系统中，先后在黏性霉菌、非洲爪蟾卵细胞、酵母提取物糖酵解过程、小鸡视网膜等系统中发现了螺旋波。在实际系统中，螺旋波的产生以及破碎大都是对系统有害的，例如，生理学的实验中观察到一类心律不齐或者心动过速现象，产生的主要原因是心肌电信号中出现螺旋波，螺旋波失稳破碎对应着心颤等生理疾病，所以螺旋波的动力学特性以及控制方法研究是斑图动力学中的关注焦点之一。

螺旋波是非平衡系统中常见的一种周期性斑图，这种时空斑图普遍存在于自然界中，在很多系统中都能够观察到，例如，流体中的瑞利–贝纳德对流，液晶中的伊辛–布洛赫相变，反应扩散系统中的化学波，黏性霉菌的自组织，心脏中的电信号，卵细胞中的钙离子波等。其动力学中心是一个时空点拓扑缺陷，从数学角度看是一个奇点，支配着整个螺旋波的动力学行为。多数可激发系统可以产生螺旋波，螺旋波现象也可以存在于振荡介质系统，如 CGLE。与可激发介质系统不同的是振荡介质中不存在稳定的均匀态。可激发系统中的螺旋波属于可激发波，因系统的全局失稳而形成，除中心拓扑点外，整个空间作弛豫型振荡；振荡系统中的螺旋波属于相波，因系统的局部失稳而形成，除中心拓扑点外，整个空间作正弦振荡。在双稳系统中，也可以产生螺旋波。

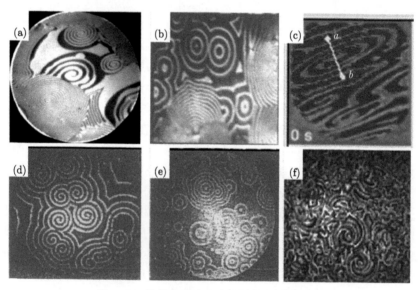

图 1.14　化学实验中观察到的时空斑图结构

从左到右依次为螺旋波、靶波、时空混沌。图片引自文献 [92, 93]

1. 螺旋波的产生

可激发系统中可以采用不同的初始条件来产生螺旋波，其中一个比较简单的方法是将一平行线状从中间切断并抹掉一小段，由于端点效应，长时间后，线状波会逐渐转变为螺旋波，如图 1.15 所示。

图 1.15　可激发系统中螺旋波的产生过程

1.3 斑图

对于螺旋波发展和波速的研究可以借助于运动理论 (kinematic theory)[86,94]、渐近微扰理论 (asymptotic perturbation theory)[43-45] 和动力学系统方法 (dynamical systems approaches)[46-48] 等。从动力学方程的角度出发可以构造一个参数 $B = \frac{2R_{\rm up}}{W} = \frac{2D_u}{c_0 W}$ (式中 c_0 是独立脉冲的速度，$R_{\rm up}$ 是螺旋波波头处的曲率半径，W 是附近可激波的宽度)，存在着一个临界值 $B_{\rm c}$，当 $B > B_{\rm c}$ 时，介质的可激发性不足以克服波头大曲率部分的扩散，则截断后的行波回缩，而不产生螺旋波；在 $B < B_{\rm c}$ 的情况下，介质的可激发性足够强，能够克服回缩而产生螺旋波。

那么在振荡系统中，以 CGLE 为例，在平面波上引入一个缺陷点，随时间演化形成一个螺旋波。图 1.16 演示了这个过程。

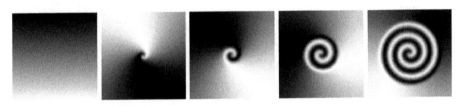

图 1.16 数值模拟 CGLE 中螺旋波的产生过程

2. 螺旋波的几种常见形式

人们在实验和数值计算中发现了多种形式的螺旋波[95]：①简单周期螺旋波，波头随时间演化的轨迹通常是圆或者几乎不动；②反螺旋波，波随时间的演化，向中心传播；③多臂螺旋波；④分段螺旋波；⑤超螺旋波。

1) 周期螺旋波与漫游螺旋波

螺旋波的波头并不总是围绕一固定点做周期性圆周运动，在某些条件下可能存在很复杂的结构，用 "漫游" 一词来描述这种螺旋波波头运动的非周期性很形象。如果波头轨迹为圆周运动，我们称这种螺旋波为周期螺旋波；如果波头轨迹为准周期或非周期运动，则称为漫游螺旋波。

2) 反螺旋波

与一般螺旋波的传播方向相反，反螺旋波 (antisprial wave) 可以随着时间的演化，浓度波由边界向其中心传播，最初在 BZ 反应实验中被 Vanag 和 Epstein 观察到[91]。在 CGLE 系统和其他反应扩散系统中通过数值模拟也可以观察到这种反螺旋波。对反螺旋波的产生机制进行研究，发现在霍普夫分岔参数附近存在这类波[96-98]。反螺旋波的波头不运动，且反螺旋波的频率小于系统一致振荡频率，而向外传播的螺旋波其频率大于系统一致振荡频率。在同一个系统中两者不会同时存在。

3) 多臂螺旋波

一系列实验上和理论上的研究表明存在着有几个具有相同螺旋特性涡旋的稳定螺旋波体系,我们把该稳定的螺旋波体系称为多臂螺旋波 (multi-armed spirals)。早些年的研究模型主要是 Pushchino 模型,稳定的多臂螺旋波如两臂、三臂的螺旋波,都能够在此系统中自发生成。而后在 Barkley 模型、Winfree 模型中均发现多臂螺旋波。不同的条件下,多臂螺旋波可以绕着一个共同中心旋转,各臂之间无碰撞;或所有波头做漫游运动而不围绕一个固定的中心旋转,各臂之间间歇性发生碰撞。

4) 分段螺旋波

化学系统中出现的斑图其中典型的有行波和静态空间周期的图灵斑图。在延展的化学和物理系统中观察到的螺旋波和靶波基本上都是连续而光滑的,但许多生命系统中能够发现分段图样的存在。在一个 BZ 反应实验中也观测到了这种分段不连续的螺旋波。目前发现的分段螺旋波产生机制主要有两类:一是在氧化氯–碘–丙二酸 (chlorine dioxide-iodine-malonic acid,CDIMA) 化学实验中行波的横向失稳导致分段螺旋波现象的产生;另一类是存在两个定态的系统中因伪图灵失稳产生短节的螺旋波。另外在双层可激发介质中细条形的分段螺旋波亦被观察到。

5) 超螺旋波

二维时空系统中,漫游引起的径向调制会导致螺旋波个数的增加,它如果与系统中其他的简单螺旋波叠加在一起,就构成超螺旋波 (super-spirals)。在 BZ 反应实验,以及 CGLE 系统模型中的动力学行为中都可以观察到简单螺旋波以及超螺旋波。

3. 螺旋波波头的运动

早在 20 世纪 70 年代,维夫瑞发现螺旋波的波头呈现 "漫游" 行为,并不总是围绕中心点做圆周运动。螺旋波波头的动力学行为在不同的系统中丰富多样,例如,漫游旋转运动,布朗运动,直线漂移,旋转等。光照、噪声、外电场等外力对波头的运动亦有重要的影响[95]。图 1.17 中展示 Barkley 模型中不同参数下螺旋波波头的运动轨迹[60]。

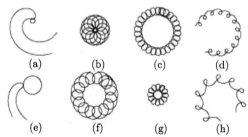

图 1.17 Barkley 模型中不同参数下螺旋波波头的运动轨迹

图片引自文献 [60]

在维夫瑞观察到漫游螺旋波近十年后,螺旋波的漫游运动才有了更详细的研究。文献 [99] 系统报道了准周期运动的漫游螺旋波。我国也有研究者利用空间开放反应器研究了不同控制参数下的螺旋波动力行为 [100]。

在王光瑞与袁国勇的著作《螺旋波动力学及其控制》中综合叙述了简单周期旋转的螺旋波如何演变为漫游螺旋波的实验研究以及数值模拟研究,介绍螺旋波波头运动的理论、形成机制及其对电场、噪声、周期外力等作用下波头运动的变化。

4. 螺旋波的失稳

在很多条件下,均匀稳定的螺旋波会发生失稳而导致破碎,进入时空混沌态或湍流态。螺旋波失稳机制主要有两种:爱克豪斯失稳与多普勒失稳。第一种失稳机制是对行波进行长波微扰,螺旋波从远离中心的区域开始破碎,具有对流失稳 (convective instability) 的性质。第二种机制是由波头漫游而导致的,在波头前进方向行波被压缩,该区域周期变短 (当局域周期小于满足螺旋波的最小时间周期时,产生缺陷点,螺旋波开始失稳),在波头后方,行波周期变长,具有多普勒效应,故也称为多普勒失稳。在通常发生在可激系统里。这两种失稳情况在相应的实验中已被观察到 [101,102],见图 1.18 与图 1.19。螺旋波失稳在一些实际系统中是有害的,如心颤、癫痫病的发作被认为与各自系统中螺旋波破碎相关。

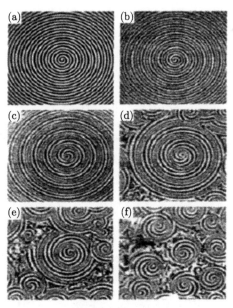

图 1.18　螺旋波的爱克豪斯失稳过程

图片引自文献 [101]

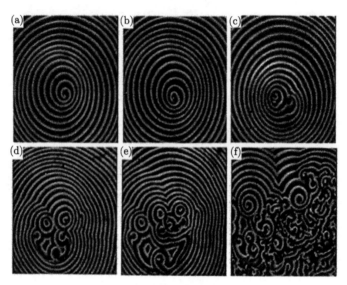

图 1.19 螺旋波的多普勒失稳过程

图片引自文献 [102]

1.3.5 螺旋波控制

迄今为止，关于螺旋波控制方法已有诸多文献报道，例如，利用噪声诱导螺旋波失稳，研究螺旋波的两种失稳机制，并且在实验中观察到失稳的过程[103-106]；采用局部周期刺激产生靶波来消除螺旋波及缺陷湍流[107,108]；运用相空间压缩方法和自适应控制方法实现螺旋波与时空混沌的抑制[109-111]。此外，螺旋波竞争行为和缺陷线对螺旋波作用等方面也有了细致的研究。

这些控制方法，大致分为以下三种：

(1) 反馈控制，通过采集系统中某一时刻的整个空间 (全局控制) 或局部空间 (局部控制) 的信号注入系统中，实现控制，包括延时控制、负反馈控制等；在式 (1.6) 的基础上加入反馈项之后可以用以下数学公式描述：

$$\frac{\partial C}{\partial t} = f(C, u) + D\nabla^2 C + K[F(x) - F(\hat{x})] \quad (1.9)$$

其中 $K[F(x) - F(\hat{x})]$ 为反馈项，K 是反馈系数。

(2) 外力控制，如方程 (1.10) 所示，对系统施加一个外力来控制螺旋波，针对不同的模型，外力 F 可以是周期力，也可以是平面波等。

$$\frac{\partial C}{\partial t} = f(C, u) + D\nabla^2 C + F \quad (1.10)$$

(3) 调整参数，根据系统在不同参数下的性质，通过调整参数来稳定或消除螺旋波。

1.4 线性稳定性分析

本节介绍一个讨论系统稳定性时常用到的方法 —— 线性稳定性分析 (linear stability analysis)。均匀定态的线性稳定性分析可以确定首次分岔并揭示斑图形成机制，在斑图动力学中具有基本意义。其基本思路是假定系统存在一定态解，在定态解附近施加微扰后代入系统的非线性方程中展开，因为微扰足够小，可以舍去高阶项得到关于微扰的线性方程组，从而进行稳定性分析。

系统的稳定性是指系统在扰动作用下，偏离了原来的平衡状态，当扰动消失后，系统以足够的准确度恢复到原来的平衡状态，则系统是稳定的，否则，系统不稳定。如图 1.20 中所示范的例子。

图 1.20 稳定性示意图

考察动力系统稳定性问题就是研究系统对微扰的抗干扰能力。稳定的系统是一个抗干扰的系统。系统的稳定性可以分为两种：一是结构稳定性 —— 对系统自身参数的微扰具有抗干扰能力，分岔理论讨论的是结构稳定性问题；二是状态稳定性 (解的稳定性)—— 对系统变量的微扰是抗干扰的，当系统某个初值 (方程的解) 有个很小的改变，之后系统演化的结果改变很大，那么这个状态下系统是不稳定的 (方程的解不稳定)，若对初值的微扰不影响系统状态的改变，则系统是状态稳定的。本书中主要讨论系统状态稳定性 (方程解的稳定性)。

线性稳定性分析是通过分析方程解的稳定性来讨论系统状态稳定性与否的一种有效工具。在系统定态解施加小扰动后展开并做线性化处理，故线性稳定性分析只限于参考状态附近的局部范围。

接下来以双变量系统为例，讨论线性稳定性分析的应用。双变量系统的非线性方程一般表达式如下：

$$\begin{cases} \dfrac{\mathrm{d}x}{\mathrm{d}t} = f(x,y) \\ \dfrac{\mathrm{d}y}{\mathrm{d}t} = g(x,y) \end{cases} \tag{1.11}$$

设其定态解为 $\begin{pmatrix} x_0 \\ y_0 \end{pmatrix}$，加入微扰后为 $\begin{pmatrix} x_0 + p \\ y_0 + h \end{pmatrix}$，$p$ 与 h 为小量，代入原方程，

保留到 p 与 h 的线性项，得

$$\begin{cases} \dfrac{\mathrm{d}p}{\mathrm{d}t} = a_{11}p + a_{12}h \\ \dfrac{\mathrm{d}h}{\mathrm{d}t} = a_{21}p + a_{22}h \end{cases} \tag{1.12}$$

其中 $a_{11} = \left.\dfrac{\partial f}{\partial x}\right|_{x_0,y_0}, a_{12} = \left.\dfrac{\partial f}{\partial y}\right|_{x_0,y_0}, a_{21} = \left.\dfrac{\partial g}{\partial x}\right|_{x_0,y_0}, a_{22} = \left.\dfrac{\partial g}{\partial y}\right|_{x_0,y_0}$，即

$$\frac{\mathrm{d}}{\mathrm{d}t}\begin{pmatrix} p \\ h \end{pmatrix} = \begin{pmatrix} a_{11} & a_{12} \\ a_{21} & a_{22} \end{pmatrix}\begin{pmatrix} p \\ h \end{pmatrix}$$

假定 $\begin{pmatrix} p \\ h \end{pmatrix}$ 为本征值 σ 的本征函数，根据矩阵本征值求解方程，可得 $\begin{vmatrix} a_{11}-\sigma & a_{12} \\ a_{21} & a_{21}-\sigma \end{vmatrix} = 0$，得到本征值 σ 满足的二次方程 $\sigma^2 - F\sigma + \Delta = 0$，其中 $F = a_{11} + a_{22}, \Delta = a_{11}a_{22} - a_{12}a_{21}$，得到 $\sigma_{1,2} = \dfrac{F \pm \sqrt{F^2 - 4\Delta}}{2}$。

根据本征值解的性质，来讨论定态解的稳定性。

当 $F^2 - 4\Delta > 0$，且 $\sigma_{1,2} < 0$，即本征值为两个负实数时，定态解 (x_0, y_0) 是稳定结点，如图 1.21(a) 所示。

当 $F^2 - 4\Delta > 0$，且 $\sigma_{1,2} > 0$，即本征值为两个正实数时，定态解 (x_0, y_0) 是不稳定结点，如图 1.21(b) 所示，部分朝向相反方向发展。

当 $F^2 - 4\Delta > 0$，且 $\sigma_1 < 0 < \sigma_2$，即本征值为符号相反的两个实数时，定态解 (x_0, y_0) 是鞍点，如图 1.21(c) 所示，向一个方向靠近，从另一个方向远离。

当 $F^2 - 4\Delta = 0$，$\sigma_{1,2} = \dfrac{1}{2}F$ 时，若 $F > 0$，定态解 (x_0, y_0) 是不稳定结点；若 $F < 0$，定态解 (x_0, y_0) 是稳定结点。

当 $F^2 - 4\Delta < 0$ 时，本征值 σ 是一对共轭复数。若 $F = 0$，σ 为纯虚数，那么定态解 (x_0, y_0) 是中心点，系统的运动轨迹在相空间呈现闭环的形式围绕中心点旋转，如 1.21(f) 所示。

当 $F^2 - 4\Delta < 0$，且 $F < 0$ 时，本征值 σ 是实部为负数的共轭复数，则定态解 (x_0, y_0) 是稳定焦点，系统绕着这个点转动的同时趋于这个点，如 1.21(d) 所示。

当 $F^2 - 4\Delta < 0$，且 $F > 0$ 时，本征值 σ 是实部为正数的共轭复数，则定态解 (x_0, y_0) 是不稳定焦点，系统绕着这个点转动的同时远离这个点，如图 1.21(e) 所示。

1.5 复金兹堡–朗道方程介绍 · 31 ·

综上所述，双变量系统中定态解的线性稳定性为稳定结点 (stable node)、不稳定结点 (unstable node)、鞍点 (saddle)、中心点 (center)、稳定焦点 (stable focus) 以及不稳定焦点 (unstable focas) 这六种情况。

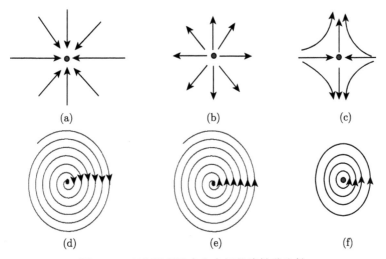

图 1.21 双变量系统中定态解的线性稳定性
(a) 稳定结点；(b) 不稳定结点；(c) 鞍点；(d) 稳定焦点；(e) 不稳定焦点；(f) 中心点

1.5 复金兹堡–朗道方程介绍

本书讨论的工作内容都是以 CGLE 为模型开展的，本节将介绍该方程的推导以及其主要性质。在物理学界，CGLE 是研究甚广的非线性方程之一。它可以定性甚至定量描述由非线性波到二级相变现象，如超导、超流体、玻色–爱因斯坦凝聚、液晶以及弦理论等[64]。CGLE 描述了时空系统在霍普夫分岔点附近的行为，具有普适性，所得到的结论可以推广至任何霍普夫分岔邻域的时空系统中，具有很大的适用范围。而且 CGLE 的参数简单，但参数空间却有丰富的时空结构供选择，有利于验证理论的完备性。同时，CGLE 是一个复变量的非线性偏微分方程，能够最大限度地满足不同实际系统的研究需求。当系统参数选取为不同的极限值时，分别对应着非线性反应扩散方程和非线性薛定谔方程。CGLE 来自 1971 年关于流体 Stewartson-Stuart 理论的建立。这个理论形成了一种比较成熟的方法，可以直接处理偏微分方程而无须转化成常微分方程组，它建立了包含空间变量同时又描述霍普夫分岔点行为的普适方程，这个方程就是 CGLE[112]。1975 年，哈肯在非自治多模激光系统的分岔中得到了类似的方程，现在称为广义金兹堡–朗道方程[113]。我们以反应扩散方程为例，简单介绍一下 CGLE 的推导[112]。

1.5.1 方程的推导

反应扩散系统的动力学方程如下：

$$\frac{\partial}{\partial t}\boldsymbol{X} = \boldsymbol{F}(\boldsymbol{X}, \mu) + \boldsymbol{D}\nabla^2\boldsymbol{X} \tag{1.13}$$

其中 $\boldsymbol{X}$ 表示一个 n 维向量，$\boldsymbol{D}$ 表示一个 $n \times n$ 维扩散系数矩阵。式 (1.13) 是一个常见的偏微分方程，在物理、化学、生物、生态等学科领域均有广泛的用途[12,112,114−116]。$\boldsymbol{X}$ 是系统的状态变量，μ 是系统的控制参数，$\boldsymbol{D}$ 是扩散系数矩阵，在考虑 Fick 扩散原理的条件下认为 $\boldsymbol{D}$ 是常量，是不随时间改变的，且只依赖于对应的状态参数，可以改写为对角方阵的形式。

考虑式 (1.13) 的定态解 $\boldsymbol{X}_0$，则式 (1.13) 中的偏微分项为 0，即

$$\boldsymbol{F}(\boldsymbol{X}_0) = 0 \tag{1.14}$$

为了研究式 (1.14) 的稳定性，我们引入小量 $\boldsymbol{u}$，表示系统变量对定态解的微扰。

$$\boldsymbol{X} = \boldsymbol{X}_0 + \boldsymbol{u} \tag{1.15}$$

反应扩散系统方程 (1.13) 用 Taylor 方法展开，系统变量的微扰满足下式：

$$\frac{\partial \boldsymbol{u}}{\partial t} = \boldsymbol{D}\nabla^2\boldsymbol{u} + \boldsymbol{L}\boldsymbol{u} + \boldsymbol{M}\boldsymbol{u}\boldsymbol{u} + \boldsymbol{N}\boldsymbol{u}\boldsymbol{u}\boldsymbol{u} + \cdots \tag{1.16}$$

其中 $\boldsymbol{L}$ 为雅可比矩阵，它的第 ij 项由 $L_{ij} = \partial F_i(X_0)/\partial X_{0j}$ 给出。缩写表达式 $\boldsymbol{Muu}$ 和 $\boldsymbol{Nuuu}$ 等，它们的分量表达式如下：

$$\begin{aligned}(Muu)_i &= \sum_{j,k}\frac{1}{2!}\frac{\partial^2 F_i(X_0)}{\partial X_{0,j}\partial X_{0,k}}u_j u_k \\ (Nuuu)_i &= \sum_{j,k,l}\frac{1}{3!}\frac{\partial^3 F_i(X_0)}{\partial X_{0,j}\partial X_{0,k}\partial X_{0,l}}u_j u_k u_l\end{aligned} \tag{1.17}$$

高阶的量也有类似的表达形式。不失一般性，假定系统的控制参数 $\mu=0$，定态解 $\boldsymbol{X}_0$ 失稳，系统将产生霍普夫分岔，在临界点附近 μ 为一小量。在临界点附近，雅可比矩阵可以展开为级数的形式：

$$\boldsymbol{L} = L_0 + \mu L_1 + \mu^2 L_2 + \cdots \tag{1.18}$$

式中的 L_1、L_2 等是对应的展开系数。由于 $\boldsymbol{Lu} = \lambda\boldsymbol{u}$，$\lambda$ 是 $\boldsymbol{L}$ 对应的本征值，λ 也可以展开为级数形式，有

$$\lambda = \lambda_0 + \mu\lambda_1 + \mu^2\lambda_2 + \cdots \tag{1.19}$$

其中 $\lambda_v(v=0,1,2,\cdots)$ 通常是复数，表示为 $\lambda_v = \sigma_v + \mathrm{i}\omega_v$。霍普夫分岔要求在分岔点处该点本征值的实部为零，虚部不为零，则有

$$\sigma_0 = 0 \tag{1.20}$$

定义 $\boldsymbol{U}$ 为本征值 λ_0 的本征右矢

$$L_0 \boldsymbol{U} = \lambda_0 \boldsymbol{U}, \quad L_0 \overline{\boldsymbol{U}} = \overline{\lambda_0}\overline{\boldsymbol{U}} \tag{1.21}$$

式中 $\overline{\boldsymbol{U}}$ 是对应 $\overline{\lambda_0}$ (λ_0 的复共轭) 的右矢，则对应的本征左矢为 $\boldsymbol{U}^*$

$$\boldsymbol{U}^* L_0 = \boldsymbol{U}^* \lambda_0, \quad \overline{\boldsymbol{U}}^* L_0 = \overline{\boldsymbol{U}}^* \overline{\lambda_0} \tag{1.22}$$

考虑到算符的正交性 $\boldsymbol{U}^*\overline{\boldsymbol{U}} = \overline{\boldsymbol{U}}^*\boldsymbol{U} = 0$，将这些矢量归一化 $\boldsymbol{U}^*\boldsymbol{U} = \overline{\boldsymbol{U}}^*\overline{\boldsymbol{U}} = 1$。将 λ_0 和 λ_1 改为如下表达式：

$$\begin{aligned}\lambda_0 &= \mathrm{i}\omega_0 = \boldsymbol{U}^* L_0 \boldsymbol{U} \\ \lambda_1 &= \sigma_1 + \mathrm{i}\omega_1 = \boldsymbol{U}^* L_1 \boldsymbol{U}\end{aligned} \tag{1.23}$$

为了便于计算，定义一小正数 ε，使 $\varepsilon^2 \chi = \mu$，其中 $\chi = \mathrm{sgn}\mu$，表示 μ 符号函数。用 ε 把系统的微扰展开为级数形式，则有

$$\boldsymbol{u} = \varepsilon u_1 + \varepsilon^2 u_2 + \cdots \tag{1.24}$$

雅可比矩阵的展开式 (1.18) 用 ε 和 χ 表示，则有

$$\boldsymbol{L} = L_0 + \varepsilon^2 \chi L_1 + \varepsilon^4 L_2 + \cdots \tag{1.25}$$

同理，可以把 u 的高阶系数展开

$$\begin{aligned}\boldsymbol{M} &= M_0 + \varepsilon^2 \chi M_1 + \cdots \\ \boldsymbol{N} &= N_0 + \varepsilon^2 \chi N_1 + \cdots\end{aligned} \tag{1.26}$$

为了推导方便，引入标度时间 τ 和标度坐标 s，其中 τ、s、t 是 u 自变量，它们之间相互独立。

$$\tau = \varepsilon^2 t, \quad s = \varepsilon r \tag{1.27}$$

把原来时间和空间的偏微分改写为标度时间和标度坐标的形式，则有

$$\begin{aligned}\frac{\partial}{\partial t} &\to \frac{\partial}{\partial t} + \varepsilon^2 \frac{\partial}{\partial \tau} \\ \nabla &\to \varepsilon \nabla_s\end{aligned} \tag{1.28}$$

把方程 (1.16) 用标度坐标来表示，原方程可写为

$$\left(\frac{\partial}{\partial t}+\varepsilon^2\frac{\partial}{\partial \tau}\right)(\varepsilon u_1+\varepsilon^2 u_2+\cdots)$$
$$=\varepsilon^2 \boldsymbol{D}\nabla_s^2(\varepsilon u_1+\varepsilon^2 u_2+\cdots)$$
$$+(L_0+\varepsilon^2\chi L_1+\varepsilon^4 L_2+\cdots)(\varepsilon u_1+\varepsilon^2 u_2+\cdots)$$
$$+(M_0+\varepsilon^2\chi M_1+\varepsilon^4 M_2+\cdots)(\varepsilon u_1+\varepsilon^2 u_2+\cdots)(\varepsilon u_1+\varepsilon^2 u_2+\cdots)$$
$$+(N_0+\varepsilon^2\chi N_1+\varepsilon^4 N_2+\cdots)(\varepsilon u_1+\varepsilon^2 u_2+\cdots)$$
$$\cdot(\varepsilon u_1+\varepsilon^2 u_2+\cdots)(\varepsilon u_1+\varepsilon^2 u_2+\cdots)+\cdots \quad (1.29)$$

将上式展开移项保留到 ε 的 3 阶无穷小，我们得到

$$\left(\frac{\partial}{\partial t}+\varepsilon^2\frac{\partial}{\partial \tau}-\varepsilon^2 \boldsymbol{D}\nabla_s^2-L_0-\varepsilon^2\chi L_1-\cdots\right)(\varepsilon u_1+\varepsilon^2 u_2+\cdots)$$
$$=\varepsilon^2 M_0 u_1 u_2+\varepsilon^3(2M_0 u_1 u_2+N_0 u_1 u_1 u_1)+o(\varepsilon^4) \quad (1.30)$$

让式 (1.30) 中 ε 同阶的系数相等，则得到下面一系列方程：

$$\left(\frac{\partial}{\partial t}-L_0\right)u_v=B_v, \quad v=1,2,\cdots \quad (1.31)$$

其中

$$B_1=0$$
$$B_2=M_0 u_1 u_1$$
$$B_3=-\left(\frac{\partial}{\partial t}-\chi L_1-\boldsymbol{D}\nabla_s^2\right)u_1+2M_0 u_1 u_2+N_0 u_1 \quad (1.32)$$
$$\cdots\cdots$$

将 B_v 展为傅里叶级数，则有

$$B_v(t,\tau,s)=\sum_{l=-\infty}^{\infty}B_v^{(l)}(\tau,s)\mathrm{e}^{\mathrm{i}l\omega_0 t} \quad (1.33)$$

对于方程组 (1.31)，可解性条件为

$$\int_0^{2\pi/\omega_0}U^*B_v\mathrm{e}^{\mathrm{i}\omega_0 t}\mathrm{d}t=\int_0^{2\pi/\omega_0}\left[U^*\left(\frac{\partial}{\partial t}-L_0\right)u_v\right]\mathrm{e}^{\mathrm{i}\omega_0 t}\mathrm{d}t$$
$$=\int_0^{2\pi/\omega_0}(-\mathrm{i}\omega_0 U^*u_v-U^*L_0 u_v)\mathrm{e}^{\mathrm{i}\omega_0 t}\mathrm{d}t$$
$$=\int_0^{2\pi/\omega_0}(\mathrm{i}\omega_0 U^*u_v-U^*\lambda_0 u_v)\mathrm{e}^{\mathrm{i}\omega_0 t}\mathrm{d}t$$
$$=\int_0^{2\pi/\omega_0}(\mathrm{i}\omega_0 U^*u_v-\mathrm{i}\omega_0 U^*u_v)\mathrm{e}^{\mathrm{i}\omega_0 t}\mathrm{d}t$$
$$=0 \quad (1.34)$$

考虑上面的可解性条件，则有

$$U^* B_v^{(l)}(\tau, s) = 0 \tag{1.35}$$

当 $v=1$ 时，式 (1.31) 的解可写成分量形式为

$$u_1(t, s, \tau) = A(s,\tau) U e^{i\omega_0 t} + \text{c.c.} \tag{1.36}$$

其中 c.c. 表示加号前面量的复共轭。通过 u_1 的表达式可以求出 u_2 为

$$u_2 = V_+ A^2 e^{i2\omega_0 t} + V_- A^2 e^{-i2\omega_0 t} + V_0 |A|^2 + v_0 u_1 \tag{1.37}$$

把上式代入式 (1.31) 中的第二个式子中，得到

$$\begin{aligned} V_+ = V_- &= -(L_0 - i2\omega_0)^{-1} M_0 \boldsymbol{UU} \\ V_0 &= -2L_0^{-1} M_0 \boldsymbol{U}\overline{\boldsymbol{U}} \end{aligned} \tag{1.38}$$

式 (1.37) 中常数 v_0 虽然没有给出，但是在这里并不需要它的具体数值，可以直接进行后续的推导。利用所求出的 u_2 可以直接写出 B_3 的结果

$$B_3^{(1)} = -\left(\frac{\partial}{\partial t} - \chi L_1 - \boldsymbol{D}\nabla_s^2\right) A\boldsymbol{U} + (2M_0\boldsymbol{U}V_0 + 2M_0\overline{\boldsymbol{U}}V_+ + 3N_0 \boldsymbol{UU}\overline{\boldsymbol{U}})|A|^2 A \tag{1.39}$$

最后，对于 $v=3$，再次利用可解性条件 (1.34)，消去 B_3，得到下面的方程：

$$\frac{\partial A}{\partial \tau} = \chi \lambda_1 A + d\nabla_S^2 A - g|A|^2 A \tag{1.40}$$

即为 CGLE，式中的 d 和 g 为复数，分别为

$$\begin{aligned} d = d' + id'' &= \boldsymbol{U}^* \boldsymbol{D} \boldsymbol{U} \\ g = g' + ig'' &= -2\boldsymbol{U}^* M_0 \boldsymbol{U} V_0 - 2\boldsymbol{U}^* M_0 \overline{\boldsymbol{U}} V_+ - 3\boldsymbol{U}^* N_0 \boldsymbol{UU}\overline{\boldsymbol{U}} \end{aligned} \tag{1.41}$$

通过坐标变换 $(\tau, s, A) \to (\sigma_1^{-1}\tau, \sqrt{d'/\sigma_1}s, \sqrt{\sigma_1/|g'|}A)$，并把 τ 改为常见的 t 的形式，则 CGLE 可写为如下形式：

$$\frac{\partial A}{\partial t} = (1 + ic_0)A + (1 + i\alpha)\nabla^2 A - (1 + i\beta)|A|^2 A \tag{1.42}$$

其中 $c_0 = \omega_1/\sigma_1, \alpha = d''/d', \beta = g''/g'$，进一步考虑标度变换 $A \to Ae^{ic_0 t}$，去掉系数 c_0，则有

$$\frac{\partial A}{\partial t} = A + (1 + i\alpha)\nabla^2 A - (1 + i\beta)|A|^2 A \tag{1.43}$$

这就是振幅方程 CGLE 的常见形式。该方程只有三个独立的参数 α、β 及系统的尺寸 L。所有可以用反应扩散方程 (1.13) 来描述的系统，在均匀定态霍普夫分岔点附近的动力学行为，都可以用这个简单的方程来描述。也就是说，CGLE 具有普适性，存在于任意霍普夫分岔的时空系统中。$A = A(x,t)$ 是关于空间 x 和时间 t 的复变量，它是系统在实际中经无量纲化后而抽象出来的，系统参数 α、β 均为实数。如果不考虑空间项，式 (1.43) 只有一个稳定的极限环解，即在相空间内是一个极限环 (如图 1.11 所示)，这些稳定极限环解的空间耦合，通过霍普夫分岔具有极为丰富的时空动力学行为，例如，行波解、螺旋波解，相湍流 (phase turbulence) 和缺陷湍流态等。霍普夫分岔是指系统从稳定焦点向不稳定焦点转换，产生了周期振荡的现象。

当 $\alpha, \beta \to \infty, \alpha/\beta =$ 常数时，方程 (1.43) 转变为非线性薛定谔方程。当 $\alpha, \beta \to 0$ 时，方程可以化为一个简单的非线性反应扩散方程，状态参量均可以表示为实数[54]。

1.5.2 方程的有关性质

式 (1.43) 是一个非线性的偏微分方程，可以有多种不同形式的所谓"永久型"解，即对于一切的 $t(-\infty < t < \infty)$，存在解 $A(x,t)$，这些解的一些常见类型有：

(1) 关于时间 t 是周期的解，其中有

(a) 与 x 无关的均匀周期振荡解。通过令方程中关于 x 的偏微分项为 0 得到。此时是对关于 t 的一个复变量常微分方程求解。

(b) 靶波解，即 $A(x,t) = \bar{A}(|x|, t)$，$\bar{A}$ 是系统变量的函数形式，$|x|$ 为 x 的模。靶波解需要外部持续激发才能稳定。

(c) 螺旋波解。二维 CGLE 中可产生具有确定振荡频率的螺旋波。解的形式在后续内容中详细介绍。

(2) 行波解 (traveling wave)，$A(x,t) = \bar{A}(x - ct)$，c 为速度常量，n 维情况下 $\boldsymbol{c} = (c_1, c_2, \cdots, c_n)$，有以下几种类型：

(a) 定态解 (stationary solution)，即 $c = 0$，A 与时间 t 无关，又称平衡解或稳态解。

(b) 平面波解 (plane wave)，即 $A(x,t) = \bar{A}(\boldsymbol{k}x, |\boldsymbol{c}|t)$，其中 $\boldsymbol{k}$ 是 $\boldsymbol{c}$ 方向的单位向量，存在三种解：波串解，$\bar{A}$ 是周期的；波前解，$\bar{A}$ 单调有界且不恒为常数；脉冲解，$\bar{A}(-\infty) = \bar{A}(+\infty)$，$\bar{A}$ 不是常数。

1.5.3 行波解的稳定性

下面讨论方程一维行波解的稳定性。

一维 CGLE 在周期边界条件下，具有以下形式的行波解：

1.5 复金兹堡–朗道方程介绍

$$A = A_0 e^{i(kx-\omega t)}, \quad k = \frac{2\pi m}{L}, \quad m = 0, \pm 1, \pm 2, \cdots \quad (1.44)$$
$$A_0 = \sqrt{1-k^2}, \quad \omega = \beta + (\alpha - \beta)k^2$$

其中 $k(0 \leqslant k \leqslant 1)$ 为波数，ω 为旋转频率。

行波解在一定的参数范围内会失稳，通过线性稳定性分析方法来讨论行波解的稳定性。对行波解加如下形式的微扰：

$$A(x,t) = A_0(1-a(x,t))e^{i(kx-\omega t+\varphi(x,t))} \quad (1.45)$$

$a(x,t)$ 是对振幅的微扰，$\varphi(x,t)$ 是对相位的微扰。将式 (1.45) 代入式 (1.43)。因为 $|a| \ll 1$ 和 $|\varphi| \ll 1$，所以去掉含有 $a(x,t)$ 和 $\varphi(x,t)$ 的高次项，保留它们的线性项，同时，$A_0 = \sqrt{1-k^2}$，$\omega = \beta + (\alpha-\beta)k^2$，最后化简得到关于 a, φ 的线性方程组：

$$\begin{aligned} a_t &= a_{xx} - 2k\alpha a_x - 2(1-k^2)a - \alpha\varphi_{xx} - 2k\varphi_x \\ \varphi_t &= \alpha a_{xx} + 2ka_x - 2\beta(1-k^2)a + \varphi_{xx} - 2k\alpha\varphi_x \end{aligned} \quad (1.46)$$

式中 $a_t = \frac{\partial a}{\partial t}, a_x = \frac{\partial a}{\partial x}, a_{xx} = \frac{\partial^2 a}{\partial x^2}$，相应地，$\varphi_t, \varphi_x, \varphi_{xx}$ 也有类似的表示。求解式 (1.46)，可以设其解的形式为

$$\begin{pmatrix} a \\ \varphi \end{pmatrix} = \begin{pmatrix} a_0 \\ \varphi_0 \end{pmatrix} e^{(\sigma t + px)} \quad (1.47)$$

在周期边界条件下，p 是一个纯虚数。将上式代入式 (1.46)，则可以得到

$$\begin{aligned} \sigma a_0 &= p^2 a_0 - 2k\alpha p a_0 - 2(1-k^2)a_0 - \alpha p^2 \varphi_0 - 2kp\varphi_0 \\ \sigma \varphi_0 &= p^2 \varphi_0 - 2k\alpha p \varphi_0 + \alpha p^2 a_0 + 2kp a_0 - 2\beta(1-k^2)a_0 \end{aligned} \quad (1.48)$$

方程 (1.48) 有非零解的条件是

$$\begin{vmatrix} F_{11} - \sigma & F_{12} \\ F_{21} & F_{22} - \sigma \end{vmatrix} = 0 \quad (1.49)$$

其中

$$\begin{aligned} F_{11} &= p^2 - 2k\alpha p - 2(1-k^2), & F_{12} &= -\alpha p^2 - 2kp \\ F_{21} &= \alpha p^2 + 2kp - 2\beta(1-k^2), & F_{22} &= p^2 - 2k\alpha p \end{aligned} \quad (1.50)$$

则

$$\sigma = \frac{1}{2}(F_{11} + F_{22}) + \frac{1}{2}\sqrt{(F_{11}+F_{22})^2 - 4(F_{11}F_{22} - F_{12}F_{21})} \quad (1.51)$$

在大尺寸系统和周期边界条件的情况下，p 可以接近于 0，则上式的根号部分可以近似展开为 p 的 Taylor 级数。上式变为

$$\sigma = D_1 p + D_2 p^2 + D_3 p^3 + D_4 p^4 + \cdots \quad (1.52)$$

其中

$$D_1 = 2(\alpha - \beta)k, \quad D_2 = 1 + \alpha\beta - \frac{2k^2(1+\beta^2)}{1-k^2}$$
$$D_3 = \frac{2k(\alpha-\beta)}{1-k^2}, \quad D_4 = \frac{1+\alpha^2}{2(1-k^2)} - \frac{4k^2\beta(\alpha-\beta)}{(1-k^2)^2} \quad (1.53)$$

当 $p \to 0$(注:对于周期边界条件下的平面波而言,p 是纯虚数) 时,其他的微扰的模也会相应地趋于 0,这样就使得行波解稳定存在。则行波解的稳定性条件可以写成

$$D_2 > 0 \quad (1.54)$$

由此得到

$$k^2 \leqslant k_E^2 = \frac{1+\alpha\beta}{2(1+\beta^2)+1+\alpha\beta} \quad (1.55)$$

当 CGLE 满足式 (1.55) 关系时,波数为 k 的行波解能够稳定存在,而当 $k \leqslant 0$ 时行波解不稳定,即当 $1+\alpha\beta < 0$ 时,系统所有的行波解都是不稳定的,系统表现出相湍流、缺陷湍流等复杂行为。这个关系式由 Benjamin-Feir-Newell 最早证明,在参数 α-β 平面满足 $1+\alpha\beta = 0$ 的线,称为 BFN 线 [7,117]。

一维 CGLE 不同动力学行为的参数分布如图 1.22 所示。L_1 是相湍流与缺陷湍流的分界线,一般可利用缺陷点密度或相关函数来确定其数值 (相湍流中缺陷点密度为零)。L_2 是时空阵发湍流区与无混沌区域的分界线,缺陷点密度不能反映出时空阵发区域的本质特征,一般通过分析局部对象计算相干尺度 (coherence scales) 来区分。L_3 是缺陷湍流与双混沌区域的分界线。

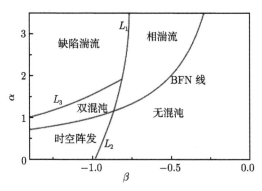

图 1.22 一维 CGLE 参数空间分布图

其中双混沌区为相湍流和缺陷湍流共存的时空混沌区。在缺陷湍流区内,时空混沌态常常能达到很高的维数

无混沌区:BFN 线以下且 $k < k_E$ 时,对任何初始条件都有稳定解。

时空阵发湍流区:尽管在 BFN 线以下,行波吸引子和混沌吸引子共存,在任意初始条件或扰动下,系统都有可能进入湍流态。在此区域,缺陷点难以观察到。

相湍流区：变量的相表现为明显的湍流，变量的模呈现弱湍流行为，$|A(x,t)| \neq 0$，即相湍流中缺陷点密度为零，在特殊初始条件下，可以得到稳定解。

缺陷湍流区：BFN 线以上，变量的相位与模都表现出强的湍流行为，并且存在 $|A(x,t)| = 0$ 的点，称为缺陷点 (defect)；当 $1 + \alpha\beta \ll 0$ 时，缺陷出现的密度越大，湍流的行为越复杂，作为混沌控制的目标态就越难以被稳定住。

双混沌区：对初始条件和系统噪声非常敏感，是相湍流与缺陷湍流的共存区，缺陷密度是非连续的。

1.5.4 螺旋波解

在二维 CGLE 系统中可以产生具有确定振荡频率的单螺旋波 (single spiral, SS)，满足方程 (1.43) 的单螺旋波解为

$$A(r,\theta,t) = F(r) \exp\{i[m\theta - \omega t + \psi(r)]\} \tag{1.56}$$

(r,θ) 表示极坐标，坐标原点为螺旋波的中心；ω 为螺旋波旋转频率；非负整数 m 是拓扑荷，$m = +1(-1)$ 表示绕波头中心逆时针 (顺时针) 旋转一周，相位改变了 2π。图 1.23 显示了正负拓扑荷的螺旋波。对于 CGLE，$m \neq \pm 1$ 的解是不稳定的。实函数 $F(r) > 0$ 表示螺旋波的振幅。实函数 $\psi(r)$ 表示螺旋波的相位。$F(r) = |A|$，$\psi(r)$ 有如下的渐近行为：

$$\begin{aligned} r \to 0, \quad & F(r) \sim \psi' \sim r \\ r \to \infty, \quad & F(r) \to \sqrt{1-k^2}, \psi' \to k \end{aligned} \tag{1.57}$$

其中 k 是螺旋波的渐近波数，与 ω 满足一定色散关系：$\omega = \beta + (\alpha - \beta)k^2$。在远离中心区域 $A = 0$ 外，螺旋波 (图 1.24) 是一个振幅均匀分布的平面波，且在相位上呈现螺旋结构，因此也称为相波。螺旋波解的稳定性条件同样满足式 (1.55)。当 $1 + \alpha\beta$ 由正值变为负值时，螺旋波失稳，斑图演化成缺陷湍流态，这就是 Benjamin-Feir 失稳 (BF 失稳)，也称绝对失稳 (absolute instability)，这时系统出现缺陷湍流、相湍流等时空混沌行为。但是系统从螺旋波转变为湍流态并不是完全由 BF 失稳引起的，即使在 BF 稳定区域也存在湍流态。

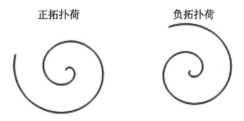

图 1.23 正负拓扑荷的螺旋波

图片引自文献 [94]

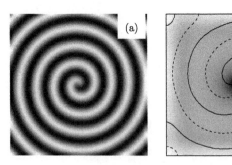

图 1.24 CGLE 中的螺旋波

(a) 为实部；(b) 为螺旋波的模，虚线代表虚部为零的线，黑实线代表实部为零的线，交点即为螺旋波的中心点，也称缺陷点

在文献 [64] 中作者绘出了 CGLE 中螺旋波解存在的参数区，图 1.25 为二维 CGLE 在参数 α-β 平面内的相图。图中 EI 是对流失稳，AI 是绝对失稳的界线，L 是相湍流，T 是随机初始条件下的缺陷湍流分界线。

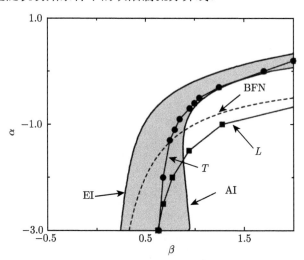

图 1.25 螺旋波解的稳定性参数相图

图片参见文献 [64]

CGLE 中存在一种反螺旋波 (antispiral wave)，也称内传螺旋波，对系统参数有依赖性，如图 1.26 所示。文献 [98] 中作者通过理论分析与数值模拟验证，得到 CGLE 与任意一个反应扩散方程在霍普夫分岔附近关于反螺旋波的参数分布相图。已知 CGLE 中螺旋波波数 k 与系统参数 α、β 的函数关系[118]，那么当 $\alpha = \beta$ 时，$k = 0$；当 $\alpha > \beta$ 时，$k > 0$；当 $\alpha < \beta$ 时，$k < 0$。则有群速度始终为正不变号，即 $v_{\mathrm{gr}} = \partial \omega / \partial k = 2(\alpha - \beta)k > 0$；相速度 $v_{\mathrm{ph}} = \omega/k$ 的方向随着波数 k 或者 ω 可

以改变，所以通过相速度的符号可以知道螺旋波的传播方向。如果 $v_{\mathrm{ph}} > 0$，螺旋波由内向外传播；如果 $v_{\mathrm{ph}} < 0$，螺旋波由外向内传播，即反螺旋波。

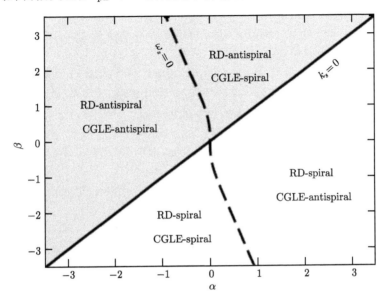

图 1.26　CGLE 中反螺旋波参数区域

RD 是反应扩散 (reaction-diffusion) 系统的简写；spiral 代表螺旋波；antispiral 代表反螺旋波。

图片引自文献[97]

参 考 文 献

[1] Strogatz S H. Nonlinear Dynamics and Chaos. New York: Westview Press, 1994.
[2] 齐亚乌丁·萨达尔. 混沌学. 北京: 当代中国出版社, 2014.
[3] Mandelbrot B. The Fractal Geometry of Nature. New York: W. H. Freeman and Company, 1982.
[4] 刘秉正, 彭建华. 非线性动力学. 北京: 高等教育出版社, 2004.
[5] 胡岗, 肖井华, 郑志刚. 混沌控制. 上海: 上海科技教育出版社, 2000.
[6] Poincare H. Science and Method. Lancaster: Dover Publications, 2003.
[7] Lyapunov A. Stability of Motion. New York: Academic Press, 1966.
[8] Clarkrobinson. Dynamical Systems. Providence: CRC Press, 1998.
[9] 郝柏林. 从抛物线谈起 —— 混沌动力学引论. 北京: 北京大学出版社, 2013.
[10] 顾葆华. 混沌系统的几种同步控制方法及其应用研究. 南京理工大学博士学位论文, 2009.
[11] 肖井华. 控制与同步时空混沌. 北京师范大学博士学位论文, 1999.
[12] Ott E. Chaos in Dynamical Systems. Cambridge: Cambridge University Press, 1993.
[13] 刘曾荣. 混沌的微扰判据. 上海: 上海科技教育出版社, 1994.

[14] 吴祥兴, 陈忠. 混沌学导论. 上海: 上海科学技术文献出版社, 2001.

[15] Ott E, Grebogi C, Yorke J A. Controlling chaos. Physical Review Letters, 1990, 64(11): 1196-1199.

[16] Pyragas K. Continuous control of chaos by self-controlling feedback. Physics Letters A, 1992, 170(6): 421-428.

[17] Hu G, Xiao J H, Gao J H, et al. Analytical study of spatiotemporal chaos control by applying local injections. Physical Review E, 2000, 62(3): R3043-R3046.

[18] Tang G N, Hu G. Controlling flow turbulence using local pinning feedback. Chinese Physics Letters, 2006, 23(6): 1523-1526.

[19] Hubler A. Adaptive-control of chaotic systems. Helvetica Physica Acta, 1989, 62(2-3): 343-346.

[20] Boccaletti S, Arecchi F T. Adaptive recognition and control of chaos. Physica D: Nonlinear Phenomena, 1996, 96(1-4): 9-16.

[21] Boccaletti S, Farini A, Arecchi F T. Adaptive strategies for recognition, control and synchronization of chaos. Chaos, Solitons & Fractals, 1997, 8(9): 1431-1448.

[22] Yanagisawa M. Time-delayed quantum feedback for traveling optical fields. Physical Review A, 2010, 82(3): 33820-33825.

[23] Lüthje O, Wolff S, Pfister G. Control of chaotic Taylor-Couette flow with time-delayed feedback. Physical Review Letters, 2001, 86(9): 1745-1748.

[24] Just W, Bernard T, Ostheimer M, et al. Mechanism of time-delayed feedback control. Physical Review Letters, 1997, 78(2): 203-206.

[25] Bleich M E, Socolar J E S. Controlling spatiotemporal dynamics with time-delay feedback. Physical Review E, 1996, 54(1): R17-R20.

[26] Gao J H, Peng J H. Phase space compression in one-dimensional complex Ginzburg-Landau equation. Chinese Physics Letters, 2007, 24(6): 1614-1617.

[27] Lakshmivarahan S, Wang Y. On the relation between energy-conserving low-order models and a system of coupled generalized volterra gyrostats with nonlinear feedback. Journal of Nonlinear Science, 2008, 18(1): 75-97.

[28] Kanevsky Y, Nepomnyashchy A A. Stability and nonlinear dynamics of solitary waves generated by subcritical oscillatory instability under the action of feedback control. Physical Review E, 2007, 76(6): 066305.

[29] Gao J H, Zheng Z G. Controlling spatiotemporal chaos with a generalized feedback method. Chinese Physics Letters, 2007, 24(2): 359-362.

[30] Bragard J, Boccaletti S, Arecchi F T. Control and synchronization of space extended dynamical systems. International Journal of Bifurcation and Chaos, 2001, 11(11): 2715-2729.

[31] 陶朝海, 陆君安. 混沌系统的速度反馈同步. 物理学报, 2005, 54(11): 5058-5061.

[32] Tao C H, Yang C D, Luo Y, et al. Speed feedback control of chaotic system. Chaos Solitons & Fractals, 2005, 23(1): 259-263.

[33] Peng J H, Ding E J, Ding M, et al. Synchronizing hyperchaos with a scalar transmitted signal. Physical Review Letters. 1996, 76(6): 904-907.

[34] Xiao J H, Hu G, Yang J Z, et al. Controlling turbulence in the complex Ginzburg-Landau equation. Physical Review Letters, 1998, 81(25): 5552-5555.

[35] Gao J H, Wang X G, Hu G, et al. Control of spatiotemporal chaos by using random itinerant feedback injections. Physics Letters A, 2001, 283(5-6): 342-348.

[36] Gao J H, Zheng Z G, Tang J N, et al. Controlling chaos with rectificative feedback injections in 2D coupled complex Ginzburg-Landau oscillators. Communications in Theoretical Physics, 2003, 40(3): 315-318.

[37] 高继华, 杨钦鹏, 龚晓钟, 等. 利用速率反馈方法控制时空混沌的解析研究. 科学技术与工程, 2006, (01): 1-3.

[38] Ma J, Wang Q Y, Jin W Y, et al. Control chaos in Hindmarsh-Rose neuron by using intermittent feedback with one variable. Chinese Physics Letters, 2008, 25(10): 3582-3585.

[39] 高继华, 柳文军, 陈迪嘉, 等. 函数反馈方法控制时空混沌. 深圳大学学报 (理工版), 2007, (03): 267-271.

[40] 高继华, 杨钦鹏, 龚晓钟, 等. 局域速率反馈方法同步时空混沌. 科学技术与工程, 2007, (01): 8-11.

[41] 高继华, 谢玲玲, 彭建华. 利用速度反馈方法控制时空混沌. 物理学报, 2009, (08): 5218-5223.

[42] 罗晓曙. 利用相空间压缩实现混沌与超混沌控制. 物理学报, 1999, 48(03): 21-26.

[43] Aranson I, Levine H, Tsimring L. Controlling spatiotemporal chaos. Physical Review Letters, 1994, 72(16): 2561-2564.

[44] Jiang M X, Wang X N, Ouyang Q, et al. Spatiotemporal chaos control with a target wave in the complex Ginzburg-Landau equation system. Physical Review E, 2004, 69(52): 056202.

[45] Ditto W L, Rauseo S N, Spano M L. Experimental control of chaos. Physical Review Letters, 1990, 65(26): 3211-3214.

[46] Sinha S, Gupte N. Adaptive control of spatially extended systems: Targeting spatiotemporal patterns and chaos. Physical Review E, 1998, 58(5A): R5221-R5224.

[47] Ramaswamy R, Sinha S, Gupte N. Targeting chaos through adaptive control. Physical Review E, 1998, 57(3A): R2507-R2510.

[48] Pecora L M, Carroll T L. Synchronization in chaotic systems. Physical Review Letters, 1990, 64(8): 821-824.

[49] Wiggins S. Introduction to Applied Nonlinear Dynamical Systems and Chaos. 2nd ed. 北京: 世界图书出版公司, 2013.

[50] 孙义燧. 非线性科学若干前沿问题. 合肥: 中国科学技术大学出版社, 2009.

[51] 刘宗华. 混沌动力学基础及其应用. 北京: 高等教育出版社, 2006.

[52] 李士勇. 非线性科学及其应用. 哈尔滨: 哈尔滨工业大学出版社, 2011.

[53] 欧阳颀. 反应扩散系统中螺旋波的失稳. 物理, 2001, (1): 30-36.

[54] Cross M C, Hohenberg P C. Pattern formation outside of equilibrium. Reviews of Modern Physics, 1993, 65(3): 851-1112.

[55] Cui X H, Huang X D, Hu G. Waves spontaneously generated by heterogeneity in oscillatory media. Scientific Reports, 2016, 6: 25177.

[56] Cui J R, Li Q, Hu G D, et al. Asymptotical stability for 2-D stochastic coupled FMII models on networks. International Journal of Control Automation and Systems, 2015, 13(6): 1550-1555.

[57] Wen G H, Yu W W, Hu G Q, et al. Pinning synchronization of directed networks with switching topologies: A multiple lyapunov functions approach. IEEE Transactions on Neural Networks and Learning Systems, 2015, 26(12): 3239-3250.

[58] Chen Y, Cao Z, Wang S, et al. Self-organized correlations lead to explosive synchronization. Physical Review E, 2015, 91(2): 022810.

[59] 马军, 唐军. 时空系统斑图优化控制. 武汉: 华中科技大学出版社, 2011.

[60] Kapral R, Showalter K. Chemical Waves and Patterns. Netherlands: Kluwer Academic Publishers, 1995.

[61] Ipsen M, Kramer L, Srensen P G. Amplitude equations for description of chemical reaction-diffusion systems. Physics Reports, 2000, 337(1-2): 193-235.

[62] Mikhailov A S, Showalter K. Control of waves, patterns and turbulence in chemical systems. Physics Reports, 2006, 425(2-3): 79-194.

[63] 欧阳颀. 反应扩散系统中的斑图动力学. 上海: 上海科技教育出版社, 2000.

[64] Aranson I S, Kramer L. The world of the complex Ginzburg-Landau equation. Reviews of Modern Physics, 2002, 74(1): 99-143.

[65] Goryachev A, Kapral R. Structure of complex-periodic and chaotic media with spiral waves. Physical Review E, 1996, 54(5): 5469-5481.

[66] Brunnet L G, Chate H. Phase coherence in chaotic oscillatory media. Physica A-Statistical Mechanics and its Applications, 1998, 257(1-4): 347-356.

[67] Goryachev A, Chat E H, Kapral R. Synchronization defects and broken symmetry in spiral waves. Physical Review Letters, 1998, 80(4): 873-876.

[68] Goryachev A, Chat E H, Kapral R. Transitions to line-defect turbulence in complex oscillatory media. Physical Review Letters, 1999, 83(9): 1878-1881.

[69] Davidsen J O, Kapral R. Defect-mediated turbulence in systems with local deterministic chaos. Physical Review Letters, 2003, 91(5): 058303.

[70] Davidsen J O, Erichsen R, Kapral R, et al. From ballistic to brownian vortex motion in complex oscillatory media. Physical Review Letters, 2004, 93(1): 018305.

[71] Zhan M, Kapral R. Destruction of spiral waves in chaotic media. Physical Review E, 2006, 73(2): 026224-026228.

[72] Bar M, Kevrekidis I G, Rotermund H H, et al. Pattern formation in composite excitable media. Physical Review E, 1995, 52(6): R5739-R5742.

[73] Bar M, Brusch L, Or-Guil M. Mechanism for spiral wave breakup in excitable and oscillatory media. Physical Review Letters, 2004, 92(11): 119801.

[74] Barkley D. Euclidean symmetry and the dynamics of rotating spiral waves. Physical Review Letters, 1994, 72(1): 164-167.

[75] Barkley D. Linear stability analysis of rotating spiral waves in excitable media. Physical Review Letters, 1992, 68(13): 2090-2093.

[76] Barkley D, Kness M, Tuckerman L S. Spiral-wave dynamics in a simple model of excitable media: The transition from simple to compound rotation. Physical Review A, 1990, 42(4): 2489-2492.

[77] Bernus O, Holden A V, Panfilov A V. Nonlinear waves in excitable media: Approaches to cardiac arrhythmias Preface. Physica D:Nonlinear Phenomena, 2009, 238(11-12): V-VIII.

[78] Biktashev V N, Barkley D, Biktasheva I V. Orbital motion of spiral waves in excitable media. Physical Review Letters, 2010, 104(5): 058302.

[79] Deng B W, Zhang G Y, Chen Y. Dynamics of spiral wave tip in excitable media with gradient parameter. Communications in Theoretical Physics, 2009, 52(1): 173-179.

[80] Kness M, Tuckerman L S, Barkley D. Symmetry-breaking bifurcations in one-dimensional excitable media. Physical Review A, 1992, 46(8): 5054-5062.

[81] Lauterbach J, Asakura K, Rasmussen P B, et al. Catalysis on mesoscopic composite surfaces: Influence of palladium boundaries on pattern formation during CO oxidation on Pt(110). Physica D:Nonlinear Phenomena, 1998, 123(1-4): 493-501.

[82] Luo J M, Zhang B S, Zhan M. Frozen state of spiral waves in excitable media. Chaos, 2009, 19(3): 033133.

[83] Mantel R, Barkley D. Periodic forcing of spiral waves in excitable media. Physical Review E, 1996, 54(5): 4791-4802.

[84] Mertens F, Gottschalk N, Bar M, et al. Traveling-wave fragments in anisotropic excitable media. Physical Review E, 1995, 51(6): R5193-R5196.

[85] Zykov V S. Kinematics of rigidly rotating spiral waves. Physica D:Nonlinear Phenomena, 2009, 238(11-12): 931-940.

[86] Elphick C, Hagberg A, Meron E. Dynamic front transitions and spiral-vortex nucleation. Physical Review E, 1995, 51(4Part A): 3052-3058.

[87] Hagberg A, Meron E. The dynamics of curved fronts: Beyond geometry. Physical Review Letters, 1997, 78(6): 1166-1169.

[88] Hagberg A, Meron E. Pattern-formation in nongradient reaction-diffusion systems—The effects of front bifurcations. Nonlinearity, 1994, 7(3): 805-835.

[89] Hagberg A, Meron E, Rubinstein I, et al. Controlling domain patterns far from equilibrium. Physical Review Letters, 1996, 76(3): 427-430.

[90] Ouyang Q, Flesselles J M. Transition from spirals to defect turbulence driven by a convective instability. Nature, 1996, 379(6561): 143-146.

[91] Vanag V K, Epstein I R. Inwardly rotating spiral waves in a reaction-diffusion system. Science, 2001, 294(5543): 835-837.

[92] Kim M, Bertram M, Pollmann M, et al. Controlling chemical turbulence by global delayed feedback: Pattern formation in catalytic CO oxidation on Pt(110). Science, 2001, 292(5520): 1357-1360.

[93] Jakubith S, Rotermund H H, Engel W, et al. Spatiotemporal concentration patterns in a surface reaction: Propagating and standing waves, rotating spirals, and turbulence. Physical Review Letters, 1990, 65(24): 3013-3016.

[94] Zykov V S. Simulation of Wave Processes in Excitable Media. New York: Manchester University Press, 1987.

[95] 王光瑞，袁国勇. 螺旋波动力学及其控制. 北京: 科学出版社, 2014.

[96] Nicola E M, Brusch L, Bar M. Antispiral waves as sources in oscillatory reaction-diffusion media. Journal of Physical Chemistry B, 2004, 108(38): 14733-14740.

[97] Brusch L, Nicola E M, Bar M. Comment on "Antispiral waves in reaction-diffusion systems". Physical Review Letters, 2004, 92(8): 089801.

[98] Gong Y F, Christini D J. Antispiral waves in reaction-diffusion systems. Physical Review Letters, 2003, 90(8): 088302.

[99] Skinner G S, Swinney H L. Periodic to quasi-periodic transition of chemical spiral rotation. Physica D: Nonlinear Phenomena, 1991, 48(1): 1-16.

[100] 欧阳颀. 非线性科学与斑图动力学导论. 北京: 北京大学出版社, 2010.

[101] Zhou L Q, Zhang C X, Ouyang Q. Spiral instabilities in a reaction diffusion system. International Journal of Modern Physics B, 2003, 17(22-24Part 1): 4072-4085.

[102] Zhou L Q, Ouyang Q. Spiral instabilities in a reaction-diffusion system. Journal of Physical Chemistry A, 2001, 105(1): 112-118.

[103] Yan L, Wang H L, Ouyang Q. Deterministic characterization of intrinsic noise in chemical reactions. Chinese Physics Letters, 2010, 27(1): 48-51.

[104] Wang H L, Zhang K, Ouyang Q. Resonant-pattern formation induced by additive noise in periodically forced reaction-diffusion systems. Physical Review E, 2006, 74(3): 036210.

[105] Wang X, Tian X, Wang H L, et al. Additive temporal coloured noise induced Eckhaus instability in complex Ginzburg-Landau equation system. Chinese Physics Letters, 2004, 21(12): 2365-2368.

[106] Wang H L, Ouyang Q. Effect of colored noises on spatiotemporal chaos in the complex Ginzburg-Landau equation. Physical Review E, 2002, 65(4): 046206.

[107] Zhang H, Hu B B, Hu G. Suppression of spiral waves and spatiotemporal chaos by generating target waves in excitable media. Physical Review E, 2003, 68(2): 026134.

[108] Zhang H, Hu B B, Hu G, et al. Turbulence control by developing a spiral wave with a periodic signal injection in the complex Ginzburg-Landau equation. Physical Review E, 2002, 66(4): 046303.

[109] Ma J, Wang C N, Tang J, et al. Suppression of the spiral wave and turbulence in the excitability-modulated media. International Journal of Theoretical Physics, 2009, 48(1): 150-157.

[110] 马军, 靳伍银, 易鸣, 等. 时变反应扩散系统中螺旋波和湍流的控制. 物理学报, 2008, 57(05): 2832-2841.

[111] 马军, 靳伍银, 李延龙, 等. 随机相位扰动抑制激发介质中漂移的螺旋波. 物理学报, 2007, 56(04): 2456-2465.

[112] Kuramoto Y. Chemical Oscillations, Waves, and Turbulence. New York: Springer, 1984.

[113] Haken H. Advanced Synergetics. Berlin: Springer, 1993.

[114] 尼科利斯 G, 普利高津 I. 非平衡系统的自组织. 北京: 科学出版社, 1986.

[115] 叶其孝, 李正元. 反应扩散方程引论. 北京: 科学出版社, 1999.

[116] Grindrod P. Patterns and Waves. Oxford: Oxford University Press, 1991.

[117] Benjamin T B, Feir J E. Disintegration of wave trains on deep water .1. Theory. Journal of Fluid Mechanics, 1967, 27(3): 417.

[118] Hagan P S. Spiral waves in reaction-diffusion equations. SIAM Journal on Applied Mathematics, 1982, 42(4): 762-786.

第 2 章 连续变量线性反馈方法实现时空混沌的控制

在自然界中,大量的实际系统同时具有时间和空间变量,这些系统的混沌运动会表现出各种时间和空间的特点,称之为时空混沌。时空混沌运动内容的丰富程度远胜于低维混沌。时空混沌中包含的运动模式形形色色,有无穷多种,这些模式在时间和空间上有各种各样的有序结构。所谓时空混沌就是指系统的行为不仅在时间方向上有混沌行为,而且在长时间演化后,在其空间方向上也有混沌行为。在混沌控制的研究中,时空混沌控制占有独特的位置,它直接联系着低维混沌与湍流。人们研究混沌控制的目的之一是希望借助于分析低维混沌动力学来理解高维湍流的性质,将控制混沌的成果应用于湍流控制。而且实际系统绝大多数同时具有时间、空间变量,研究时空系统能解决大量的实际系统应用问题。

半个世纪以来,有关混沌性质研究已经吸引了众多的研究群体的兴趣。如何实现混沌的应用,已成为当前非线性科学研究的一个重要内容。基于这个原因,在 1990 年 OGY 有关混沌控制[1]和佩科拉、卡罗尔[2]有关混沌同步的工作发表以来,混沌的控制与同步的相关理论和应用研究都有了蓬勃发展。与此同时,时空混沌逐渐成为混沌应用研究领域的一个重要内容,时空混沌的控制与同步也成为当前非线性科学研究的一个热点[1-28]。实际应用要求在达到预期目标的条件下,所使用的控制方法应该越简单越好。目前常用的混沌控制方法主要分为两大类[18-45]:反馈控制方法和非反馈控制方法。反馈方法,就是利用驱动系统的输出量来调节响应系统,从而实现混沌系统的控制与同步。其中最简单的反馈方法就是变量线性反馈方法,即采用反馈信号 $K\cdot(x-\hat{x})$ 的形式 (x 为系统变量,$\hat{x}$ 表示目标周期态,K 为反馈强度矩阵),该方法应用于时空混沌的控制与同步也有较多文献报道[46-48]。基于该思想,文献 [11, 13] 中作者用低维周期反馈信号成功地控制了时空混沌系统,并且建立了局域变量反馈 (钉扎) 方法的解析理论。

局域变量反馈 (钉扎) 方法基于以下思想:首先选择一个有序的目标态,根据系统运动的现状和目标态的要求向系统输入控制信号,并利用此控制信号以反馈的形式将系统驱动到目标态上并将其稳定住,以达到控制时空混沌的目的。同时,出于应用的考虑,只对部分空间点加以监测和控制。将这些被控制点驱动到目标态附近,通过空间耦合将其他的未控制状态变量带到目标态从而最终实现混沌控制。他们的研究发现,局部注入方法可有效地消除湍流。特别是在较大梯度力下,通过添加一定数量的注入控制器来完全消除湍流,该数量远小于系统中正李雅普诺夫指数的数量。梯度力对控制效果的影响极大,增加梯度力有利于提高控制效率。在足够大 (但仍然是有限大) 的梯度力和足够强的钉扎强度作用下,成功将混沌系统锁定到有序的目标态上。而且对于一维系统,通过调整偏流项,可以使用单点的边界控制方法达到对无穷大系统的良好控制 [13,29]。

然而,局域变量反馈 (钉扎) 方法有一定局限性。首先,这种方法需要系统具有较强的偏流,偏流越大,达到控制或同步时所允许的反馈强度可以越低。当它应用于无大梯度力的系统时 (在自然界中很常见),控制效率可能会很低;更进一步的理论分析说明,在无偏流的情形下是失效的。其次,在实际应用中该方法很难扩展到二维或三维系统。如果用信号点去驱动一个更高维的时空混沌系统,如三维空间中的湍流,至少需要二维反馈信号,需要并行地使用大量的控制器,则此方法限制了向实际应用的推广。如何使用少量的控制器去控制较高维时空混沌,就是本章研究的重点。为此,作者曾提出随机巡游反馈方法 [31,49],在无偏流作用的二维耦合振子系统中进行时空混沌控制与同步的实验。

另一方面,被广泛研究的时空系统模型中,耦合振子是对实际体系的坐标空间进行离散化,时间与状态变量保持不变,具有数值模拟计算效率高的优势。偏微分方程坐标和系统变量都没有离散化,所忽略的模型信息最少,因而最接近实际体系。本章中 2.1 节与 2.2 节以耦合振子系统为模型,2.3 节与 2.4 节讨论的则是 CGLE 偏微分形式。

2.1 时空混沌的随机巡游反馈方法

通过局域变量反馈 (钉扎) 方法研究一维 CGLE 中湍流可控的参数条件,并理论分析局域控制 (钉扎) 效率,发现梯度力的存在是对这类系统高效控制的根本原因 [50]。但在许多实际系统中不存在梯度力,特别是在高维无梯度力系统中,依赖于强梯度力的控制机制不再能够有效应用。因此,从局域钉扎方法研究工作中得到启发,通过随机改变钉扎点 (或称控制器) 的位置,即将控制信号以一定的速率移动,移动的路径可以遍布到整个坐标空间。当控制信号移动到某个位置时,该处的湍流被控制到目标态,下一时刻,信号移动到另一个位置,并再次控制该处到目标态。当控制信号移动的速度够快,大于混沌状态扩散速度时,很少以至单个控制信号就可以把整个空间混沌系统驱动到目标态上。从而在只存在扩散耦合而不存在梯度力的系统中,获得类似梯度力产生的良好控制效果,将二维耦合 CGLE 振子系统的湍流态驱动到周期目标态。我们称这种方法为随机巡游反馈控制方法。

考虑如下的二维 CGLE 耦合振子系统:

$$\frac{\mathrm{d}A_{i,j}}{\mathrm{d}t} = A_{i,j} + (1+\mathrm{i}\alpha) \times (A_{i+1,j} + A_{i-1,j} + A_{i,j+1} + A_{i,j-1} - 4A_{i,j})$$
$$- (1+\mathrm{i}\beta)|A_{i,j}|^2 A_{i,j}, \quad i,j = 0,1,\cdots,N-1 \qquad (2.1)$$

其中 $A_{i,j}$ 是系统的复变量，N 是正整数，表示振子系统的大小。在本节固定取 $N=16$。方程 (2.1) 可以对二维 CGLE 进行空间坐标离散化得到。方程 (2.1) 采用周期边界条件：

$$A_{N,j} = A_{0,j}, \quad A_{i,N} = A_{i,0}, \quad A_{-1,j} = A_{N-1,j}, \quad A_{i,-1} = A_{i,N-1} \qquad (2.2)$$

方程 (2.1) 和方程 (2.2) 存在近似行波解：

$$A_{i,j}(t) = \sqrt{1-k_x^2-k_y^2}\exp\mathrm{i}(k_x i + k_y j - \omega t), \quad \omega = \beta + (\alpha-\beta)(k_x^2+k_y^2)$$

$$k_x = 2\pi m_x/N, \quad k_y = 2\pi m_y/N \qquad (2.3)$$

其中 m_x 和 m_y 是整数。对于较大的 N(如 $N>10$) 以及 $1+\alpha\beta<0$ 条件下，所有的行波解 (2.3) 均不稳定，系统将进入湍流状态。选取参数 $\alpha=2.1, \beta=-1.5$，使系统处于缺陷湍流区域。我们的任务是把系统从时空混沌态控制到方程 (2.3) 的某一行波解，使系统成为周期态。

注入局域反馈控制项，可将方程 (2.1) 改写成

$$\frac{\mathrm{d}A_{i,j}}{\mathrm{d}t} = A_{i,j} + (1+\mathrm{i}\alpha) \times (A_{i+1,j} + A_{i-1,j} + A_{i,j+1} + A_{i,j-1} - 4A_{i,j})$$
$$- (1+\mathrm{i}\beta)|A_{i,j}|^2 A_{i,j} - \varepsilon \sum_{q=1}^{M} \delta_{\mu_q,i;v_q,j}(A_{i,j} - \hat{A}_{i,j}), \quad i,j=0,1,\cdots,N-1 \quad (2.4)$$

其中 $\hat{A}_{i,j}$ 是行波解 (2.3) 的某个目标态；(μ_q, v_q) 是周期信号反馈注入的位置，$q=1$, $2,\cdots,M$，$M \leqslant N \times N$ 是控制器的数目；ε 是注入信号的强度。对于目标态，取 $m_x = m_y = 1$，得到的结论可以直接推广到 m_x 和 m_y 取其他值的场合。首先，考虑将 (μ_q, v_q) 作为固定位置，这表示在系统中使用固定坐标空间点的反馈控制。例如，在 i 和 j 方向上每隔 I 个位置放置一个控制器，也就是说，一共使用 $(N/I)^2$ 个控制器。如 $I=8(M=4)$ 和 $I=4(M=16)$，不管注入信号的强度多大，时空混沌都不能得到控制。系统虽然受到控制方法的影响，但是和目标信号有相当大的差别。图 2.1(a) 给出了任意一个空间点 (如 $i=j=5$)，当 $I=4$ 且控制强度 $\varepsilon=1000$ 的参数条件下，$\mathrm{Re}A_{i,j}$ 随时间 t 的变化情况。可以看出，控制后的系统依然表现出明显的混沌运动。随着控制器数目的增大，选取 $I=2$(这时控制器的个数为 $M=64$)，对于较大的控制强度 ε 可成功控制时空混沌。图 2.1(b) 在控制强度相对较小 ($\varepsilon=1.0$) 时，混沌仍存在；图 2.1(c) 在控制强度相对较大 ($\varepsilon=3.6$) 时，

2.1 时空混沌的随机巡游反馈方法

混沌被成功控制。在图 2.1 中虽然通过使用固定点的方式可以控制混沌，但使用了 64 个控制点才实现。

为刻画时空混沌的控制情况，定义同步函数 P：

$$P(t) = \sum_{q=1}^{M} \varepsilon \left| A_{\mu_q, v_q}(t) - \hat{A}_{\mu_q, v_q}(t) \right| \tag{2.5}$$

如果 $P(t)$ 的值随着时间的增加趋近于 0，表示系统最终被驱动到目标态，即时空混沌被控制。反之，$P(t)$ 的值如果随时间演化仍然保持很大的数值，则控制失效。图 2.1(d) 画出了图 2.1(c) 条件下，$P(t)$ 的变化图，时空混沌被控制后，$P \to 0$。

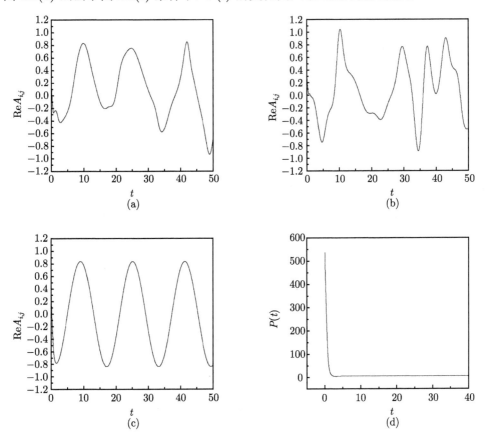

图 2.1 时空混沌的定点控制结果

$N = 16$，$\alpha = 2.1$，$\beta = -1.5$，目标态选取 $m_x = m_y = 1$。$i = 5$，$j = 10$，系统实部随时间的变化，控制器统一固定在空间某一位置，(a) $I = 4(M = 16)$，$\varepsilon = 1000.0$，控制失效；(b) $I = 2(M = 64)$，$\varepsilon = 1.0$，控制失效；(c) $I = 2(M = 64)$，$\varepsilon = 3.6$，时空混沌被成功控制；(d) 参数同 (c)，$P(t)$ 随时间 t 的变化，$P(t)$ 最终趋近于 0

考虑到用固定点控制方法需要较多的控制器同时控制时才能成功,为了克服这一缺点,用以下的运动控制器的方式来代替固定点控制,即采用随机巡游反馈注入方法:

$$\begin{aligned}\mu_q(t) &= R_1(q,\tau,t) \\ v_q(t) &= R_2(q,\tau,t)\end{aligned} \tag{2.6}$$

其中 $R_{1,2}(q,\tau,t)$ 定义为 0 到 $N-1$(本节以 $N=16$ 为例) 的随机整数产生函数,每隔 τ 时间段,重新选取一次新的整数值,也就是说当时间 t 在 0 到 τ 内时,$R_{1,2}(1,\tau,t)$ 在 0 到 $N-1$ 内随机选择一组整数,$R_{1,2}(2,\tau,t)$ 在剩下的点中重新从 0 到 $N-1$ 内随机选择一组整数,不包含第一次产生的。$R_{1,2}(3,\tau,t)$, $R_{1,2}(4,\tau,t)$, $\cdots$, $R_{1,2}(M,\tau,t)$ 采用同样方法得出。将所选择的控制器 $R_{1,2}(q=1,\tau,t)$ 代入式 (2.6) 和式 (2.4),可以计算控制系统从 $t=0$ 到 τ 的演化行为。在第二个时间间隔 (从 $t=\tau$ 到 2τ 时间内),$R_{1,2}(q=2,\tau,t)$ 采用同样的方法再次选择,以此类推。因此,在不同的时间间隔内移动控制器注入随机选择的位置,所以这种方法称为随机巡游反馈控制方法。

该方法的混沌控制应用是基于以下思想:为了控制二维或更高维系统的时空混沌,可以让少量的控制器在整个系统空间随机跳跃选择。在某一时间控制器可以控制任一点的混沌。当控制器跳跃到下一个位置时,前一时间间隔的控制效果在该点不会马上消失,目标态的影响还能够保持一段相当长的时间才会被该点邻近区域的混沌态吞并。因此,在控制信号完全失效前,如果控制器足够快地跳回至先前控制位置附近,进一步加强该点的控制效果,那么整个系统可以逐渐被控制器同步到目标态,从而实现混沌的控制。接下来介绍使用这种方法的一系列数值模拟工作结果。

首先,选用单一控制器,$M=1$。图 2.2 中取 $\tau=0.002$(计算的时间步长 $\Delta t = 1.0 \times 10^{-6}$) 和 $\varepsilon = 160$,图 2.2(a)~(c) 中分别画出在 $t=0$、1.0 和 8.0 时刻,$\text{Re} A_{i,j}(i=5)$ 的空间分布情况。随着时间的增加,控制信号逐渐对混沌系统的空间分布产生了效果,在一定时间之后,系统的混沌信号逐渐被目标态信号所代替。在图 2.2(d) 中画出了系统在空间位置 $i=5$,$j=10$ 处,系统变量与目标态差的实部 $\text{Re}[A_{i,j}(t)] - \hat{A}_{i,j}(t)$ 随时间的变化图。可以看出,在很短的暂态过程之后,系统接近目标态的周期运动。很显然,通过随机巡游方法可以只用单个控制器成功地实现控制缺陷湍流。而用固定点控制的方法使用了更多的控制器和更大的控制强度 [$M=16$,图 2.1(a)] 还不能得到理想的混沌控制效果。

图 2.3(a) 画出了图 2.2 同参数下的控制结果,表征系统控制程度的量 $P(t)$ 随着时间的变化情况。可以看出,经过很短的时间,信号注入能量就下降到接近于零的程度,显示了非常好的控制效果。这里只用了一个随机移动的控制器,就很好地控制混沌系统到行波解,相比用固定控制,用了 $M=64$ 个控制点才具有相同的控

制效果。从这一点考虑,随机巡游控制方法的优越性是显而易见的。

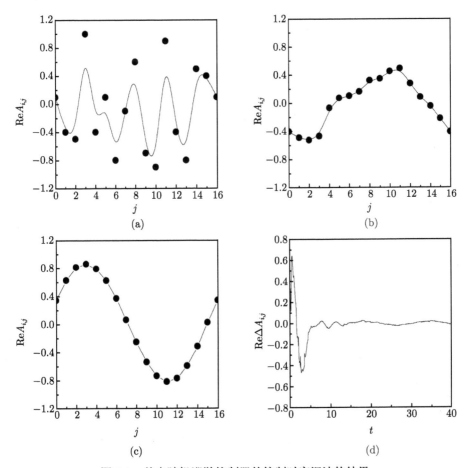

图 2.2 单个随机巡游控制器的控制时空混沌的结果

$\varepsilon=160$, $\tau=0.002$。(a) $t=0$, $i=5$, $\mathrm{Re}A_{i,j}$ vs j; (b) $t=1.0$, $i=5$, $\mathrm{Re}A_{i,j}$ vs j;
(c) $t=8.0$, $i=5$, $\mathrm{Re}A_{i,j}$ vs j; (d) $i=5$, $j=10$, $\mathrm{Re}\Delta A_{i,j}$ 随时间 t 的变化

在巡游控制方法中一个关键的因素是要求控制器的移动应当足够快。例如,图 2.3(b) 中,其他参数不变,将图 2.3(a) 中的 τ 增大至 0.008,随时间演化,$P(t)$ 值仍保持在较大的值,然而在 $\tau = 0.002$,在同一时刻,$P(t)$ 值非常接近于 0。图 2.3(b) 说明系统无法达到与目标态的同步。图 2.3(c) 给出 ε-τ 在平面内的可控参数区,右下区域内,湍流最终能被控制。在这里对于 ε 和 τ 都有极限值,即存在 $\varepsilon_{\min}$ 和 $\tau_{\max}$,对于 $\varepsilon < \varepsilon_{\min}$(或 $\tau > \tau_{\max}$),无论控制强度多大或时间多久,控制信号都不能将系统驱动至目标态。这些限制很容易理解,当控制强度太小时,无论控制信号移动得多迅速,小的控制信号无法控制湍流;对于 $\tau > \tau_{\max}$,控制器平均两次访

问同一坐标空间区域的间隔时间太长,无论控制强度多大,邻近区域的混沌总能够在没有控制的时间间隔内破坏该区域的控制效果,无法形成对整个系统的有效控制。

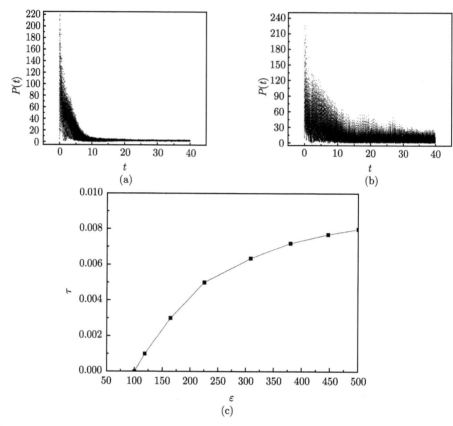

图 2.3 (a) $\varepsilon=160$,$\tau=0.002$,$P(t)$ 随时间 t 的变化;(b) $\varepsilon=160$,$\tau=0.008$,$P(t)$ 随时间 t 的变化;(c) ε-τ 平面内的可控区域 (右下区域)

增加控制器的数目可有效地改变 $\varepsilon_{\min}$ 和 $\tau_{\max}$。图 2.4(a) 分别给出 $M=1,3,5$ 在 ε-τ 在平面内的可控参数区,曲线的右下区域是可控区。对于 $M=5$,远小于图 2.1(c) 中的 64 个控制器数目,且最小控制强度 $\varepsilon_{\min}$ 大大减小,而巡游最大时间间隔 $\tau_{\max}$ 明显增大。图 2.4(b) 画出了最小控制强度 $\varepsilon_{\min}$ 随控制器个数的变化情况。图 2.4(c) 画出了最大巡游时间 $\tau_{\max}$ 随控制器个数的变化情况。综上所述,对于随机巡游反馈注入控制方法,为了在现实中实现理想的控制结果,可以广泛灵活地选择 M,ε 和 τ 的范围,针对不同的实际条件,寻求控制器的数量、信号强度和移动频率的一个最佳组合。

2.2 时空混沌的优化巡游反馈方法

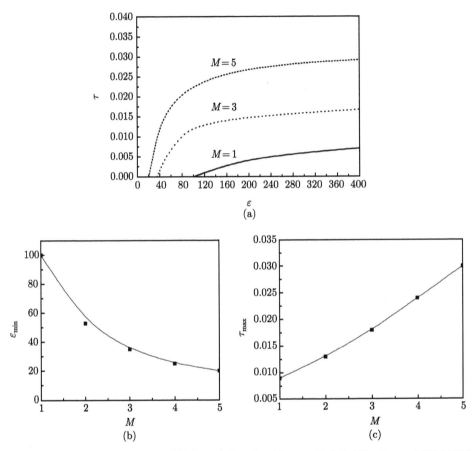

图 2.4 (a) $M=1,3,5$ 时，随机巡游控制方法的可控区域；(b) 最小控制强度 $\varepsilon_{\min}$ 随控制器个数 M 的变化情况；(c) 最大巡游时间 $\tau_{\max}$ 随控制器个数 M 的变化情况

小结：

从以上的分析可以知道，随机巡游反馈注入方法可以控制二维时空混沌，并有很高的控制效率，例如，可以通过单个控制器来控制 CGLE 中的缺陷湍流。然而，当控制信号以固定位置的方式注入时，需要大量的控制器才能实现同等的控制效果。同时这种方法可用于更高维系统且系统不需要梯度力，这使得该方法在实际应用中具有很大的潜力。随机控制器在现代计算机技术上很容易实现。这种方法还成功运用于相同参数下系统混沌态之间的同步控制[49,51]。

2.2 时空混沌的优化巡游反馈方法

在 2.1 节中介绍了随机巡游反馈方法可以有效地控制时空混沌。但使用此方法时，不可避免在某些时刻控制器会落在系统变量和目标态非常接近的区域。这时候，由于使用的是反馈注入信号的控制方法，控制器的作用在该位置可以忽略不计。这样，在该时间段内随机巡游控制方法的效率就不高。为了获得更好的控制效果，可以考虑对巡游的路径进行选择，从而避开低效率控制位置。如何通过设计最佳的巡游路径，进一步提高控制效率是本节介绍的主要内容。我们将改进后的方法称为优化巡游反馈 (rectificative feedback itinerant) 方法[47]。

同样考虑二维 CGLE 离散振子：

$$\frac{\mathrm{d}A_{i,j}}{\mathrm{d}t} = A_{i,j} + (1+\mathrm{i}\alpha) \times (A_{i+1,j} + A_{i-1,j} + A_{i,j+1} + A_{i,j-1} - 4A_{i,j}) \\ - (1+\mathrm{i}\beta)|A_{i,j}|^2 A_{i,j}, \quad i,j = 0,1,\cdots,N-1 \tag{2.7}$$

其中 $A_{i,j}$ 是系统的复变量，$N \times N$ 为振子数目，在本节中如无特殊说明，取 $N=32$。方程 (2.7) 是二维 CGLE 的离散化形式，采用周期边界条件：

$$A_{i,j} = A_{i+N,j}, \quad A_{i,j} = A_{i,j+N} \tag{2.8}$$

方程 (2.7) 和方程 (2.8) 存在近似行波解：

$$A_{i,j}(t) = \sqrt{1-k_x^2-k_y^2}\exp[\mathrm{i}(k_x i + k_y j - \omega t)] \\ \omega = \beta + (\alpha-\beta)(k_x^2+k_y^2), \quad k_x = 2\pi m_x/N, \quad k_y = 2\pi m_y/N \tag{2.9}$$

其中 m_x 和 m_y 是整数。对于较大的 N(如 $N>10$) 以及 $1+\alpha\beta<0$ 条件下，所有的平面波解 (2.9) 均不稳定，系统将进入湍流状态。选取与 2.1 节相同的参数 $\alpha=2.1, \beta=-1.5$，系统处于缺陷湍流区域。控制目标是驱动系统采用方程 (2.9) 的某一周期波解来消除时空混沌。

为控制混沌，在式 (2.7) 上增加局域反馈项，如下：

$$\frac{\mathrm{d}A_{i,j}}{\mathrm{d}t} = A_{i,j} + (1+\mathrm{i}\alpha) \times (A_{i+1,j} + A_{i-1,j} + A_{i,j+1} + A_{i,j-1} - 4A_{i,j}) \\ - (1+\mathrm{i}\beta)|A_{i,j}|^2 A_{i,j} - \varepsilon\delta_{\mu,i;v,j}(A_{i,j} - \hat{A}_{i,j}) \quad i,j=0,1,\cdots,N-1 \tag{2.10}$$

其中 $\hat{A}_{i,j}$ 是式 (2.9) 的某个周期行波解，为目标态；ε 是注入信号的强度。(μ,v) 是控制的位置。例如，在本节中取 $m_x=m_y=2$ 的行波解作为目标态，所得结论可向其他 m_x 和 m_y 值推广。

优化巡游反馈方法的基本思想是：对于二维振子系统，我们试图只通过一个空间点 (μ,v) 注入周期信号来控制混沌。让控制器巡游到变量和目标轨道差别最大的空间位置，这样就可以最大限度地让控制器在每个控制时间段内都发挥作用。在系统变量与目标态差值最大的空间位置 $\max(A_{i,j} - \hat{A}_{i,j})|_{t=n\tau}$ 设置 $(\mu,v) = (i,j)$，

2.2 时空混沌的优化巡游反馈方法

其中 τ 是巡游间隔时间。控制位置的参数 (μ, v)，每一个间隔时间 τ 在整个系统内重新检索。例如，当 $t=0$ 时，操作检查系统变量和目标态的距离，并找出差距最大点的位置 (i,j)，然后将控制器移动到该点 $(\mu,v)=(i,j)$，在 $0\leqslant t<\tau$ 的时间内系统按照式 (2.10) 进行演化。当 $t=\tau$ 时，重新检查新的最大差值所在位置，在时间间隔 $\tau\leqslant t<2\tau$ 内使 $(\mu,v)=(i',j')$。在时间间隔 $[2\tau,3\tau]$ 内，采用相同的规则选择控制位置 (μ,v)，依次类推。因此，在每个时间间隔 τ 内，根据系统和目标态差值最大点来选择反馈控制器的路径。在随机巡游反馈方法的基础上，"有的放矢"地控制时空系统，故称这种方法为优化巡游反馈方法。

接下来通过数值模拟结果来讨论。在图 2.5 中选用控制周期 $\tau=0.002$，控制强度 $\varepsilon=3.6\times 10^2$。图 2.5(a)~(c) 是不同时刻下系统变量 A 实部空间分布情况 ($i=15$)，分别对应 $t=0$，$t=2.0$ 和 $t=10.0$ 时刻。可以看出，系统随着时间的演化，无序的状态被有序空间分布所取代，说明通过优化巡游反馈方法实现了混沌的有效控制。图 2.5(d) 画出了空间位 $(i,j)=(15,15)$ 的振子系统和目标态差值随时间的演化，短暂的暂态过程后，差值接近于 0，表明了系统和目标态达到了很好的同步。

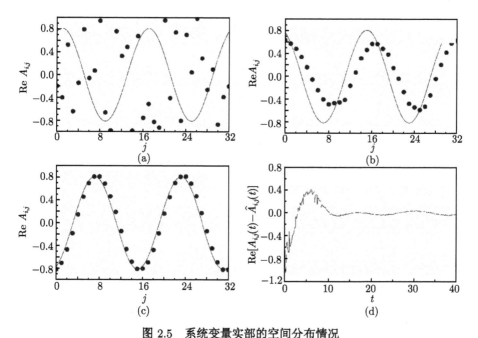

图 2.5　系统变量实部的空间分布情况

$\tau=0.002$，$\varepsilon=3.6\times 10^2$，$i=15$，$\mathrm{Re}A_{i,j}$ 随 j 的变化。(a) $t=0$；(b) $t=2.0$；(c) $t=10.0$；(d) $i=j=15$，$\mathrm{Re}[A_{i,j}(t)-\hat{A}_{i,j}(t)]$ 随时间 t 的变化

图 2.6 为系统实部 $\mathrm{Re}A_{i,j}$ 与目标态在空间位置 (15,15) 处的演化对比结果。虚线代表目标态，实线表示系统实部。图 2.6(a)~(c) 实施控制后，系统仍是无规则

运动,与目标轨道相差甚远。图 2.6(a) 中取 $\varepsilon = 40.0$, $\tau = 0.008$, 图 2.6(b) 中取 $\varepsilon = 240.0$, $\tau = 0.008$, 图 2.6(c) 中取 $\varepsilon = 40.0$, $\tau = 0.001$。图 2.6(d) 中通过增加控制强度 $\varepsilon = 240.0$, 减小控制器巡游时间 $\tau = 0.001$, 经历一段暂态之后,系统和目标态之间趋于同步。

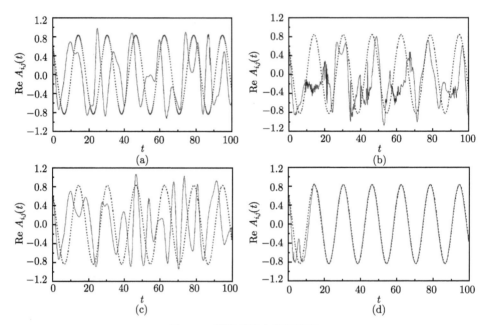

图 2.6 系统变量实部时序图

虚线为周期目标态,实线是系统实部。$i = j = 15$。(a) $\varepsilon = 40.0$, $\tau = 0.008$; (b) $\varepsilon = 240.0$, $\tau = 0.008$; (c) $\varepsilon = 40.0$, $\tau = 0.001$; (d) $\varepsilon = 240.0$, $\tau = 0.001$

通过比较图 2.6 中的控制强度 ε 与控制器巡游时间 τ,不难发现,抑制混沌运动的关键因素是控制器响应速度的快慢,控制强度的大小也起着一定的作用。这一点与第 1 章随机巡游反馈方法是一致的,接下来讨论进一步的细节内容。

定义一个变量 $P(t)$,记录不同时刻下,系统变量 A 和目标态之间的最大差别,该变量可以很好地衡量控制方法的效率。如果 $t \to \infty$, $P(t) \to 0$,则系统可以被驱动到目标态,时空混沌可以成功被控制。

$$P(t) = \left| A_{\mu,v}(t) - \hat{A}_{\mu,v}(t) \right| \tag{2.11}$$

图 2.7(a) 给出在同一参数条件下 [与图 2.6(d) 中参数相同], $P(t)$ 随 t 的演化结果,随着时间的推移, $P(t)$ 降低为 0。图 2.7(b) 给出固定 $\tau = 0.002$,不同控制强度 ε 对应的 $P(t = 1000.0)$,在临界值 $\varepsilon = 95.0$, $P(t = 1000.0) \leqslant 0.05$ 表明控制成功。图 2.7(c) 给出固定 $\varepsilon = 240.0$,不同巡游时间 τ 对应的 $P(t = 1000.0)$ 的变化趋

2.2 时空混沌的优化巡游反馈方法

势,在临界值 $\tau = 0.007$ 以下,系统与控制信号达到同步。图 2.7(d) 画出 ε-τ 平面内的可控区域,临界线以下湍流被成功控制。

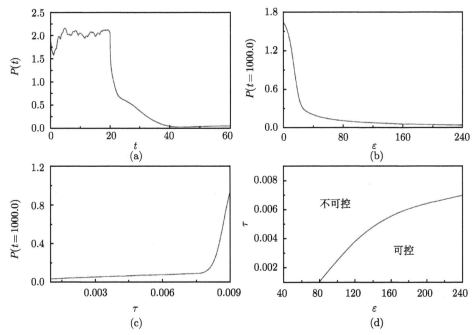

图 2.7 (a) $\varepsilon = 240.0$, $t = 0.001$, $P(t)$ 随时间 t 的变化,在 $t = 20$ 时,注入控制信号;
(b) 固定 $\tau = 0.002$,不同控制强度 ε 对应的 $P(t = 1000.0)$;(c) 固定 $\varepsilon = 240.0$,不同巡游时间 τ 对应的 $P(t = 1000.0)$;(d) ε-τ 平面内的可控区域

以从上分析可以看出,ε 和 τ 有一定的限制。当 $\varepsilon < \varepsilon_{\min}$(或 $\tau > \tau_{\max}$) 时,无论 τ(或 ε) 选择什么值系统均控制失败。这些限制很容易理解。当控制强度太小时,无论控制器移动多快控制信号都无法控制湍流;当 $\tau > \tau_{\max}$ 时间间隔内控制器控制先后到达给定空间的时间太长时,无论控制强度多大,周围的湍流极易破坏非控制时间间隔的控制效果。

小结:
本节提出一种优化巡游反馈注入的方法控制二维时空系统的时空混沌,该方法有很高的控制效率,单个信号可控制湍流。通过选择系统和目标态差值最大的巡游路径,与随机巡游方法相比,将得到更宽泛的 ε 和 τ 参数区域。在无梯度力的条件下,该方法可用于高维系统。同时,优化巡游反馈注入方法可以直接应用于二维或更高维时空混沌系统的同步。

2.3 时空混沌的混合巡游反馈方法

由于随机巡游反馈方法所需要的反馈控制强度比较大，而在此基础上改进的优化巡游反馈方法要求对全空间变量进行的监控导致控制操作比较复杂，这就大大限制了这两种方法的适用性。考虑到不同时空系统的特点，结合随机巡游反馈方法和优化巡游反馈方法的不同优势，提出一种混合巡游控制方法 [34]，该方法增加了校正概率作为新的控制参数，既突出了上述两种巡游控制方法的优点，又增加了巡游反馈方法的适用性。

考虑如下的二维 CGLE 偏微分方程：

$$\partial_t A = A + (1 + \mathrm{i}\alpha) \nabla^2 A - (1 + \mathrm{i}\beta) |A|^2 A \tag{2.12}$$

其中 A 是系统变量，为复数；α 和 β 是系统参数，为实数。二维情形中，$\nabla^2 = \frac{\partial^2}{\partial x^2} + \frac{\partial^2}{\partial y^2}$。方程 (2.12) 有以下行波解：

$$A(x, y, t) = A_0 \exp \mathrm{i} (k_x x + k_y y - \omega t)$$

$$k_x = 2\pi m_x / L, \quad k_y = 2\pi m_y / L \tag{2.13}$$

其中 k_x 和 k_y 分别是行波解 (2.13) 在空间 x 和 y 方向上的波数，$A_0 = \sqrt{1 - k_x^2 - k_y^2}$，且存在色散关系 $\omega = \beta + (\alpha - \beta)(k_x^2 + k_y^2)$。系统尺寸 L=32。满足周期边界条件时，m_x 和 m_y 为整数。理论和数值分析结果表明：在 L 较大的情况下，当系统参数满足 $1 + \alpha\beta < 0$ 时，式 (2.13) 中所有的周期性行波解均不稳定，系统进入时空混沌态，在第 1 章中已有详细的介绍。以下的讨论中，设定系统参数，使 CGLE 系统处于缺陷湍流态，本节的研究任务是把系统从该时空混沌态控制到方程 (2.13) 的某一行波解，使系统成为周期态。为了达到此目的，在方程 (2.12) 中增加控制项，使之变成以下受控的形式：

$$\partial_t A = A + (1 + \mathrm{i}\alpha) \nabla^2 A - (1 + \mathrm{i}\beta) |A|^2 A - \varepsilon \delta(x - x_\mathrm{c}, y - y_\mathrm{c}) \left(A - \hat{A}\right) \tag{2.14}$$

其中 ε 是反馈控制强度；$\delta(x,y)$ 是二元狄拉克 (Dirac) 函数，仅当 $x = y = 0$ 时函数 $\delta(x,y) \neq 0$，且满足全空间积分 $\iint \delta(x,y) \mathrm{d}x \mathrm{d}y = 1$；$\hat{A}$ 是周期目标态，由式 (2.13) 确定；x_c 和 y_c 是反馈控制器所处的空间位置。在随机反馈巡游方法中，x_c 和 y_c 每隔 τ 时间随机选取一次；在优化巡游反馈方法中，每隔 τ 时间选取一次控制器位置，使之位于该时刻系统状态与目标态差别最大的位置。其中 τ 称为巡游时间。随机巡游反馈方法能够有效利用低维信号控制高维时空混沌系统，但是因为随机选择控制位置，所需的控制强度较大，控制效率不高；而优化巡游反馈方法虽然降低了所需的控制强度，但是需要对全空间系统变量进行即时跟踪和测量，并据此判

2.3 时空混沌的混合巡游反馈方法

断得到系统与目标态差别最大的位置坐标,所以在某些情形并不方便。为此,提出一种时空混沌控制方案:在式 (2.14) 所示的控制方法中,每个巡游时间 τ 以概率 q 选择优化巡游反馈方法,概率 $(1-q)$ 选择随机巡游反馈方法来对系统进行控制。通过引入校正概率 q 作为新的控制参数,在不同的场合最大限度地发挥随机巡游和优化巡游反馈方法的优势,并增加控制方法的灵活性。这种时空混沌控制方法称为混合巡游方法 (hybrid itinerant method)。

以下通过数值实验来验证混合巡游方法的有效性,并讨论校正概率在混沌控制过程中的作用。控制方程 (2.14) 中设定为 $\alpha=2.1$,$\beta=-1.5$,则系统处于缺陷湍流态。系统尺寸为 $L=32$,目标态在式 (2.13) 中取 $m_x=1$,$m_y=2$。为了定量地刻画系统与周期目标态之间的差值,引入如下的 P 函数来判断两者之间的同步程度:

$$P(t) = \frac{1}{L^2} \int_0^L \int_0^L \left| A(x,y,t) - \hat{A}(x,y,t) \right| \mathrm{d}x\mathrm{d}y \qquad (2.15)$$

由定义 (2.15) 的形式可以看出,当系统未与目标态同步时,P 函数的值较大;而当系统与目标态达到完全同步时,P 函数的值接近于零。首先讨论随机巡游反馈和优化巡游反馈方法控制时空混沌的特点。图 2.8(a) 和 (b) 分别画出系统在两种巡游方法控制之下的时空图,混沌系统均可以被完全控制到周期目标态。图 2.8(c) 和 (d) 中分别画出了对应的 P 函数随时间的变化情况。可以看到,在加入控制之后 P 函数迅速降低到接近于零的程度,时空混沌在很短的时间内被控制到周期态。

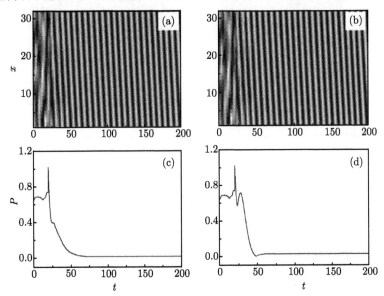

图 2.8 巡游反馈方法控制时空混沌系统的实验结果

(a) $\varepsilon=600$, $\tau=0.002$ 随机巡游方法的时空图;(b) $\varepsilon=240$, $\tau=0.002$ 优化巡游方法的时空图;(c) 随机巡游方法中 P 函数随时间的变化;(d) 优化巡游方法中 P 函数随时间的变化

在相同的反馈强度 ε 和巡游时间 τ 条件下,随机巡游反馈与优化巡游反馈方法的可控性是不同的。图 2.9 中,我们选取 $\varepsilon = 400$ 以及 $\tau = 0.002$,对系统变量的时空图进行观察。从图 2.9(a) 中可以看出,此时系统未被控制到周期态,加入随机巡游控制器后系统依然处于混沌态。而在相同的控制参数条件下,优化巡游反馈方法则能够把时空混沌引导至目标周期态,如图 2.9(b) 所示。如果考虑 $P < 0.1$ 作为可控条件,进一步扫描了控制参数空间,在 ε-τ 平面内搜索可控区域,发现优化巡游方法的可控区间比随机巡游方法的可控区间要大得多,如图 2.9(c) 和 (d) 所示。采用混合巡游反馈方法,引入了一个新的控制参数:校正概率 q。可以通过调整 q 来达到最优化的控制效果。在某些时空混沌系统中,系统变量随时间的变化速度比较快,在这种情形下对系统变量的即时跟踪和测量较为困难,每个巡游时间都对变量与目标态的差值进行比较成本较高,直接采用优化巡游反馈方法控制混沌并不容易;而在另外一些时空混沌系统中,系统变量随时间的变化速度比较慢,则有条件对系统变量和目标态进行充分的测量和比较,则可以通过提高校正概率的方法来发挥优化巡游反馈方法的优势。校正概率 q 的引入,并不是将随机巡游和优化巡游两种控制方法进行简单组合,而是进一步考虑了不同系统中变量随时间的变化情况不同而提出的一种新的局域反馈控制方法,通过调整校正概率 q 可以获得最优化的巡游反馈控制结果。

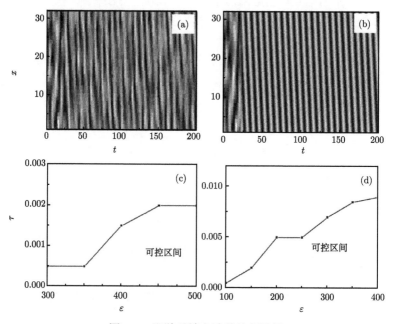

图 2.9 巡游反馈方法的控制结果

$\varepsilon = 400$, $\tau = 0.002$。(a) 随机巡游方法的时空图;(b) 优化巡游方法的时空图;(c) 随机巡游方法的可控区间 (右下区);(d) 优化巡游方法的可控区间 (右下区)

2.3 时空混沌的混合巡游反馈方法

采用混合巡游反馈的方法给时空混沌系统注入周期信号，来观察系统变量随时间的变化情况。在校正概率 $q = 0.5$，反馈强度 $\varepsilon=350$，以及巡游时间 $\tau=0.002$ 的控制参数条件下，系统被成功地控制到目标态，如图 2.10(a) 所示。而采用随机巡游反馈方法，在相同的反馈强度 ε 和巡游时间 τ 条件下控制时空混沌是无效的。

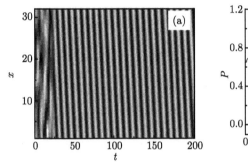 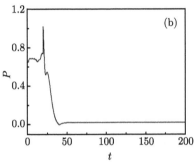

图 2.10 混合巡游反馈方法的控制结果

$q = 0.5, \varepsilon = 350, \tau = 0.002$。(a) 系统变量的时空图；(b) P 函数随时间的变化情况

在混合巡游方法中，校正概率 q 是一个重要的控制参数，以下将讨论它对于控制结果的影响。在图 2.11 中，给出了 P 函数随控制参数的变化情况。当选取较小的校正概率 $q=0.2$ 时，系统变量与目标态要达到完全同步需要巡游时间少且反馈强度大，如图 2.11(a) 和 (b) 所示。这说明校正概率较小的条件下，较快的巡游操作和较强的反馈控制更有利于实现混沌控制。当考虑较大的校正概率 $q=0.7$ 时，较慢的巡游操作和较弱的反馈控制也能达到相同的控制效果，如图 2.11(c) 和 (d) 所示。通过以上实验观察，可以知道利用巡游方法实现时空混沌控制存在临界最大巡游时间 $\tau_{\max}$ 和临界最小反馈强度 $\varepsilon_{\min}$ 这两个关键值。当其余控制参数固定时，满足 $\tau < \tau_{\max}$ 或 $\varepsilon > \varepsilon_{\min}$ 的条件才能够实现系统状态与目标态之间的完全同步。接下来分析校正概率 q 与临界最小反馈强度 $\varepsilon_{\min}$ 和临界最大巡游时间 $\tau_{\max}$ 之间的关系，所得到的结果如图 2.12 所示。根据混合巡游方法的定义，当校正概率 $q=0$ 时对应于随机巡游反馈方法，当 $q=1$ 时对应于优化巡游反馈方法。在实现有效控制时空混沌的前提下，随机巡游反馈方法需要的反馈强度较大。图 2.12(a) 画出了在巡游时间 $\tau=0.002$ 的条件下，临界最小反馈强度 $\varepsilon_{\min}$ 随校正概率 q 的变化情况。从图中可以看出，$\varepsilon_{\min}$ 随着 q 的增大呈下降趋势。在其余控制参数不变的条件下，成功控制时空混沌所需要的巡游时间应越大越好，这样可以在相同的系统演化时间内减少控制器进行巡游操作的次数，降低控制的成本。为此，进一步分析实现有效控制时空混沌所需要的临界最大巡游时间 $\tau_{\max}$，如图 2.12(b) 所示。$\tau_{\max}$ 随着 q 的增大呈上升趋势。

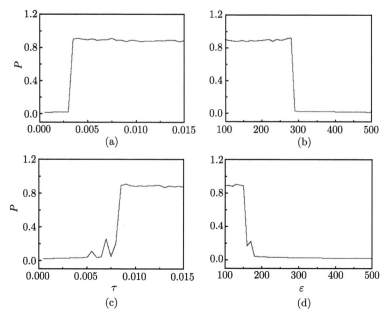

图 2.11 P 函数随控制参数的变化情况

(a) $q = 0.2$, $\varepsilon = 350$, P 函数随 τ 的变化；(b) $q = 0.2$, $\tau = 0.002$, P 函数随 ε 的变化；
(c) $q = 0.7$, $\varepsilon = 350$, P 函数随 τ 的变化；(d) $q = 0.7$, $\tau = 0.002$, P 函数随 ε 的变化

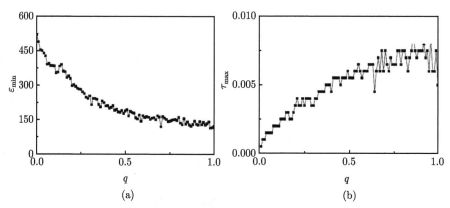

图 2.12 校正概率对临界最小反馈强度 $\varepsilon_{\min}$ 和临界最大巡游时间 $\tau_{\max}$ 的影响

(a) $\tau = 0.002$, $\varepsilon_{\min}$ 随校正概率 q 的变化；(b) $\varepsilon = 350$, $\tau_{\max}$ 随校正概率 q 的变化

小结：

本节以二维 CGLE 为时空模型，根据时空系统的不同特点提出了一种混合巡游控制时空混沌的方法，通过引入校正概率 q 作为新的控制参数。通过数值模拟验证了该方法的有效性，且得到校正概率与反馈强度和巡游时间之间的关系。在某

些时空混沌系统中系统变量随时间的变化速度比较快,对系统变量的即时跟踪和测量往往比较困难,直接采用优化巡游反馈方法控制混沌的成本比较高。而在系统变量随时间的变化速度比较慢的场合,对系统变量和目标态进行测量和比较的成本较低,则可以提高校正概率来发挥优化巡游反馈方法的优势。通过对校正概率 q 的调整,针对不同的时空系统进行控制器的巡游操作也有不同的要求。混合巡游方法考虑不同系统中变量随时间的变化特点,可以更为灵活地面向时空混沌的实际应用。

2.4 时空混沌控制的过渡区域 —— 负反馈控制方法

在常规认知中,从混沌态到周期态的转变一般存在一个转变点,如临界控制强度。我们在研究 CGLE 混沌控制的过程中,发现从混沌态到周期态存在一个过渡区[25]。在这个过渡区内,因随机初始条件的影响,控制概率由 0 增大到 1。接下来本节将详细介绍这个过渡区的情况。

2.4.1 理论分析

加入反馈项,方程如下:

$$\partial_t A = A + (1+\mathrm{i}\alpha)\partial_x^2 A - (1+\mathrm{i}\beta)|A|^2 A - \varepsilon(A-\hat{A}) \tag{2.16}$$

其中 ε 是控制强度,$\hat{A} = A_0 \exp(\mathrm{i}kx - \mathrm{i}\omega t)[A_0 = \sqrt{1-k^2}, \omega = \beta + (\alpha-\beta)k^2, k = 2\pi m/L, m = 0, \pm 1, \pm 2, \cdots]$ 是 CGLE 中的一个周期行波解,也就是我们选择的目标态。本节中选择 $m = 2$ 的行波解作为目标态,所得结论可向其他 m 值推广。首先利用线性稳定性分析研究控制系统在目标态附近的局域稳定性,对目标态施加一个小微扰,得

$$A(x,t) = A_0(1-a(x,t))\mathrm{e}^{\mathrm{i}(kx-\omega t+\varphi(x,t))} \tag{2.17}$$

这里 $|a| \ll 1$ 和 $|\varphi| \ll 1$。将 $A(x,t)$ 代入上式,保留到 a 和 φ 的线性项,得

$$\begin{aligned} a_t &= a_{xx} - 2k\alpha a_x - 2(1-k^2)a - \alpha\varphi_{xx} - 2k\varphi_x - \varepsilon a \\ \varphi_t &= \alpha a_{xx} + 2k a_x - 2\beta(1-k^2)a + \varphi_{xx} - 2k\alpha\varphi_x - \varepsilon\varphi \end{aligned} \tag{2.18}$$

其中 $a_t = \partial_t a$, $a_x = \partial_x a$, $a_{xx} = \partial_x^2 a$; $\varphi_t, \varphi_x, \varphi_{xx}$ 也具有类似的形式。假定 $\begin{pmatrix} a \\ \varphi \end{pmatrix}$ 为本征值 σ 的本征函数,则可写为

$$\begin{pmatrix} a \\ \varphi \end{pmatrix} = \begin{pmatrix} a_0 \\ \varphi_0 \end{pmatrix} \mathrm{e}^{\sigma t + \mathrm{i}px} \tag{2.19}$$

其中 σ 是一个复数,具有形式 $\sigma = \lambda + i\Omega$。实数 $p = \dfrac{2m'\pi}{L}$ 是满足周期性边界条件的波数,m' 为整数,是对应的微扰模数。将式 (2.19) 代入式 (2.18),解得本征值 σ,即

$$\sigma = \frac{1}{2}(F_{11} + F_{22}) + \frac{1}{2}\sqrt{(F_{11} - F_{22})^2 + 4F_{12}F_{21}} \tag{2.20}$$

这里

$$\begin{aligned} F_{11} &= -p^2 - i2k\alpha p - 2(1 - k^2) - \varepsilon \\ F_{12} &= \alpha p^2 - i2kp \\ F_{21} &= -\alpha p^2 + i2kp - 2\beta(1 - k^2) \\ F_{22} &= -p^2 - i2k\alpha p - \varepsilon \end{aligned} \tag{2.21}$$

本征值 σ 的实部 $\lambda = \text{Re}(\sigma)$ 表征了微扰在时间上的指数增长或者衰减。也就是说,λ 的符号决定了控制系统的稳定性。$\lambda > 0$ 则微扰随时间增长,反之随时间衰减。利用式 (2.20),对本征函数 $\begin{pmatrix} a \\ \varphi \end{pmatrix}$ 的每个模进行求解,可以得到控制 CGLE 系统的临界条件:当对应于每个微扰模的 λ 均小于零时,就说明系统的周期目标态是稳定的;而所有的微扰模中只要有一个对应的 λ 大于零,系统的周期目标态就失去了稳定性。

图 2.13(a) 给出了在一定参数下 ($\alpha = 2.1, \beta = -1.5, L = 100$) 微扰模的实部随控制强度的变化。由图可见,当 ε 增加到大于某个临界值时,微扰模的实部由正变负,也就是说通过控制可以实现系统目标态的稳定化。每一个微扰模都对应着一个临界控制强度 $\varepsilon_c(m')$,即 $\lambda = 0$ 时所对应的控制强度值。所有微扰模中,具有最大临界控制强度的模起决定作用。图 2.13(b) 给出了不同 m' 对应的 $\varepsilon_c(m')$,从图

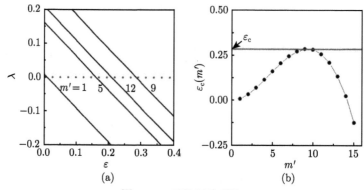

图 2.13 受控混沌系统

(a) 微扰模的实部随控制强度的变化;(b) 不同微扰模所对应的临界控制强度。

$\alpha = 2.1, \beta = -1.5, L = 100, m = 2$

2.4 时空混沌控制的过渡区域 —— 负反馈控制方法

中可知，$m' = 9$ 时的临界控制强度最大，故 $m' = 9$ 为最不稳定的模，它所对应的临界控制强度 $\varepsilon_c(\varepsilon_c \approx 0.29)$ 即为使系统达到稳定的最小强度值。理论上，所有小于 ε_c 的强度值都不能将系统控制到我们所选的目标态。

2.4.2 数值实验结果

下面通过数值模拟的方法来验证上述的理论结果。系统参数确定在缺陷湍流区。在随机初始条件下，系统自然演化一段时间后，对 CGLE 系统进行全局控制。图 2.14(a) 画出了控制概率与控制强度 ε 的关系。发现某些状态下，即使 $\varepsilon > \varepsilon_c$ (即理论值 $\varepsilon_c \approx 0.29$)，时空混沌也不能被控制到目标态。随着 ε 的增强，控制概率逐渐增大，当 ε 超过另一个临界值 ($\varepsilon \approx 0.53$) 时，系统总是能被控制。因此，我们可以知道从系统的局部稳定到系统的全局稳定过程中，存在一个控制强度转变区，而不是一个临界点。这个区域的范围在 ε_1 与 ε_2 之间。ε_1 与理论值 ε_c 一致，但是并不是所有情况都能得到很好的控制，如图 2.14(c) 与 (d) 所示，两者均没有将混沌态控制到目标态。也就是说，在不同的初始值下，系统表现出不同的控制效果。

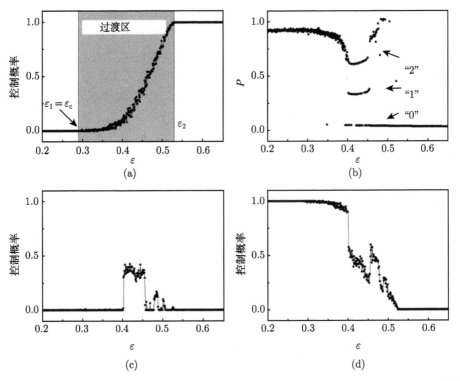

图 2.14　(a), (c), (d) 控制概率随控制强度的变化，分别对应 (b) 中的 0, 1, 2; (b) P 随控制强度的变化

为了定量地刻画控制效果，引入一个函数 P，

$$P = \lim_{\Delta T \to \infty} \frac{1}{\Delta T} \int_0^{\Delta T} \mathrm{d}t \frac{1}{L} \int_0^L |\Delta(x,t)| \mathrm{d}x \tag{2.22}$$

式中 $\Delta(x,t) = A(x,t) - \hat{A}(x,t)$。通过 P 值的大小来表示系统变量 A 与目标信号 $\hat{A}$ 之间的同步程度。若 $P \to 0$，则表示系统逐步得以控制，变量 A 和目标态 $\hat{A}$ 的差值随着时间的演化趋于零；若 P 大于零或是保持一个较大的值，则说明系统未能被有效控制。通过对此量的计算，一来可以验证理论分析的结果，二来可进一步讨论对系统实现有效控制的规律。在相当长的一段时间内统计的 P 值结果如图 2.14(b) 所示，记录了函数 P 关于 ε 的变化。可以明显地看出，在 $\varepsilon \in [\varepsilon_1, \varepsilon_2]$ 区间内出现了三组 P 值，标记为 0、1、2，分别代表了三种不同的状态。当 $P < 0.1$ 时，认为系统已成功控制到目标态，记为状态 "0"；$0.1 < P < 0.5$ 记为状态 "1"，$P > 0.5$ 记为状态 "2"。后两者均未能将混沌态控制到选定的目标态上。图 2.14(c) 和 (d) 分别对应这两种状态。

图 2.15 进一步展示了三种状态的细节描述，分别是 $\varepsilon = 0.42 (\varepsilon_1 < \varepsilon < \varepsilon_2)$ 时 P 随时间演化结果，$\Delta_{L/2}$ 的实部时序图 ($L/2$ 表示系统的中间点)，$\Delta(x,t)$ 的实部随时间、空间变化的行为。从这三个方面展示了三种状态的区别。第一列对应的是状态 "0"，第二列对应的是状态 "1"，最后一列对应的是状态 "2"。可以看出状态 "0" 时，系统很快与目标态同步，$P = 0$。状态 "1" 中系统呈现出一种周期性阵发行为，与目标态短暂同步后，两者的差别又加大。因此，这种状态的 P 值是一个有限平均值 [图 2.15(b)]。显然，这种阵发行为具有周期性。如图 2.15(h) 所示，同步区与非同步区都直线漂移，使得阵发现象周期性存在。整体上讲，这时系统是不可控的。这种阵发行为是由不同区域间缺陷点的差异造成的，非同步区域由于缺陷点的存在使得它不具有完整的周期性。我们将这样的阵发行为称为缺陷导致的时空阵发 (defect-induced intermittency)。一般而言，时空阵发不具有周期性，而在本节中的时空阵发行为具有周期性 [图 2.15(h)]。从图 2.15(i) 可以观察到有两个不同的区域，它们具有相同的漂移速度。与图 2.15(h) 相比较，状态 "2" 中非同步区域变大了，对应的 P 值相应增加。P 值越大，形成的斑图可能越复杂。

从图 2.14 与图 2.15，可以看出初始值对混沌控制的影响，也就是说混沌控制具有初值敏感性。为了更好地说明混沌控制初值敏感性的普遍性与一般性，选取同样的初始状态，即已完全演化的缺陷湍流态，然后将目标态的相位 θ 从 0 变化到 2π，重新计算函数 P，结果见图 2.16。从图中可观察到，P 随着 θ 的变化随机分布，但整体上呈现出三种状态：可控状态 "0"，不可控状态 "1" 与状态 "2"。P 值的统计行为与前文一致，同样也证明了混沌控制对初始值的高度敏感性，这在时空混沌控制中是不可避免的。选用其他初始条件，结果仍然不变。另外还考虑了系统的尺

2.4 时空混沌控制的过渡区域——负反馈控制方法

寸效应,发现不同的系统尺寸对转变区域范围的大小没有影响。也就是说不同大小的系统所对应的 $\varepsilon_1, \varepsilon_2$ 几乎没有变化。

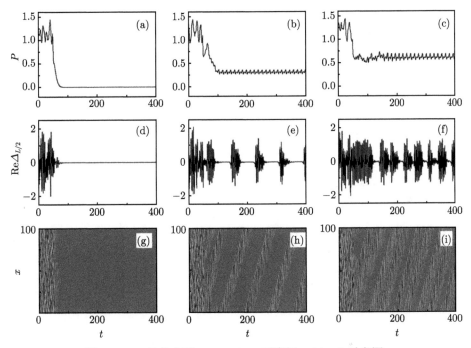

图 2.15 三种状态下 P、$\mathrm{Re}\Delta_{L/2}$ 时序图;$\Delta(x,t)$ 时空图

第一到第三列分别对应 0、1、2 三个状态

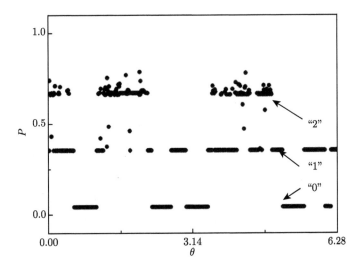

图 2.16 P 随 θ 变化

同样，考虑了系统参数对控制的影响。固定 $\alpha = 2.1$，β 从 -3 变化至 0。根据相关文献[52-54]，在 $\beta \approx -0.9$ 附近 ($\alpha = 2.1$)，系统由缺陷湍流态 (DT) 转变为相湍流态 (PT)。通过数值计算，发现在整个 DT 参数区内，都存在着控制转变区 (图 2.17)。这个结果表明，存在控制转变区域的系统，需要一个较大的驱动强度才能控制到目标态。数值模拟得到的临界值 ε_1(正方形点) 与理论值 ε_c(实线) 相吻合。在 DT-PT 相变点之后，转变区范围缩小至一个相变点。也就是说，在相湍流区临界控制强度为一个点，当控制强度大于这个临界值时，系统就能被控制到目标态上。这是因为在 PT 区域内没有符合产生时空阵发的条件，加入控制项的系统经长时间演化从局部稳定逐渐到全局稳定。

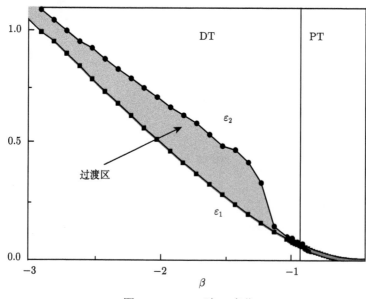

图 2.17 $\varepsilon_1, \varepsilon_2$ 随 β 变化

$\alpha = 2.1$。"DT""PT"分别代表缺陷湍流，相湍流。灰色区域为控制转变区

小结：

本节通过理论分析与数值模拟研究一维 CGLE 中时空混沌 (缺陷湍流) 的负反馈控制。利用线性稳定性分析获取周期目标态的稳定性条件，并与数值模拟结果进行对比。理论分析得到的临界控制强度是一个相变点，而数值模拟结果表明存在一个相变区。在控制过程中，发现了不同初始条件对混沌控制的影响，并且发现了具有周期性的时空阵发行为。这种动力学行为使得系统不能完全控制到目标态。随机初始条件下，系统最终表现出三种不同的控制效果，混沌控制能否成功变成一个概率事件，具有初值敏感性。在时空混沌控制的实际应用中，通常无法选择与目标态非常接近的初始条件，在某些情况下，甚至不知道目标态的准确信息，因此不得

不考虑初始值对混沌控制的影响。

参 考 文 献

[1] Ott E, Grebogi C, Yorke J A. Controlling chaos. Physical Review Letters, 1990, 64(11): 1196-1199.

[2] Pyragas K. Continuous control of chaos by self-controlling feedback. Physics Letters A, 1992, 170(6): 421-428.

[3] Pecora L M, Carroll T L. Synchronization in chaotic systems. Physical Review Letters, 1990, 64(8): 821-824.

[4] Arecchi F T, Boccaletti S, Giacomelli G, et al. Patterns, space-time chaos and topological defects in nonlinear optics. Physica D: Nonlinear Phenomena, 1992, 61(1-4): 25-39.

[5] Aranson I, Levine H, Tsimring L. Controlling spatiotemporal chaos. Physical Review Letters, 1994, 72(16): 2561-2564.

[6] Boccaletti S, Arecchi F T. Adaptive recognition and control of chaos. Physica D: Nonlinear Phenomena, 1996, 96(1-4): 9-16.

[7] Boccaletti S, Farini A, Arecchi F T. Adaptive strategies for recognition, control and synchronization of chaos. Chaos, Solitons & Fractals, 1997, 8(9): 1431-1448.

[8] Battogtokh D, Preusser A, Mikhailov A. Controlling turbulence in the complex Ginzburg-Landau equation II. Two-dimensional systems. Physica D: Nonlinear Phenomena, 1997, 106(3-4): 327-362.

[9] Zheng Z, Hu B, Hu G. Resonant steps and spatiotemporal dynamics in the damped dc-driven Frenkel-Kontorova chain. Physical Review B, 1998, 58(9): 5453-5461.

[10] Zheng Z, Hu B, Hu G. Spatiotemporal dynamics of discrete sine-Gordon lattices with sinusoidal couplings. Physical Review E, 1998, 57(1): 1139-1144.

[11] Xiao J H, Hu G, Yang J Z, et al. Controlling turbulence in the complex Ginzburg-Landau equation. Physical Review Letters, 1998, 81(25): 5552-5555.

[12] Boccaletti S, Grebogi C, Lai Y C, et al. The control of chaos: Theory and applications. Physics Reports, 2000, 329(3): 103-197.

[13] Hu G, Xiao J H, Gao J H, et al. Analytical study of spatiotemporal chaos control by applying local injections. Physical Review E, 2000, 62(3): R3043-R3046.

[14] Bragard J, Boccaletti S, Arecchi F T. Control and synchronization of space extended dynamical systems. International Journal of Bifurcation and Chaos, 2001, 11(11): 2715-2729.

[15] Boccaletti S, Kurths J, Osipov G, et al. The synchronization of chaotic systems. Physics Reports, 2002, 366(1-2): 1-101.

[16] Zhang H, Hu B, Hu G, et al. Turbulence control by developing a spiral wave with a

periodic signal injection in the complex Ginzburg-Landau equation. Physical Review E, 2002, 66(4): 046303.

[17] Zhang H, Hu B, Hu G. Suppression of spiral waves and spatiotemporal chaos by generating target waves in excitable media. Physical Review E, 2003, 68(2): 026134.

[18] Jiang M, Wang X, Ouyang Q, et al. Spatiotemporal chaos control with a target wave in the complex Ginzburg-Landau equation system. Physical Review E, 2004, 69(5): 056202.

[19] 陶朝海, 陆君安. 混沌系统的速度反馈同步. 物理学报, 2005, 54(11): 5058-5061.

[20] Tao C H, Yang C D, Luo Y, et al. Speed feedback control of chaotic system. Chaos Solitons & Fractals, 2005, 23(1): 259-263.

[21] Gao J H, Zheng Z G. Controlling spatiotemporal chaos with a generalized feedback method. Chinese Physics Letters, 2007, 24(2): 359-362.

[22] Gao J H, Peng J H. Phase space compression in one-dimensional complex Ginzburg-Landau equation. Chinese Physics Letters, 2007, 24(6): 1614-1617.

[23] Kanevsky Y, Nepomnyashchy A A. Stability and nonlinear dynamics of solitary waves generated by subcritical oscillatory instability under the action of feedback control. Physical Review E, 2007, 76(6): 066305.

[24] Tang G N, Deng M Y, Hu B B, et al. Active and passive control of spiral turbulence in excitable media. Physical Review E, 2008, 77(4): 046217.

[25] Gao J H, Xie L L, Zou W, et al. Transition zone in controlling spatiotemporal chaos. Physical Review E, 2009, 79(5): 056214.

[26] 高继华, 谢玲玲, 彭建华. 利用速度反馈方法控制时空混沌. 物理学报, 2009(8): 5218-5223.

[27] Xie L L, Gao J H. Size transition of spiral waves using the pulse array method. Chinese Physics B, 2010, 19(6): 060516.

[28] Zhan M, Zou W, Liu X. Taming turbulence in the complex Ginzburg-Landau equation. Physical Review E, 2010, 81(3): 036211.

[29] 胡岗, 萧井华, 郑志刚. 混沌控制. 上海: 上海科技教育出版社, 2000.

[30] Battogtokh D, Mikhailov A. Controlling turbulence in the complex Ginzburg-Landau equation. Physica D: Nonlinear Phenomena, 1996, 90(1-2): 84-95.

[31] Gao J H, Wang X G, Hu G, et al. Control of spatiotemporal chaos by using random itinerant feedback injections. Physics Letters A, 2001, 283(5-6): 342-348.

[32] Feng Y, Shen K. Controlling chaos in RCL-shunted Josephson junction by delayed linear feedback. Chinese Physics B, 2008, 17(1): 111-116.

[33] Kalantarova J, Ozsari T. Finite-parameter feedback control for stabilizing the complex Ginzburg-Landau equation. Systems & Control Letters, 2017, 106: 40-46.

[34] 谷坤明, 谢伟苗, 王宇, 等. 利用混合巡游方法控制时空混沌. 深圳大学学报 (理工版), 2013, 30(05): 475-479.

[35] 高继华, 杨钦鹏, 龚晓钟, 等. 利用速率反馈方法控制时空混沌的解析研究. 科学技术与工程, 2006(01): 1-3.

[36] 高继华, 柳文军, 陈迪嘉, 等. 函数反馈方法控制时空混沌. 深圳大学学报(理工版), 2007(03): 267-271.

[37] 高继华, 杨钦鹏, 龚晓钟, 等. 局域速率反馈方法同步时空混沌. 科学技术与工程, 2007(01): 8-11.

[38] Guan S G, Li K, Lai C H. Chaotic synchronization through coupling strategies. Chaos, 2006, 16(2): 023101.

[39] Battogtokh D, Hildebrand M, Krischer K, et al. Nucleation kinetics and global coupling in reaction-diffusion systems. Physics Reports: Review Section of Physics Letters, 1997, 288(1-6): 435-456.

[40] Gao J H, Zheng Z G, Ma J. Controlling turbulence via target waves generated by local phase space compression. International Journal of Modern Physics B, 2008, 22(22): 3855-3863.

[41] Xie L L, Gao J Z, Xie W M, et al. Amplitude wave in one-dimensional complex Ginzburg-Landau equation. Chinese Physics B, 2011(11): 134-139.

[42] 高继华, 史文茂, 汤艳丰, 等. 局部不均匀性对时空系统振荡频率的影响. 物理学报, 2016, (15): 28-33.

[43] 罗晓曙. 利用相空间压缩实现混沌与超混沌控制. 物理学报, 1999, 48(03): 21-26.

[44] Zhang H, Cao Z J, Wu N J, et al. Suppress Winfree turbulence by local forcing excitable systems. Physical Review Letters, 2005, 94(18): 188301.

[45] Zhang X, Shen K. Controlling spatiotemporal chaos via phase space compression. Physical Review E, 2001, 63(42): 046212.

[46] Zhan M, Gao J, Wu Y, et al. Chaos synchronization in coupled systems by applying pinning control. Physical Review E, 2007, 76(3): 036203.

[47] Gao J H, Zheng Z G, Tang J N, et al. Controlling chaos with rectificative feedback injections in 2D coupled complex Ginzburg-Landau oscillators. Communications in Theoretical Physics, 2003, 40(3): 315-318.

[48] Kocarev L, Parlitz U, Stojanovski T, et al. Controlling spatiotemporal chaos in coupled nonlinear oscillators. Physical Review E, 1997, 56(1B): 1238-1241.

[49] Gao J H, Zheng Z G, Jiang L B, et al. Synchronization of spatiotemporal chaos in coupled complex Ginzburg-Landau oscillators. Communications in Theoretical Physics, 2003, 39(4): 429-432.

[50] 高继华. 复 Ginzburg-Landau 方程系统中混沌控制与同步的研究. 北京师范大学博士学位论文, 2000.

[51] 高继华, 龙井华, 杨钦鹏, 等. 偏微分方程系统中的时空混沌同步. 科学技术与工程, 2003, 3(5): 397-399, 404.

[52] Aranson I S, Kramer L. The world of the complex Ginzburg-Landau equation. Reviews of Modern Physics, 2002, 74(1): 99-143.

[53] Shraiman B I, Pumir A, van Saarloos W, et al. Spatiotemporal chaos in the one-dimensional complex Ginzburg-Landau equation. Physica D: Nonlinear Phenomena, 1992, 57(3-4): 241-248.

[54] Chate H. Spatiotemporal intermittency regimes of the one-dimensional complex ginzburg-landau equation. Nonlinearity, 1994, 7(1): 185-204.

第3章　广义函数反馈方法实现时空混沌的控制与同步

在第 2 章中主要讨论了线性反馈方法，变量的线性反馈方法要求对系统的变量进行即时跟踪与测量，从而进行变量的持续反馈注入。但是在实际情形中还存在大量的系统，对于其状态变量难于进行全面了解，则无法应用上面的变量反馈方法，相比较而言它的某个函数却易于跟踪和测量。对于这样的系统，很有必要建立新的混沌控制与同步方法，以解决这个困难。本章介绍一种广义函数反馈方法[1,2]，即采用变量函数反馈信号 $K \cdot [G(x) - G(\hat{x})]$ 控制时空混沌，其中 $G(x)$ 称为反馈函数。显然，当考虑 $G(x) = x$ 的特殊情况时，这种方法与常见的变量线性反馈方法是一致的。由此可见，广义函数反馈方法更具有一般性，有可能发展成为一种通用的混沌控制方法[3,4]。

在文献 [5] 和 [6] 中利用变量的速度反馈方法，进行了低维混沌系统的控制与同步研究。这相当于广义反馈方法中考虑反馈函数为 $G(x) = \partial_t x$ 的特殊情况。本章中介绍类似的反馈方法思想，并完成了局域速度反馈方法控制与同步时空系统的理论和数值研究[7,8]。从已有的理论和数值工作来看，这种速度反馈方法是常见的状态线性反馈方法的一个补充，是一种重要的广义反馈方法，所以很有必要进行深入的研究。

在本章同样采用复金兹堡–朗道方程为时空系统模型，讨论该方程的周期解在混沌系统参数下的稳定性，利用不同形式的函数作为反馈函数控制时空混沌到不同目标周期态，并通过理论分析方法讨论临界控制参数区域的相关性质。

3.1　广义反馈控制方法介绍

考虑非线性动力学系统
$$\partial_t \boldsymbol{x} = \boldsymbol{R}(\boldsymbol{x}, c) \tag{3.1}$$

$\boldsymbol{x}$ 为状态变量，c 表示系统参数。假设在特定参数下系统为混沌态且具有不稳定周期解 $\hat{\boldsymbol{x}}$。混沌控制的目的是将系统由混沌状态驱动到目标不稳定周期轨道 $\hat{\boldsymbol{x}}$。变量线性反馈是最常见到的一种反馈方法，如式 (3.2)。

$$\partial_t \boldsymbol{x} = \boldsymbol{R}(\boldsymbol{x}, c) - \varepsilon (\boldsymbol{x} - \hat{\boldsymbol{x}}) \tag{3.2}$$

在实际情况中，存在着系统变量难以跟踪和测量的情况，针对这类系统，采用广义函数反馈方法来控制混沌不失为一个很好的选择。广义函数反馈即采用变量函数反馈信号，如式 (3.3) 中 $G(x)$ 就是关于变量的函数。

$$\partial_t x = R(x, c) - \varepsilon\left[G(x) - G(\hat{x})\right] \tag{3.3}$$

当 $G(x) = x$ 时，式 (3.3) 则退化为式 (3.2)。此时为常见的变量线性反馈方法。由此可见，广义函数反馈更具有一般性，有可能发展成为一种通用的混沌控制方法。

为了更好地分析控制条件，定义一个差值函数 $\delta x = x - \hat{x}$，代入式 (3.3)，得到线性化方程

$$\delta\dot{x} = D\delta x \tag{3.4}$$

其中

$$D = \mathrm{d}R - \varepsilon \mathrm{d}G, \quad \mathrm{d}R = \left.\frac{\partial R}{\partial x}\right|_{x=\hat{x}}, \quad \mathrm{d}G = \left.\frac{\partial G}{\partial x}\right|_{x=\hat{x}} \tag{3.5}$$

未施加反馈时 ($\varepsilon = 0$)，$D = \mathrm{d}R$ 至少有一个正的本征值，此时系统处于混沌状态。当 $\varepsilon \neq 0$ 时，在某个特定值下，D 本征值或本征值的实部皆为负数，说明系统的周期目标态 $\hat{x}$ 是稳定的，实现了混沌控制。

将此思想应用于具体的空间扩散系统。在时空系统中，广义函数控制器作用于局部空间或者全局空间，通过空间耦合的方法达到集体效应，从而实现控制与同步。在本章 3.2~3.5 节中具体介绍。

3.2 二次函数反馈方法

使用广义函数反馈方法，其最简单的反馈函数是关于 A 的二次函数。本节主要讨论利用二次函数作为反馈控制信号控制偏微分方程系统中时空混沌的可能性，利用数值模拟实验建立了控制参数与可控性所满足的关系，采用一种理论上的近似方法解释了可控参数区的对称性。

加入反馈控制项后，系统为

$$\partial_t A = A + (1 + \mathrm{i}\alpha)\partial_x^2 A - (1 + \mathrm{i}\beta)|A|^2 A - \left[G(A) - G\left(\hat{A}\right)\right] \tag{3.6}$$

其中 $\hat{A}$ 作为系统的目标周期态，$\hat{A} = A_0 \exp(\mathrm{i}kx - \mathrm{i}\omega t)[A_0 = \sqrt{1-k^2}, \omega = \beta + (\alpha - \beta)k^2, k = 2\pi m/L, m = 0, \pm 1, \pm 2, \cdots]$，它是 CGLE 中的一个行波解（第 1 章中已详细介绍），即以 $\hat{A}$ 的函数反馈方式注入周期控制信号，即可以将方程 (3.6) 当作 $\hat{A}$ 信号的响应系统。通常反馈函数 $G(A)$ 的形式对于混沌控制效果是非常关键的。

3.2 二次函数反馈方法

在变量线性反馈方法中,反馈函数是关于 A 的一次函数。我们使用广义函数反馈方法,则最简单的反馈函数是关于 A 的二次函数,即

$$G(A) = fA^2 + hA + b \tag{3.7}$$

式中 f, h 和 b 为控制参数。注意到式 (3.7) 中 b 与系统变量 A 无关,在式 (3.6) 中利用作差可以消掉,这样实际的有效控制参数只有 f 和 h。这是一种时空混沌的广义反馈控制方法,控制参数个数多,也增加了可选性,在实际操作中具有更多的灵活性。

选取参数 $\alpha = 2.1$ 和 $\beta = -1.5$,系统尺寸 $L = 100$,保证系统处于缺陷湍流区域。我们的目的是:通过调整式 (3.7) 中的控制参数 f 和 h,使系统由时空混沌状态被驱动到目标周期态 $\hat{A}$。不失一般性,选 $m = 2$ 的目标态,由此所得结论可以直接向任意 m 的情形进行推广。系统的边界条件取周期边界条件 $A(x,t) = A(x+L,t)$。首先,考虑未加入控制项的情形,即式 (3.7) 中的 $f = h = 0$。

图 3.1(a) 画出了系统位置 $x = L/2$ 在相空间中的轨道。可以看出,系统在演化的过程中可以经过 $(0,0)$ 位置附近,从而形成缺陷,这是 CGLE 系统中缺陷湍流的特征。然后,考察加入控制项之后的情形,选取 $f = 0.2$ 和 $h = 0.8$,数值模拟方程 (3.6),计算结果表明系统被驱动到周期态,图 3.1(b) 画出了这种情况下在相空间中随意选取空间位置 $x = L/2$ 处的周期轨道。图 3.1(c) 则画出了这种情形下的时空图。在无控制的时候,时空图中表现出明显湍流特征。加入控制后,湍流经历很短的暂态过程后被消除掉,系统呈现周期状态。在空间任意位置,计算系统变量与驱动信号之间的差值,可以发现控制后系统的周期态完全对应于驱动信号,两者的差值在很短的时间内降低至零左右,如图 3.1(d) 所示。

我们感兴趣的问题是:控制参数 f 和 h 影响系统可控性的规律。这里定义

$$P(f,h) = \lim_{\Delta T \to \infty} \frac{1}{\Delta T} \int_0^{\Delta T} \mathrm{d}t \frac{1}{L} \int_0^L \left| A(x,t) - \hat{A}(x,t) \right| \mathrm{d}x \tag{3.8}$$

用此量表征系统变量与驱动信号之间的同步程度。从式 (3.8) 的表达形式中可以得知:若 $P \to 0$,则表明变量 A 和驱动信号 $\hat{A}$ 的距离随着时间的增加趋于零,即系统得以控制;若 P 保持较大的数值,则反映系统未能被有效控制。在 $h = 0$ 的情况下,经数值计算画出 P 与控制参数 f 之间的关系,如图 3.2(a) 所示。从图可反映出:在这种情形下,无论 f 如何改变,P 始终未能接近于零,表明控制项 (3.7) 在 h 较小时,控制是无效的。

如果取 $h = 0.7$,预先设定数值模拟中 $P_1 \leqslant 0.1$ 为控制成功的条件,数值实验结果表明:在 $f \in [-0.6, 0.6]$ 的范围外,系统能够被控制到周期态,如图 3.2(b) 所示。下面进一步讨论 $f = 0$ 时,控制参数 h 与可控性之间的规律。结果表明:当

$h > 0.47$ 时, 可获得满意的控制结果, 如图 3.2(c) 所示。以上数值结果说明, 控制参数 f 和 h 对于系统控制结果的影响是不同的。为了进一步了解控制参数 f 和 h 与控制指标 P 之间的关系, 在图 3.2(d) 中画出了 P 相对于 f-h 平面的三维等高线图。图中实线对应于 $P_2 \leqslant 0.016$ 为控制成功的临界条件, 虚线对应于 $P_1 \leqslant 0.1$ 为控制成功的临界条件。如果 f 和 h 的取值位于临界曲线的上方, 则系统是可控的 (controllable), 图中标记为 "C"; 如果 f 和 h 的取值位于临界曲线的下方, 则系统是不可控的 (uncontrollable), 图中标记为 "U"。从图 3.2(d) 中, 可以看到参数 f 和 h 具有不同的对称性。$\pm f$ 具有相同的控制效果, 而欲使系统得以被有效控制, 则必要求 h 大于某个临界值。另外, 预先设置不同的 P 值 (可控性条件), 如 $P_1 \leqslant 0.1$ 和 $P_2 \leqslant 0.016$, 也可导致可控参数区域的范围大小不同。较小的可控性条件更能精确反映数值模拟实验的控制效果。

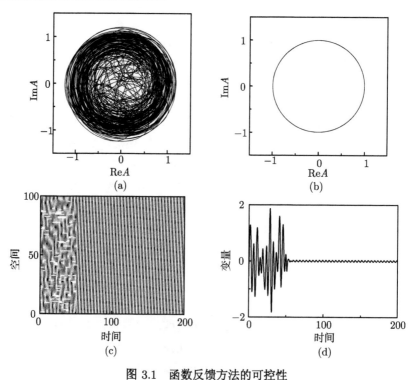

图 3.1 函数反馈方法的可控性

(a) 无控制; (b) 有控制; (c) 时空图; (d) 变量随时间的变化

在以上内容中通过数值模拟实验分析了控制参数 f 和 h 对于系统可控性的影响, 并且获得了 f-h 平面内实现可控制所对应的临界曲线。数值结果表明: 参数 f 和 h 在控制过程中所起的作用不相同, $\pm f$ 具有相同的控制效果, h 大于某个临界值时才能够获得满意的控制效果。

3.2 二次函数反馈方法

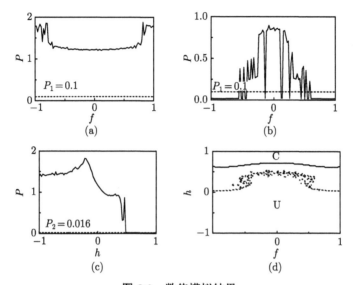

图 3.2 数值模拟结果

(a) $h=0$; (b) $h=0.7$; (c) $f=0$; (d) f-h 平面

为了解释上述数值模拟实验结果, 可以利用线性稳定性分析方法来了解系统 (3.6) 在目标态附近的局域稳定性特征。考虑在存在控制的情况下系统变量是对目标态的一个微扰, 即 $A(x,t) = A_0\left(1-a(x,t)\right)\mathrm{e}^{\mathrm{i}(kx-\omega t+\varphi(x,t))}$, 这样我们可以通过分析微扰量随时间的演化来判断控制的有效性。将 $A(x,t)$ 代入式 (3.6), 保留 $|a| \ll 1$ 和 $|\varphi| \ll 1$ 的线性项, 得

$$a_t = a_{xx} - 2k\alpha a_x - \left[2(1-k^2) + R_{11}\right]a - \alpha\varphi_{xx} - 2k\varphi_x - R_{12}\varphi$$
$$\varphi_t = \alpha a_{xx} + 2ka_x - \left[2\beta(1-k^2) + R_{21}\right]a + \varphi_{xx} - 2k\beta\varphi_x - R_{22}\varphi \tag{3.9}$$

式中 $a_t = \partial_t a$, $a_x = \partial_x a$, $a_{xx} = \partial_x^2 a$, 而 φ_t, φ_x, φ_{xx} 也具有类似的形式, 并且有

$$R_{11} = 2fA_0 S_0 + h, \quad R_{12} = -2fA_0 S_1$$
$$R_{21} = 2fA_0 S_1, \quad R_{22} = 2fA_0 S_0 + h \tag{3.10}$$

其中 $S_0 = \cos(kx-\omega t)$, $S_1 = \sin(kx-\omega t)$。设 $\begin{pmatrix} a \\ \varphi \end{pmatrix}$ 的本征值为 σ, 考虑到 S_0 和 S_1 对以下的解析分析结果影响不大, 我们假设其可以取为定值, 则其对应的本征函数可写成

$$\begin{pmatrix} a \\ \varphi \end{pmatrix} = \begin{pmatrix} a_0 \\ \varphi_0 \end{pmatrix} \mathrm{e}^{\sigma t + \mathrm{i}px} \tag{3.11}$$

其中实数 p 是满足周期性边界条件的模数。将式 (3.11) 代入式 (3.9)，解出本征值 σ

$$\sigma = \frac{1}{2}(F_{11} + F_{22}) + \frac{1}{2}\sqrt{(F_{11} + F_{22})^2 - 4(F_{11}F_{22} - F_{12}F_{21})} \tag{3.12}$$

其中

$$\begin{aligned} F_{11} &= -p^2 - \mathrm{i}2k\alpha p - \left[2(1-k^2) + R_{11}\right], & F_{12} &= \alpha p^2 - \mathrm{i}2kp - R_{12} \\ F_{21} &= -\alpha p^2 + \mathrm{i}2kp - \left[2\beta(1-k^2) + R_{21}\right], & F_{22} &= -p^2 - \mathrm{i}2k\alpha p - R_{22} \end{aligned} \tag{3.13}$$

假设 σ 具有形式 $\sigma = \lambda + \mathrm{i}\Omega$，其中实部 $\lambda = \mathrm{Re}\sigma$ 表示本征函数 $\begin{pmatrix} a \\ \varphi \end{pmatrix}$ 在时间上的指数增长或者衰减，虚部 $\Omega = \mathrm{Im}\sigma$ 表示该本征函数随时间的振荡。考虑在函数反馈控制的条件下系统变量随时间的演化情况，用上面的方法所确定的 λ 值可以说明在不同控制参数条件下，时空混沌是否可以得到有效控制的状况。对每个模进行求解，只要有一个 $\lambda > 0$，系统变量将会以指数方式偏离周期目标态，选择这样的参数对于达到控制目标来说是失效的；而当所有的 $\lambda < 0$ 时，对于周期目标态的微扰量将随着时间衰减，所选取的参数对于达到控制目标来说控制是有效的。求解方程 (3.12) 中找到使最大的 λ 满足小于零的条件，即得到系统能被控制到周期目标态 $\hat{A}$ 的条件。为计算得到不同模数在控制参数 f-h 平面的可控区域，先任取 $S_0 = S_1 = 1$，取模数接近于零的情况，计算得到设定 $p = 0.01$ 时的可控区域，如图 3.3(a) 所示，图中标记 "C" 和 "U" 分别代表可控区和不可控区。需要注意的是：这种情况下临界可控曲线关于参数并不具有对称性。图 3.3(b) 所反映的是：选取较大的模数 $p = 0.8$，所得到的临界可控曲线。与图 3.3(a) 的情况相比，这种情况下的可控区域显著变小了。进一步的计算表明，当 $p > 0.8$ 时，临界曲线的变化不明显。在 $p \in [0.01, 0.8]$ 内，计算区间所有模的公共可控部分，可得到如图 3.3(c) 所示的作为目标态的稳定区域。以上计算中，固定了 $S_0 = S_1 = 1$，所获得的临界可控曲线均对于参数 f 不对称。实际情况当然不是如此，S_0 和 S_1 应为空间和时间坐标的函数，其取值范围为 $S_0, S_1 \in [-1, 1]$。考虑 S_0 和 S_1 在该区间内分布，并且计算各种情况下的可控曲线，其公共的可控曲线则最终对应于实际的控制结果，如图 3.3(d) 所示。可以看到，当考虑 S_0 和 S_1 在一定范围内变化的因素后，理论分析所得到的临界可控曲线关于控制参数 f 是对称的，这与前面的数值模拟结果相符。同时，也注意到，图 3.3(d) 中解析所得到的临界可控曲线与图 3.2(d) 中数值模拟的结果在数值上有一定的偏差。这是由于在解析分析的过程中虽然考虑了 S_0 和 S_1 在一定范围内变化，但在时间演化的方向上为定值，这个为理论分析方便而采用的假定条件和实际的情况有所不同，导致了理论结果和数值模拟在具体数值上的偏差。这也完全是由于所使用的解析理论实际上是一种半定量的分析方法。

3.2 二次函数反馈方法

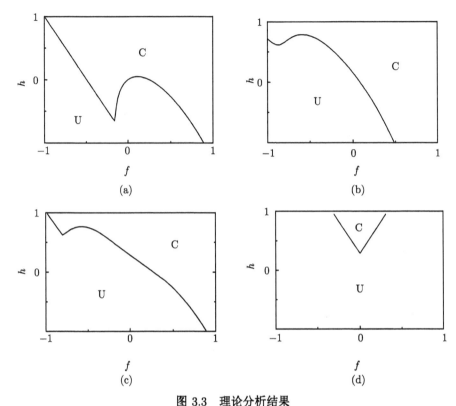

图 3.3 理论分析结果

(a) $p = 0.01$; (b) $p = 0.8$; (c) $S_0 = S_1 = 1$; (d) $S_0, S_1 \in [-1, 1]$

小结:

本节提出了控制时空混沌的函数反馈方法，考虑反馈函数为二次函数，以一维复金兹堡–朗道方程系统为例进行了可控性的数值模拟，发现对于引入的控制参数 f 和 h 来说，它们的作用是不相同的。通过分析 f-h 平面内的临界可控曲线，可以发现：当 $f = 0$ 时 (相当于常见的变量线性反馈方法)，通过调整 h 可以成功控制时空混沌。而当 $h = 0$ 时，则参数 f 取任何值都无法成功地将系统的时空混沌控制住。当 h 超过某个临界值后，通过调整参数 f，可以获得满意的控制结果，而 $\pm f$ 的取值在控制效果上均为等价的。为了解释上面的数值结果，利用线性稳定性分析，从理论上得到微扰量随时间演化的本征值应满足的方程，分析该本征值，从中得到采用二次函数反馈方法实现混沌控制的条件，利用解析结果较好地解释了上述控制参数 f 和 h 对于可控性的影响及规律。需要说明是：理论分析的过程中，对于实际情况做了一定的近似处理，用这种近似方法与数值模拟得到的关于临界可控曲线的结果存在一定的偏差。

二次函数反馈方法控制时空混沌，是一种重要的广义反馈方法，它可以包含常见的变量反馈方法的结果,并且具有更多新的内容,是一种重要的时空混沌控制与同步方法。它的形式虽然简单,但是在实际应用中是一般的变量反馈方法的一个很好的补充。对于这种方法进行理论分析和数值实验,可以大大地拓展反馈方法在时空混沌的控制与同步领域的应用范围,从而增大该方法的应用潜力。

3.3 局域速度反馈方法

速度反馈方法是常见的状态线性反馈方法的一个补充,是一种重要的广义反馈方法。若将这种变量速度反馈信号加在时空系统的部分空间位置上,构成局域同步方法。这种控制与同步时空混沌的方法我们称之为局域速度反馈方法。在本节内容中采用含偏流项的模型。偏流项在自然界中是广泛存在的,例如,在倾斜的槽中流动的液体,或者电磁场中的带电介质,重力和电磁场就会在运动方程中加入这一种单向作用项。

3.3.1 利用速度反馈方法控制时空混沌的解析研究

考虑如下的一维 CGLE 系统:

$$\partial_t A = A + (1 + i\alpha) \partial_x^2 A - (1 + i\beta) |A|^2 A \tag{3.14}$$

其中 A 是系统变量,它是以时间 t 和空间 x 为自变量的复函数,α 和 β 是系统参数,均为实数。使上面的方程包含偏流项,变为如下的形式:

$$\partial_t A = A + r\partial_x A + (1 + i\alpha) \partial_x^2 A - (1 + i\beta) |A|^2 A \tag{3.15}$$

在一般情况下,方程 (3.15) 中的偏流项对方程的行为没有本质的影响,它可以通过标度变换 $y = x - rt$ 消去。也就是说,当采用周期边界条件时,在运动坐标系 (y, t) 中我们观察到方程 (3.15) 的行为与静止坐标系中看到的方程 (3.14) 完全相同。方程 (3.15) 的行波解为

$$A(x, t) = A_0 \exp[i(kx - \omega t)] \tag{3.16}$$

式中 $A_0 = \sqrt{1 - k^2}$,$\omega = \beta + (\alpha - \beta) k^2 - rk$。当系统尺寸 L 较大的情况下,参数满足 $1 + \alpha\beta < 0$ 时,式 (3.16) 中的解不稳定,系统进入混沌态。曲线 $1 + \alpha\beta = 0$ 称为 BFN 线[10]。系统的不同参数区域表示了不同的系统状态,其中缺陷湍流和相湍流是本方程中湍流的典型状态,可作为研究时空混沌控制与同步的目标态。在缺陷湍流区内,时空混沌态常常能达到很高的维数,即有多个正的李雅普诺夫指数。

3.3 局域速度反馈方法

假设 CGLE 系统 A 参数 α 和 β 的取值，使其处于缺陷湍流态，则可以加入反馈控制项

$$\partial_t A = A + r\partial_x A + (1+\mathrm{i}\alpha)\partial_x^2 A - (1+\mathrm{i}\beta)|A|^2 A - \varepsilon\sum_{\mu=1}^{N}\delta(x-x_\mu)\left(\partial_t A - \partial_t \hat{A}\right) \quad (3.17)$$

其中 $\hat{A}$ 作为系统 A 的目标周期态，是式 (3.16) 中的一个行波解，即 $\hat{A}$ 以变量速度反馈的方式注入周期控制信号，方程 (3.17) 作为 $\hat{A}$ 信号的响应系统。方程 (3.17) 中的 ε 为控制强度，x_μ 为反馈控制项所作用的空间位置，N 是反馈项的个数。每一个反馈项可以看作一个具有速度反馈效果的控制器，则 N 即为控制器的数目，x_μ 即为控制器所处的位置。加上控制信号后，则梯度项 $r\partial_x A$ 就再也不能用简单的变换 $y=x-rt$ 消去，梯度力强度 r 成为控制系统中的一个不可约参数，在时空混沌控制中起关键作用。

不失一般性，取方程 (3.17) 中的反馈控制器的个数 $N=1$，所得到的结论可以直接向任意的 N 个控制器的情形进行推广。同时由于方程 (3.17) 所满足的周期性边界条件，控制器相对位置的选择并不影响控制的稳定性，则可以选取该控制器所在的空间位置 $x_1=0$。因此方程 (3.17) 可以改写成如下形式：

$$\partial_t A = A + r\partial_x A + (1+\mathrm{i}\alpha)\partial_x^2 A - (1+\mathrm{i}\beta)|A|^2 A - \varepsilon\delta(x)\left(\partial_t A - \partial_t \hat{A}\right) \quad (3.18)$$

首先研究控制系统在目标态附近的局域稳定性。考虑存在控制的情况下系统变量是对目标态 $\hat{A}(x,t)=A_0\mathrm{e}^{\mathrm{i}(kx-\omega t)}$ 的一个微扰 $A(x,t)=A_0\left(1-a(x,t)\right)\mathrm{e}^{\mathrm{i}(kx-\omega t+\varphi(x,t))}$，则可以通过分析微扰随时间的演化情况来判断控制的有效性。将 $A(x,t)$ 代入式 (3.18)，保留 $|a|\ll 1$ 和 $|\varphi|\ll 1$ 的线性项，得

$$\begin{aligned}
&[1+\varepsilon\delta(x)]a_t = a_{xx}+(r-2k\alpha)a_x-2(1-k^2)a-\alpha\varphi_{xx}-2k\varphi_x-\varepsilon\omega\delta(x)\varphi\\
&[1+\varepsilon\delta(x)]\varphi_t = \varphi_{xx}+(r-2k\alpha)\varphi_x-\alpha a_{xx}+2ka_x-2\beta(1-k^2)a+\varepsilon\omega\delta(x)a
\end{aligned} \quad (3.19)$$

式中 $a_t=\partial_t a$, $a_x=\partial_x a$, $a_{xx}=\partial_x^2 a$；φ_t, φ_x, φ_{xx} 也具有类似的形式。设 $\begin{pmatrix}a\\\varphi\end{pmatrix}$ 的本征值为 σ，则其对应的本征函数可以展开为一种四波混合的模式

$$\begin{pmatrix}a\\\varphi\end{pmatrix}=\sum_{i=1}^{4}\begin{pmatrix}a_i\\\varphi_i\end{pmatrix}\mathrm{e}^{\sigma t}\mathrm{e}^{p_i x},\quad i=1,2,3,4 \quad (3.20)$$

其中 a_i、φ_i 是本征模中的系数，与 x、t 无关。这里我们注意到，一个本征值对应的本征函数由 4 个空间波组成，对应着式 (3.19) 中的 4 阶方程。由于方程 (3.19) 在一般情况下是非厄米的，其本征值 σ 通常对应着复数，而且 $p_i(i=1,2,3,4)$ 也可以是复数，p_i 的虚部代表空间波动，实部代表了微扰随空间位置的放大和收缩。

把式 (3.20) 代入式 (3.19)，考虑 $x \neq 0, L$ 的部分，求解出 φ_i 与 a_i 的关系

$$\varphi_i = \gamma_i a_i, \quad \gamma_i = \frac{p_i^2 + (r - 2k\alpha)p_i - 2(1-k^2) - \sigma}{\alpha p_i^2 + 2kp_i}, \quad i = 1, 2, 3, 4 \tag{3.21}$$

同时解出本征值 σ

$$\sigma = \frac{1}{2}(F_{11}^{(i)} + F_{22}^{(i)}) + \frac{1}{2}\sqrt{(F_{11}^{(i)} + F_{22}^{(i)})^2 - 4(F_{11}^{(i)}F_{22}^{(i)} - F_{12}^{(i)}F_{21}^{(i)})} \tag{3.22}$$

其中

$$\begin{aligned} F_{11}^{(i)} &= p_i^2 + (r - 2k\alpha)p_i - 2(1-k^2), \quad F_{12}^{(i)} = -\alpha p_i^2 - 2kp_i \\ F_{21}^{(i)} &= \alpha p_i^2 + 2kp_i - 2\beta(1-k^2), \quad F_{22}^{(i)} = p_i^2 + (r - 2k\alpha)p_i, \quad i = 1, 2, 3, 4 \end{aligned} \tag{3.23}$$

同时在边界点 $x = 0, L$ 处考虑周期边界条件，即得

$$\boldsymbol{S} \cdot \boldsymbol{a} = 0 \tag{3.24}$$

其中矢量 $\boldsymbol{a} = (a_1, a_2, a_3, a_4)^{\mathrm{T}}$，系数矩阵 $\boldsymbol{S}$ 的元素为

$$\begin{aligned} S_{1i} &= 1 - \mathrm{e}^{p_i L}, \quad S_{2i} = \gamma_i S_{1i} \\ S_{3i} &= p_i S_{1i} - \alpha p_i S_{2i} - \gamma_i \omega \varepsilon - \varepsilon \sigma \\ S_{4i} &= p_i S_{2i} + \alpha p_i S_{1i} + \omega \varepsilon - \gamma_i \varepsilon \sigma, \quad i = 1, 2, 3, 4 \end{aligned} \tag{3.25}$$

方程 (3.24) 是个关于 $\boldsymbol{a}$ 的线性齐次方程组，有非平庸解的条件是其系数矩阵对应的行列式等于零。从式 (3.25) 我们可以看出，系数矩阵 $\boldsymbol{S}$ 是 σ 和 $p_i (i = 1, 2, 3, 4)$ 的函数。则有

$$\det \boldsymbol{S}(\sigma, p_i) = 0 \tag{3.26}$$

此式与式 (3.22) 联立，得到了 5 个复系数的非线性方程，对应着 5 个未知复数量 σ, $p_i (i = 1, 2, 3, 4)$。解析求解这 5 个方程是非常困难的，在通常的情况下可以用计算机方法进行数值求解。求解了不同系统参数和控制条件下的方程 (3.22) 和方程 (3.26)，即可以得到不同情况下的本征值 σ 和波数 $p_i (i = 1, 2, 3, 4)$。

假设求解得到的本征值 σ 具有形式 $\sigma = \lambda + \mathrm{i}\Omega$，则实部 $\lambda = \mathrm{Re}\sigma$ 表征了本征函数 $\begin{pmatrix} a \\ \varphi \end{pmatrix}$ 在时间上的指数增长或者衰减，虚部 $\Omega = \mathrm{Im}\sigma$ 表征了该本征函数随时间的振荡。那么考虑在速度反馈控制的条件下系统变量随时间的演化情况，用上面的方法所确定的 λ 值可以说明在不同系统参数和控制条件下，时空混沌是否可以得到有效控制。对每个模式进行求解，只要有一个 $\lambda > 0$，系统变量将会指数偏离周期目标态，这样的控制参数选取表明控制是失效的；而当所有的 $\lambda < 0$ 时，对于周期目标态的微扰将随着时间衰减，所选取的控制参数是有效的。所以，控制的稳定条件就是要求最大的 λ 小于零，求解上面的方程，并找出最大的 λ，即可得到系统能否被控制到周期目标态 (3.16) 的条件。

3.3.2 局域速度反馈方法同步时空混沌

在 3.3.1 节中研究了利用局域速度反馈控制信号控制一维偏微分方程系统中时空混沌的可能性,通过对目标周期态加入微扰,利用线性稳定性分析得到了微扰随时间演化的本征值所满足的计算方程。通过对该本征值进行分析,即可判断所采用的变量速率反馈方法的有效性。以此为基础进一步进行数值分析。本小节将通过局域速度反馈的技术手段分析 CGLE 时空混沌系统之间的同步行为。

假设另一 CGLE 系统 B,其参数 α 和 β 的取值与系统 A 相同,使它们均处于缺陷湍流态。由于混沌对于初始值敏感的性质,两个 CGLE 系统的轨道是全然不同的。为了使上述的两个系统能够达到完全同步,则可以加入速度反馈项,与方程 (3.15) 的变量 A 进行耦合

$$\partial_t B = B + r\partial_x B + (1+\mathrm{i}\alpha)\partial_x^2 B - (1+\mathrm{i}\beta)|B|^2 B - \varepsilon\sum_{\mu=1}^N \delta(x-x_\mu)(\partial_t B - \partial_t A) \quad (3.27)$$

其中 A 作为系统 B 目标混沌态 [即方程 (3.15) 作为驱动系统,方程 (3.27) 作为响应系统]。方程 (3.27) 中的 ε 为反馈强度,x_μ 为速度反馈项所作用的空间位置,N 是反馈项的个数。每一个反馈项可以看作一个具有变量速度反馈效果的控制器,则 N 即为控制器的数目,x_μ 即为控制器所处的位置。从方程 (3.27) 可以看出,反馈项并没有作用在所有空间位置上,采取了局域反馈同步的方式。

在数值模拟中,选取方程参数为 $\alpha=2.1, \beta=-1.5$,系统尺寸 $L=100$,则变量 A 和 B 均处于缺陷湍流状态 (在此参数条件下系统具有多个正的李雅普诺夫指数,具有典型的时空混沌特征)。图 3.4 中分别画出了未增加反馈同步项时驱动系统和响应系统的误差函数 $|A-B|$ 随时间 t 的变化情况。图 3.4(a) 和 (b) 所示的不同偏流强度 r 只改变了系统变量随时间变化的频率,而不影响其时空混沌的稳定性。

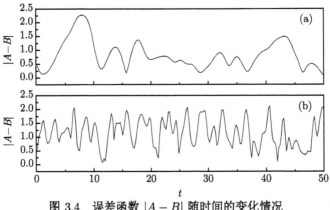

图 3.4 误差函数 $|A-B|$ 随时间的变化情况

(a) $r=0$; (b) $r=5$

接下来将对于偏流强度不为零的情形中加入同步项。不失一般性,取方程 (3.15) 中的反馈控制器个数 $N=1$,所得到的结论可以直接向任意的 N 个控制器的情形进行推广。同时由于方程 (3.27) 所满足的周期性边界条件,控制器相对位置的选择并不影响同步的稳定性,则可以选取该控制器所在的空间位置 $x_1=0$ 处。方程 (3.27) 可以改写成如下形式:

$$\partial_t B = B + r\partial_x B + (1+\mathrm{i}\alpha)\partial_x^2 B - (1+\mathrm{i}\beta)|B|^2 B - \varepsilon\delta(x)(\partial_t B - \partial_t A) \quad (3.28)$$

首先利用数值方法研究这种局域速度反馈方法的有效性。在偏流强度 $r=25$ 和同步反馈强度 $\varepsilon=40$ 的情况下,图 3.5 中分别画出了当系统时间为 (a) $t=0$(此时刻起加入速度反馈)、(b) $t=15$ 和 (c) $t=40$ 时驱动系统和响应系统的误差函数 $|A-B|$ 随空间位置的分布。可以看出,在一段暂态时间后驱动系统和响应系统的误差接近于零,从而达到了完全同步。图 3.5 (d) 则是在相同的参数下,空间位置 $x=50$ 处的误差函数 $|A-B|$ 随时间的变化情况,同样表明了在该参数条件下驱动系统和响应系统可以达到很好的同步效果。

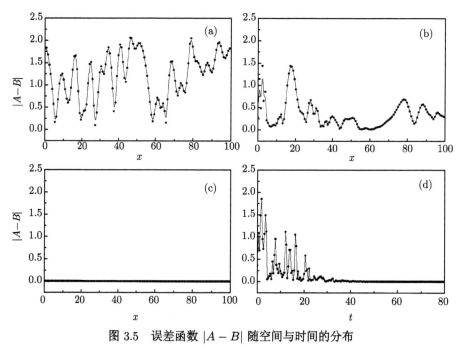

图 3.5 误差函数 $|A-B|$ 随空间与时间的分布

$\varepsilon=40, r=25$。(a) $t=0$;(b) $t=15$;(c) $t=40$;(d) $x=50$

偏流强度 r 在无反馈同步项时是系统中一个与混沌稳定性无关的参数,当加入反馈同步项后则成为一个影响同步效果的关键参数。在图 3.6 中取反馈强度为 $\varepsilon=40$,并考虑在不同的偏流强度 (a) $r=8$ 和 (b) $r=20$ 作用下进行数值模拟。从

3.3 局域速度反馈方法

所得到的时空图来看,对于相同的反馈强度,较大的偏流强度可使误差函数 $|A-B|$ 达到接近于零的程度,具有较好的同步效果。

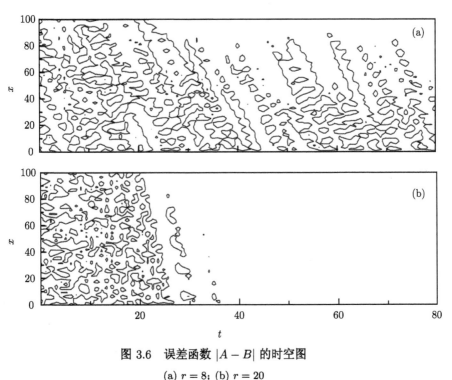

图 3.6 误差函数 $|A-B|$ 的时空图

(a) $r=8$; (b) $r=20$

为了描述同步的效果,在以下的分析过程中定义了一个与系统时间和空间自变量无关的误差函数

$$P \equiv P(\varepsilon,r) = \lim_{T \to \infty} \frac{1}{T} \int_0^T \mathrm{d}t \frac{1}{L} \int_0^L |A(x,t) - B(x,t)| \mathrm{d}x \quad (3.29)$$

从上式的形式可以看出,当 $P \to 0$ 时表示变量 A 和 B 的距离随着时间的增加趋于零,说明了很好的同步效果;如果 P 保持较大的数值,则说明同步是失效的。图 3.7(a) 画出了在同步反馈强度 $\varepsilon = 35$ 条件下 P 随偏流强度 r 的变化情况。当 $r > r_c \approx 15.3$ 时, $P \to 0$ 表明在此强度范围内具有很好的同步效果。反馈强度 ε 在同步过程中的作用,也可以通过 P 与 ε 的变化关系来说明,在图 3.7 (b) 中,画出了在 $r=15$ 的情况下 P 随 ε 的变化图。从图 3.8 中发现,反馈强度 ε 和偏流强度 r 是本节提出的局域速度反馈方法所需要注意的关键参数。较大的反馈强度和偏流强度可达到较好的同步效果。在图 3.8 中,画出了 ε-r 平面内系统变量同步与不同步的参数区域。图中右上区域具有的较大的反馈强度 ε 和偏流强度 r,对应着的两个系统可达到完全同步的参数区域。

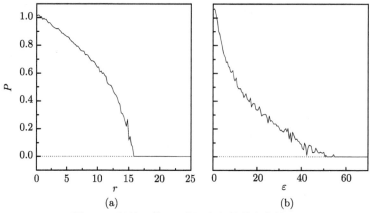

图 3.7 误差函数 P 随同步参数的变化情况

(a) $\varepsilon=35$，P 随 r 的变化情况；(b) $r=15$，P 随 ε 的变化情况

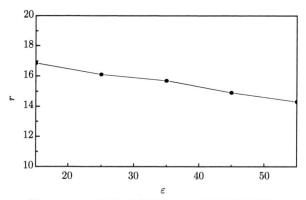

图 3.8 ε-r 平面的参数图，右上区域为同步区域

小结：

经过前面的分析和数值计算，可以得到以下的结论：第一，局域速度反馈方法是同步时空混沌系统的一种有效方法。通过在系统空间中加入变量速度反馈控制器，可以通过增加偏流项的方法解决用低维信号在高维时空混沌系统之间进行同步的问题。第二，偏流强度在无同步项的 CGLE 系统中是一个不影响系统稳定性的参数，可以通过坐标变换的方式约去，但是当加入速度反馈同步项后，该参数即成为影响系统稳定性的一个不可约的关键参数，在已有的关于变量线性反馈方法的数值实验过程中也有类似的现象。第三，在同步过程的数值模拟中，我们发现较大的控制强度和偏流强度可以达到更好的同步效果。这种现象使我们提出的局域速度反馈方法里面有两个重要的参数：反馈强度 ε 和偏流强度 r。同步参数的灵活选择和组合，使我们的同步方法具有更好的灵活性，因而在实际应用中也具有更广泛的适应性。

3.4 速度反馈方法

3.3 节中介绍了在含梯度力的系统中,以变量随时间的变化率作为反馈控制信号,即速度反馈方法,控制与同步时空混沌的可行性。本节则讨论在不含梯度力的偏微分方程系统中实现控制时空混沌的可能性,同时考虑了不同目标态时临界控制参数的尺寸效应。

采用一维 CGLE 模型,加入速度反馈控制项后,方程形式如下:

$$\partial_t A = A + (1+\mathrm{i}\alpha)\partial_x^2 A - (1+\mathrm{i}\beta)|A|^2 A - \varepsilon(\partial_t A - \partial_t \hat{A}). \tag{3.30}$$

其中 ε 是控制强度,也是唯一的控制参数。$\hat{A} = A_0 \exp(\mathrm{i}kx - \mathrm{i}\omega t)[A_0 = \sqrt{1-k^2}$, $\omega = \beta + (\alpha - \beta)k^2$, $k = 2\pi m/L$, $m = 0, \pm 1, \pm 2, \cdots]$ 是 CGLE 中的一个周期行波解,也就是所选择的目标态。在下面的讨论中,所设定的参数 α 和 β 值,使 CGLE 系统处于缺陷湍流态。通过线性稳定性分析与数值模拟,研究系统 (3.30) 实现控制的条件和不同控制强度 ε 下状态的演化规律。

3.4.1 线性稳定性分析

在存在控制的情况下考虑系统变量对周期目标态的一个微扰,即

$$A(x,t) = A_0(1+a)\mathrm{e}^{\mathrm{i}(kx-\omega t+\varphi)} \tag{3.31}$$

这里 $|a| \ll 1$ 和 $|\varphi| \ll 1$。将 $A(x,t)$ 代入式 (3.30),利用线性稳定性分析得到关于 a 和 φ 的线性方程组,

$$\begin{aligned}(1+\varepsilon)a_t &= a_{xx} - 2k\alpha a_x - 2(1-k^2)a - \alpha\varphi_{xx} - 2k\varphi_x - \omega\varepsilon\varphi \\ (1+\varepsilon)\varphi_t &= \alpha a_{xx} + 2k a_x - 2\beta(1-k^2)a + \varphi_{xx} - 2k\alpha\varphi_x + \omega\varepsilon a\end{aligned} \tag{3.32}$$

其中 $a_t = \partial_t a$, $a_x = \partial_x a$, $a_{xx} = \partial_x^2 a$; $\varphi_t, \varphi_x, \varphi_{xx}$ 也具有类似的形式。设 $\begin{pmatrix} a \\ \varphi \end{pmatrix}$ 的本征值为 σ,对应的本征值函数为

$$\begin{pmatrix} a \\ \varphi \end{pmatrix} = \begin{pmatrix} a_0 \\ \varphi_0 \end{pmatrix} \mathrm{e}^{\sigma t + \mathrm{i} p x} \tag{3.33}$$

其中实数 $p = \dfrac{2m'\pi}{L}$ 是微扰模在周期性边界条件下的波数,m' 为整数,是对应的微扰模数。同样将式 (3.33) 代入式 (3.32),解得 $\begin{pmatrix} a \\ \varphi \end{pmatrix}$ 的本征值 σ,即

$$\sigma = \frac{1}{2}(F_{11}+F_{22}) + \frac{1}{2}\sqrt{(F_{11}+F_{22})^2 - 4(F_{11}F_{22}-F_{12}F_{21})} \quad (3.34)$$

这里

$$\begin{aligned}
F_{11} &= [-p^2 - \mathrm{i}2k\alpha p - 2(1-k^2)]/(1+\varepsilon) \\
F_{12} &= (\alpha p^2 - \mathrm{i}2kp - \omega)/(1+\varepsilon) \\
F_{21} &= [-\alpha p^2 + \mathrm{i}2kp - 2\beta(1-k^2)+\omega]/(1+\varepsilon) \\
F_{22} &= (-p^2 - \mathrm{i}2k\alpha p)/(1+\varepsilon)
\end{aligned} \quad (3.35)$$

设 σ 具有形式 $\sigma = \lambda + \mathrm{i}\Omega$，则实部 $\lambda = \mathrm{Re}(\sigma)$ 表征了本征函数 $\begin{pmatrix} a \\ \varphi \end{pmatrix}$ 在时间上的指数增长或者衰减。根据式 (3.34)，对本征函数 $\begin{pmatrix} a \\ \varphi \end{pmatrix}$ 的每个模进行求解，就可以得到控制 CGLE 偏微分方程的临界条件：当对应于每个微扰模的 λ 均小于零时，就说明系统的周期目标态是稳定的；而所有的微扰模中只要有一个对应的 λ 大于零，系统的周期目标态就失去了稳定性。

3.4.2 临界控制强度

由理论分析得到的式 (3.34) 可以用来预测临界控制强度，即能够确保系统被驱动到目标周期态的最小控制强度值。为具体起见，以下分析中取参数 $\alpha = 2.1, \beta = -1.5, L = 120$。此时系统处于缺陷湍流态，$\hat{A} = A_0 \exp(\mathrm{i}kx - \mathrm{i}\omega t)$ 的周期态是不稳定的。通过调整系统 (3.30) 中的控制强度 ε，使系统由缺陷湍流态被驱动到目标周期态。不失一般性，先考虑选取周期目标态 $m = 2$，由此所得的结论可以直接向其他 m 值的情形推广。由理论分析可知，式 (3.34) 是目标态微扰模的稳定性判据，其模数由式 (3.33) 中的 $p = \dfrac{2m'\pi}{L}$ 来决定。首先可以计算出不同微扰模 p 所对应的本征值 σ，实部 $\lambda = \mathrm{Re}(\sigma)$ 决定了控制的稳定性。

图 3.9 中给出了四个不同微扰模所对应的本征值实部 $\lambda = \mathrm{Re}(\sigma)$ 随着控制强度 ε 的变化。由图可见，随着控制强度 ε 的增大，λ 都可随之变为负值。这表明通过速度反馈控制，可将周期目标态的微小偏离消除，微扰对系统的影响随时间指数衰减，保证了周期目标态的局域稳定性。在所有周期态的微扰模中，起决定性作用的是具有最大临界控制强度的模。$\lambda = 0$ 时所对应的控制强度即为临界控制强度。从图中可以观察到 $m' = 0$ 的微扰模所需要的临界控制强度最大，对控制的稳定性起决定性作用。图 3.10 进一步证实了这一点，图中展示了不同微扰模的临界控制强度。从图 3.10 可见，波数 p 接近于零的微扰对应着最大的临界控制强度，大于这个临界强度的控制都能将目标态的微小偏离消除，从而实现了控制的稳定性。在所

给定的系统参数下,计算出目标态为 $m=2$ 的行波时,临界控制强度是 $\varepsilon_c \approx 2.04$,这也就是实现时空混沌有效控制的理论值。

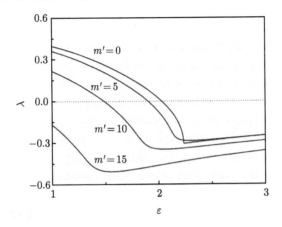

图 3.9 微扰模的实部 λ 随控制强度 ε 的变化

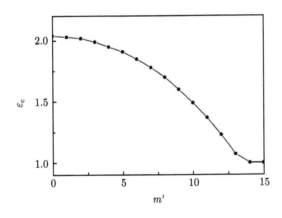

图 3.10 微扰模的临界控制强度

接下来,通过数值模拟的方法对理论分析进行验证。引入判断同步程度的函数 P:

$$P = \lim_{\Delta T \to \infty} \frac{1}{\Delta T} \int_0^{\Delta T} dt \frac{1}{L} \int_0^L \left| A(x,t) - \hat{A}(x,t) \right| dx \qquad (3.36)$$

用此量来刻画系统变量与驱动信号之间的同步程度。若 $P \to 0$,则表示变量 A 和目标信号 $\hat{A}$ 的距离随着时间的演化趋于零,即系统逐步得以控制;若 P 保持较大的值,则说明系统未能被有效控制。通过对 P 的计算,可验证理论分析的结果,并进一步讨论对系统的控制规律。图 3.11 给出了以周期目标态为初始条件,不同控制强度 ε 下函数 P 的变化规律。从图 3.11 中可见,当控制强度大于 2 左右时,

函数 P 从一个较大的数值突然降低到接近于零的程度，这对应着可控的情形。这表明此方法已成功地将时空混沌驱动至周期目标态，实现了两者的同步。图 3.11 中的临界控制强度与上述理论分析所得的值符合得非常好。

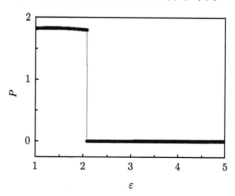

图 3.11　以周期目标态为初始条件的数值模拟结果

系统尺寸 $L=120$，目标态 $m=2$

图 3.11 所述结果是直接在周期行波解的初始条件下开展的数值模拟结果，可以验证目标态的局域稳定性。一个很自然的问题是：若以时空混沌态作为初始条件，那么对控制系统 (3.30) 又有怎样的结果？图 3.12 给出了以时空混沌态为初始条件时函数 P 随 ε 的变化规律。

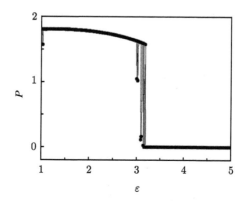

图 3.12　以时空混沌态为初始条件的数值模拟结果

$L=120, m=2$

从图 3.12 中可观察到，当 ε 增加到足够大时，P 值接近于零。这说明以时空混沌态为初始条件时，速度反馈控制作用可以将系统驱动到所选择的周期目标态。对比图 3.12 和图 3.11 可以发现初始条件为时空混沌态的临界控制强度值要比周期行波解为初始条件的大些。这是因为线性稳定性分析方法只是考虑了目标态的

3.4 速度反馈方法

局域稳定性,而不同的相空间初始值,将导致系统演化有较大的差异。为了说明这一推论,在进一步的数值模拟中,选择下式作为初始条件进行:

$$A(x,t=0) = Q\hat{A} + (1-Q)\tilde{A} \tag{3.37}$$

式中 $\tilde{A}$ 是时空混沌态, $\hat{A}$ 是周期行波解,也就是我们所选的目标态解。$Q \in [0,1]$ 代表初始条件中周期目标态所占的权重因子。图 3.13 绘制出不同初始条件所对应的临界控制强度。从图 3.13 可以得到以下结果:当 $Q = 0$,即初始条件完全为时空混沌态时,临界强度对应着图 3.12 的情形;而当 $Q = 1$,即初始条件完全为周期行波解时,临界强度对应着图 3.11 的情形;当初始条件中周期行波解的权重因子上升时,控制系统到达目标态所需要的临界控制强度降低。

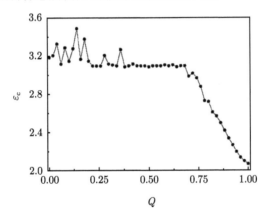

图 3.13 不同初始条件下的临界控制强度
系统尺寸和目标态设置同图 3.12

3.4.3 系统的尺寸效应

上述线性稳定性分析方法只能得到以周期目标态为初始条件情况下的临界控制强度,而对于以时空混沌为初始条件的情形,则需要直接对系统进行数值模拟。在时空混沌控制的情况下,线性稳定性分析可作为一种半定量的方法来研究系统的尺寸效应。

图 3.14 给出了不同系统尺寸下的临界控制强度值。实线是理论分析的结果。当初始条件分别为周期行波解 (圆点) 与时空混沌态 (三角形) 时,临界控制强度均具有类似的变化规律,通过理论分析可以预计数值模拟的趋势。理论分析的结果与周期行波解初始条件的结果相一致,而时空混沌态初始条件所需的临界控制强度比这两者都要大。从图 3.14 中还发现一个很有意思的现象:较小尺寸的系统反而要求较大的临界控制强度,也就是说为了将系统驱动到相同的目标周期态 (具有相同的 m),小尺寸系统需要更强的速度反馈注入信号。

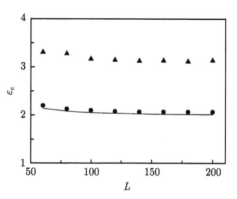

图 3.14 不同系统尺寸下的临界控制强度

实线为理论结果；圆点和三角形符号分别代表以周期行波解和时空混沌态为初始条件的数值模拟结果

图 3.15 中给出了选择不同目标态时的临界控制强度。随着目标态波数 m 的增大，临界控制强度增大。也就是指当短波被选择为目标状态时，所需要的控制强度比长波大，即利用长波实现控制的成本更小。同时，考虑如果系统的尺寸加倍，而周期目标态波数 m 也加倍，这时目标态在空间上的分布将不会发生变化 (这是因为 $k=2\pi m/L$)，此时速度反馈作用下应具有相同的临界控制强度。而不管系统的尺寸如何，如果目标态为 $m=0$ 的空间均匀态，应具有相同的临界控制强度。不同系统尺寸和目标态下的理论临界控制强度见表 3.1。从表 3.1 中可以看出，如果受控系统的 m/L 值相同，则具有相同的理论临界控制强度。

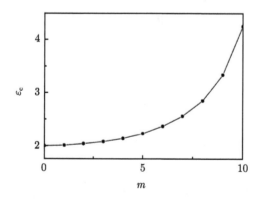

图 3.15 不同目标态对应的临界控制强度

表 3.1 不同系统尺寸和目标态下的临界控制强度 ε_c

L	$m=0$	$m=1$	$m=2$	$m=3$	$m=4$	$m=5$	$m=6$
$L=60$	2.00	2.04	2.14	2.37	2.85	4.25	9.28
$L=80$	2.00	2.02	2.08	2.18	2.37	2.69	3.34
$L=100$	2.00	2.02	2.05	2.11	2.21	2.37	2.61

续表

L	$m=0$	$m=1$	$m=2$	$m=3$	$m=4$	$m=5$	$m=6$
$L=120$	2.00	2.01	2.04	2.08	2.14	2.23	2.37
$L=140$	2.00	2.01	2.03	2.06	2.10	2.17	2.25
$L=160$	2.00	2.01	2.02	2.05	2.08	2.12	2.18
$L=180$	2.00	2.01	2.02	2.04	2.06	2.10	2.14
$L=200$	2.00	2.01	2.02	2.03	2.05	2.08	2.11

小结：

本节以一维 CGLE 为例，利用速度反馈方法实现了时空混沌的控制。通过线性稳定性分析获得了周期目标态的稳定性条件，并与时空混沌控制的数值模拟结果进行对比。线性稳定性分析可以对时空系统的初始条件在目标态附近的情形进行准确预测。初始条件为周期行波解时，临界控制强度与理论分析结果一致。由于时空系统中往往有多个吸引子共存的情况，当考虑初始条件为时空混沌态时，实际临界控制强度要比理论临界控制强度大。本节中用数值模拟的方法得到了不同初始条件下的临界控制强度。当考虑以不同的周期解作为目标态的情况下，不同的系统尺寸对于临界控制强度有影响。发现当目标态在空间分布情况相同时，即具有相同的 m/L 值，速度反馈的理论临界控制参数相同。

速度反馈方法控制时空混沌，是一种重要的时空混沌控制与同步方法。它的形式虽然简单，却是对实际应用中反馈方法的一个很好的补充。通过利用这种方法进行理论分析和数值实验，可以大大地拓展反馈方法在时空混沌的控制与同步领域中的应用范围，从而增加该方法的应用潜力。

3.5 耦合振子中广义函数反馈控制方法的应用

在本节中以耦合振子[9]为研究对象，讨论不同函数反馈作用的结果。采用如下模型：

$$\partial_t A_i = A_i + r\left(A_{i+1} - A_{i-1}\right) + (1+\mathrm{i}\alpha)\left(A_{i+1} + A_{i-1} - 2A_i\right)$$
$$- (1+\mathrm{i}\beta)|A_i|^2 A_i, \quad i=0,1,2,\cdots,N-1 \tag{3.38}$$

其中 A_i 是系统变量，r 是梯度力，实数 α,β 是系统参数。正整数 N 是耦合振子个数。式 (3.38) 是一维 CGLE 离散化的形式。周期性边界条件下，$A_{i+N}=A_i$。式 (3.38) 具有很好的近似行波解 $A_i=\sqrt{1-k^2}\exp\mathrm{i}(ki-\omega t)$，其中 $\omega=\beta+(\alpha-\beta)k^2-rk$，$k=2m\pi/N$，$m$ 为整数。当 $N\gg 1$ 并且 $1+\alpha\beta<0$ 时，所有行波解都是不稳定的，系统处于湍流状态。在本节工作中选取参数 $\alpha=2.1$ 及 $\beta=-1.5$，保证系统处于缺陷湍流区域。

将广义函数作用在式 (3.38) 其中一个振子上。由于周期边界条件及系统对称性，驱动振子可在 N 个振子中任意选择。不失一般性，选取第一个振子 ($i=0$) 施加反馈信号。

3.5.1 不同函数反馈控制数值模拟结果

考虑反馈函数 $G(x)$ 为 $x(t)$ 一阶偏导的情况，即 $G(x)=\dot{x}\equiv\dfrac{\mathrm{d}x}{\mathrm{d}t}$，也称之为速度反馈信号，在 3.3 节与 3.4 节研究工作中亦采用了此方法讨论控制偏微分方程系统中时空混沌的可能性。第一个振子 $i=0$ 加入速度反馈后，方程为

$$\partial_t A_0 = A_0 + r(A_1 - A_{N-1}) + (1+\mathrm{i}\alpha)(A_1 + A_{N-1} - 2A_0) \\ - (1+\mathrm{i}\beta)|A_0|^2 A_0 - \varepsilon\left(\partial_t A_0 - \partial_t \hat{A}_0\right) \tag{3.39}$$

其他振子保持不变如式 (3.38)，ε 为反馈强度，$\hat{A}_0$ 为目标周期态，本节中选择 $m=2$ 的行波解。所得结论可向其他 m 值推广。研究的目标是通过第一个振子的速度反馈信号驱动系统中所有振子到所设置的目标周期轨道上。数值分析采用四阶龙格-库塔算法，时间步长为 2×10^{-3}。系统振子个数 $N=100$。

首先，考虑梯度力的影响。当不施加反馈信号时，梯度力度仅影响系统的频率，不改变系统稳定性。图 3.16(a) 与 (b) 分别给出了无反馈信号下，即反馈强度 $\varepsilon=0$ 时，不同梯度力度对系统实部的影响。类似现象前人也有报道，通过坐标变换解释了此现象的原因 [10]。

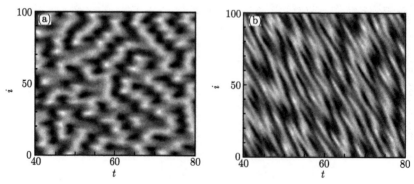

图 3.16　不同梯度力下系统变量实部随时间演化

(a) $r=0$; (b) $r=5$

加入速度反馈时，侧重研究反馈强度及梯度力的影响。图 3.17(a) 展示了系统变量与目标信号之间的差值 $|\delta A|$ 随时间的演化结果 ($i=10$)。此时反馈强度 $\varepsilon=40$，梯度力 $r=60$。可明显观察到随着时间的演化，变量与目标轨道之间的差距 $|\delta A|$ 逐渐减小，降低到 0，说明此时系统与目标态完全同步，也预示着控制的有效性。

3.5 耦合振子中广义函数反馈控制方法的应用

接下来还通过数值模拟的方法考虑了其他不同形式反馈函数的控制有效性。如正弦函数作为反馈函数,即 $G(x) = \sin(x)$。当 $\varepsilon = 100$ 和 $r = 80$ 时,控制结果如图 3.17(b) 所示;指数函数形式 $G(x) = e^x$,控制结果如图 3.17(c)(反馈强度 $\varepsilon = 100$,梯度力 $r = 60$) 所示;多项式函数 $G(x) = 3x + x^3$,当反馈强度 $\varepsilon = 50$ 且梯度力 $r = 40$ 时,控制效果如图 3.17(d) 所示。在选定的反馈强度以及梯度力下,系统皆实现了有效的控制。其他形式的函数也有类似的效果,本节中未展开叙述。从图 3.17 的结果中可以看出,与另几个函数相比,速度反馈函数显得更加有效,实现同步的时间最短。系统在 $t \approx 8$ 时 $|\delta A|$ 减小到零。

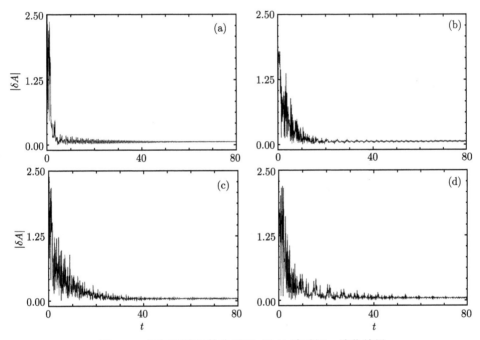

图 3.17 不同反馈函数作用下,$|\delta A|$ 随时间 t 演化结果

$i = 10$。(a) $G(x) = \dot{x}$, $\varepsilon = 40$, $r = 60$; (b) $G(x) = \sin(x)$, $\varepsilon = 100$, $r = 80$; (c) $G(x) = e^x$, $\varepsilon = 100$, $r = 60$; (d) $G(x) = 3x + x^3$, $\varepsilon = 50$, $r = 40$

3.5.2 参数对速度反馈控制方法的影响

为了进一步得到速度反馈控制中不同参数下的控制有效性,引入判断同步程度的函数 P:

$$P \equiv P(\varepsilon, r) = \lim_{T \to \infty} \frac{1}{T} \int_0^T \frac{1}{N} \sum_i \left| A_i - \hat{A}_i \right| dt \qquad (3.40)$$

P 趋于零表示系统逐步得到控制,大于零或保持一个较大的值,说明系统未能

被有效控制。固定反馈强度 $\varepsilon = 35$，不同梯度力下系统控制的有效性 (通过 P 值大小来反映) 见图 3.18(a)。当梯度力大到超过一定临界值时，$r > r_c \approx 55$，P 等于零，意味着已将系统控制到了目标态。分析数据过程中发现系统从不可控参数区域到可控参数区域经历了一个准周期过程。$r = 9$(远小于临界值 r_c)，系统呈现无规律的混沌运动，如图 3.18(b) 所示。当 r 值逐渐增大到接近临界值 r_c，$r = 45$，系统出现准周期运动 [图 3.18(c)]。当 $r = 60 > r_c$ 时，系统与目标态之间完全同步呈现周期运动轨道 [图 3.18(d)]。由此可知梯度力对实现混沌控制有着重要影响。

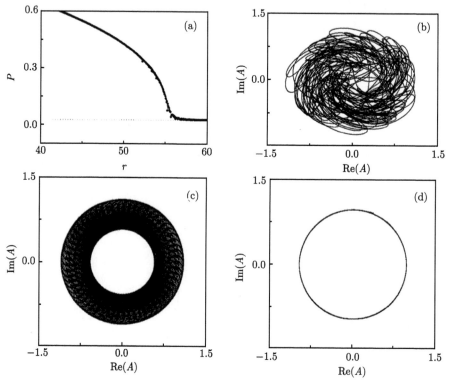

图 3.18　固定 $\varepsilon = 35$ 时，不同梯度力下系统的状态

(a) P vs r; (b) 系统相图呈混沌态，$r = 9$; (c) 系统相图呈准周期运动，$r = 45$; (d) 系统相图呈周期运动，$r = 60$

在数值模拟过程中，还发现了一个有趣的现象：双准周期区域。图 3.19(a) $r = 19.1$, (b) $r = 19.2$, (c) $r = 19.3$, 分别对应三种 r 值下系统实部随时间演化的结果。从图 3.19(d) P 随梯度力强度的变化结果可直观地观察到这一现象。图中出现了两组 P 值，这是因为系统中存在两组准周期状态。依据初始值条件以及参数，系统可逐渐演化为其中一个。处于这个区域的系统状态可称之为交替准周期态 (alternative quasi-periodic state)。

3.5 耦合振子中广义函数反馈控制方法的应用

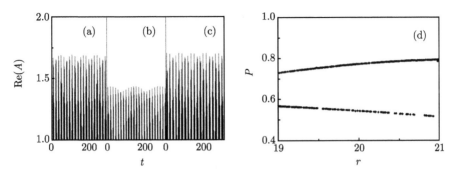

图 3.19 系统实部 $Re(A)$ 随时间的演化

[(a) $r = 19.1$; (b) $r = 19.2$; (c) $r = 19.3$; (d) P vs r ($\varepsilon = 35$)]

同样的，反馈强度的影响也是考虑的因素之一。固定梯度力 $r = 50$。图 3.20(a) 给出了不同反馈强度下的 P 值。若规定 $P = 0.04$ 为控制有效条件，当 $\varepsilon > \varepsilon_c \approx 45.1$ 时，可将系统控制到目标值。图 3.20(b) 中展示的是 ε-r 相图。足够大的反馈强度及梯度耦合可实现混沌有效控制。

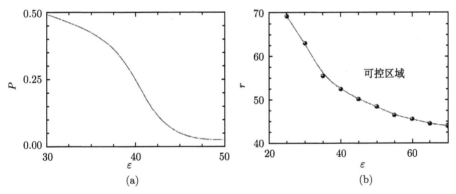

图 3.20 (a) 不同反馈强度下的 P, $r = 40$; (b) ε-r 平面可控区域与不可控区域

小结：

本节从常见的线性反馈控制方法延伸至广义函数反馈方法，主要展示了速度反馈方法的控制结果。对其他广义反馈函数包括正弦函数、指数函数以及多项式函数也有了一定的研究工作。广义函数反馈方法最初是研究人员在低维混沌控制中提出来的，并且在 LC 振荡器具有混沌特性的电子电路中已经实现 [1]。而我们将其扩展至高维的时空系统中，并有效地实现了混沌控制。另一方面，梯度力，作为空间耦合效应，实质上是很常见的：出现在斜槽的水流中、电磁场中的等离子体等 [10]。本节将 CGLE 耦合振子作为研究对象，通过局部广义函数控制结合耦合的作用，很好地消除了湍流行为。得到的结论可以推广至其他时空系统中。如何选择

一个行之有效的反馈函数需要进一步深入研究。

参 考 文 献

[1] Guan S G, Li K, Lai C H. Chaotic synchronization through coupling strategies. Chaos, 2006, 16(2): 023107.

[2] Gao J H, Zheng Z G. Controlling spatiotemporal chaos with a generalized feedback method. Chinese Physics Letters, 2007, 24(2): 359-362.

[3] 高继华, 柳文军, 陈迪嘉, 等. 函数反馈方法控制时空混沌. 深圳大学学报 (理工版), 2007, (03): 267-271.

[4] 高继华, 谢玲玲, 彭建华. 利用速度反馈方法控制时空混沌. 物理学报, 2009, (08): 5218-5223.

[5] Tao C H, Yang C D, Luo Y, et al. Speed feedback control of chaotic system. Chaos Solitons & Fractals, 2005, 23(1): 259-263.

[6] 陶朝海, 陆君安. 混沌系统的速度反馈同步. 物理学报, 2005, 54(11): 5058-5061.

[7] 高继华, 杨钦鹏, 龚晓钟, 等. 利用速率反馈方法控制时空混沌的解析研究. 科学技术与工程, 2006, (01): 1-3.

[8] 高继华, 杨钦鹏, 龚晓钟, 等. 局域速率反馈方法同步时空混沌. 科学技术与工程, 2007, (01): 8-11.

[9] Gao J H, Wang X G, Hu G, et al. Control of spatiotemporal chaos by using random itinerant feedback injections. Physics Letters A, 2001, 283(5-6): 342-348.

[10] Xiao J H, Hu G, Yang J Z, et al. Controlling turbulence in the complex Ginzburg-Landau equation. Physical Review Letters, 1998, 81(25): 5552-5555.

第4章 外力控制下斑图的动力学行为

第 2 章与第 3 章主要介绍了反馈方法下时空混沌的控制，反馈方法的优点是控制的目标态可以是原系统的任何一个解，且状态参量可以是未知的，所以反馈控制可以不改变系统原有的动力学性质，对长周期轨道控制有明显优势，同时反馈控制结构简单易操作。但因反馈控制需要持续测量系统的演化数据，以便及时对结果作出响应，在实际情形中并不是所有系统易于跟踪和测量，这就限制了反馈控制的应用。非反馈方法可以克服这个问题。非反馈方法的特点是控制信号不受系统变量实际变化的影响，从而避免了对系统变量持续的测量与响应。非反馈方法具有多种形式，如调整参数控制[1]、相空间压缩方法[2-8]、周期信号控制[9]、施加外力场等。

本章侧重讨论外力作用下 CGLE 中斑图的动力学行为。外力控制指的是控制信号来自系统之外，与系统中状态变量的演化无关。外力控制方法具有多种形式，例如，光敏感 BZ 反应中通过周期性调整光照的强度使螺旋波波头运动发生变化[10,11]，由简单旋转螺旋波转变为漫游螺旋波，或从漫游螺旋波转变为简单旋转螺旋波；采用正弦、余弦等周期形式[12]或者外力脉冲[13]消除螺旋波；用极化电场控制螺旋波的破碎[14]。

螺旋波与靶波是二维时空系统中常见的两种时空斑图[9,15-44]。靶波是由中心向外扩散，螺旋波有一个旋转中心，也叫拓扑缺陷点。这两种斑图已在多个实验中观察到，如化学反应扩散系统[18,22,45]、生物系统[46]、心肌与脑皮层[47]等。这两种波虽然在形貌上非常相似，有着紧密的联系，同时又各具特性。螺旋波可在均匀介质中自发形成，而靶波则需要中心位置波源进行持续性激励才能够稳定存在。文献 [48] 中的研究表明，在非均匀的反应扩散系统中发现稳定的靶波，究其原因是非线性动力学项与扩散项之间相互影响。通过产生靶波来消除或抑制螺旋波亦是数值模拟中常用的一种手段。反应扩散系统在随机初始条件下可产生多个螺旋波稳定共存的现象，持续注入的周期性信号、系统边界条件的影响以及系统参数的不均匀性，均可以将多螺旋波 (multiple spiral, MS) 转换成靶波，并发生相应的振荡频率改变。

自从别洛乌索夫和扎布亭斯基首先在皮氏培养皿中发现 BZ 反应的螺旋波和靶波斑图以来[24,49,50]，以复金兹堡–朗道方程为模型的反应扩散系统的斑图动力学行为研究便一直为人们所关注。例如，研究了反应扩散系统中的节拍器 (pacemaker)

使系统产生稳定靶波的机制 [48,51,52]。文献 [53] 作者在实验中证实了这种自组织 (由节拍器引发的) 靶波的存在,Hagan [54] 从理论上对这种现象进行了解释,让我们对此有了更为深入的了解。文献 [55,56] 的作者分别在实验中观察到了反向传播的螺旋波与靶波,另外,在数值模拟实验中观察到了同样的行为 [57,58]。文献 [59,60] 作者研究了节拍器与产生的靶波的传播方向 (内传或外传) 的关系。系统局部参数的调整方法被用于控制时空混沌也多有报道 [61−65],这种方法可使系统在缺陷湍流状态下产生靶波。

本章介绍局域变量块方法通过产生靶波抑制时空混沌 (4.1 节);讨论反馈控制与周期信号产生的靶波及其两者的竞争行为 (4.2 节);系统边界条件的影响 (4.3 节);利用脉冲阵列控制螺旋波 (4.4 节);以及螺旋波波头的竞争行为 (4.5 节)。

4.1 局域变量块方法

在 BZ 化学反应实验中,观察到当反应物变纯净时,一定数量的靶波逐渐消失 [66]。在文献 [54] 中作者通过理论分析阐明靶波可稳定存在于局域不均匀系统中。在化学实验中讨论并模拟几种非均匀介质,如尘埃颗粒、气泡、玻璃划痕。一些方法已经被证实是有效的。例如,在可激发系统中边界振荡的可能性讨论 [67],在对称系统中引入一个微扰 [68],通过直接改变系统参数 [63]、利用边界效应 [69] 或引入局域周期信号 [29,70] 来产生靶波,文献 [51] 则是通过区域中心放置一个非均匀高频率起搏器来研究靶波的形成。针对靶波斑图的实验也有开展:在晶体表面聚焦激光束造成晶体表面的温度不均匀 [71]。另一方面,通过靶波抑制时空混沌与螺旋波已经发展为一个有效的方法。

那么问题来了:利用局部不均匀性,是否有更简单的方法来产生靶波?在实际体系中,不存在外部周期力,系统参数也无法改变。相反,在空间中引入一个不纯净的区域是很常见的现象,例如,化学反应中的杂质。因此,采用系统变量块方法 (system variable block method) 研究这一问题,即通过在一块小区域里将系统变量设为常数来产生靶波的方法 [64]。在二维 CGLE 模型中,将螺旋波的一小区域使其变量的模为零,即 $|A| = 0$。

考虑以下方程:

$$\frac{\partial A}{\partial t} = A + (1 + i\alpha)\nabla^2 A - (1 + i\beta)|A|^2 A \qquad (4.1)$$

A 为复变量,α, β 是系统参数,$\nabla^2 = \frac{\partial^2}{\partial x^2} + \frac{\partial^2}{\partial y^2}$。关于方程的性质以及螺旋波解的形式在第 1 章中已有详细介绍。

为了生成靶波,设置一个控制区域,大小为 $\Delta \times \Delta$。在这个控制区域内,将系

4.1 局域变量块方法

统变量的模设为零,即 $|A| = C = 0$。这种方法的便利之处在于,不需要预先知道被测系统中的信息,变量 A 的初始条件可以是任意的时空状态。所得到的结论可以推广至其他 C 值。此方法已经应用于一维系统中来研究波的传播,以及二维系统中螺旋波的生成 [72]。而在本节中,采用此方法来研究靶波的发展。

图 4.1(a) 是未受控制时,变量的实部 $\text{Re}(A)$ 相图,显而易见系统处于时空混沌状态。最初,$t = 0$,在系统中心设置一个 $|A| = 0$ 的变量块。当时间演化到 $t = 200$ 时,可发现产生了一个靶波 [图 4.1(b)],随着时间的演化,该靶波向外传播生长 [图 4.1(c)],最后占据整个空间 [图 4.1(d)]。系统参数为 $\alpha = 1.1$,$\beta = -0.82$,无流边界条件 (no flux boundary condition)。系统尺寸 $L = 100$。控制变量块 $\Delta = 3.5$。相对于整个系统尺寸而言,是一个很小的区域。

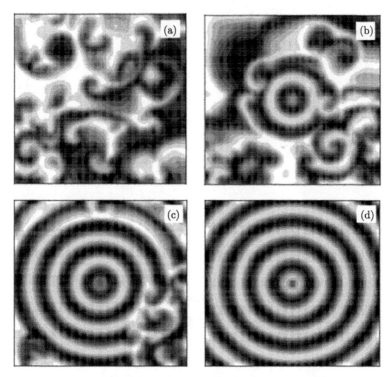

图 4.1 变量块 A 作用下靶波的生成及演化结果

(a) $t = 0$; (b) $t = 200$; (c) $t = 300$; (d) $t = 600$。系统参数 $\alpha = 1.1, \beta = -0.82$。系统尺寸为 $L = 100$,采用无流边界条件。$\Delta = 3.5$,数值分析采用空间步长 $\Delta L = 0.5$ (则整个系统中有 2000×200 个格点),时间步长为 0.01

在本节的研究工作中,唯一的控制参数是控制变量块的大小 $\Delta \times \Delta$。当 Δ 小于临界值 $\Delta_{\min} \approx 1$ 时,不能产生稳定的靶波 [图 4.2(a)];另一方面,当 Δ 大于某一

临界值 $\Delta_{\max} \approx 9$ 时，控制也以失败告终，如图 4.2(b) 中 $\Delta = 9.5$。类似的现象已有相关文献 [73, 74] 报道。控制区域过大或过小都不利于实现混沌控制。在图 4.2(c) 中，给出了不同系统尺寸 L 相对应的 $\Delta_{\min}$ (三角形符号) 与 $\Delta_{\max}$ (圆点符号)。系统尺寸由 $L = 50$ 到 $L = 250$，$\Delta_{\min}$ 和 $\Delta_{\max}$ 几乎保持不变。这说明了变量块方法可以应用到相当大尺寸的系统中。

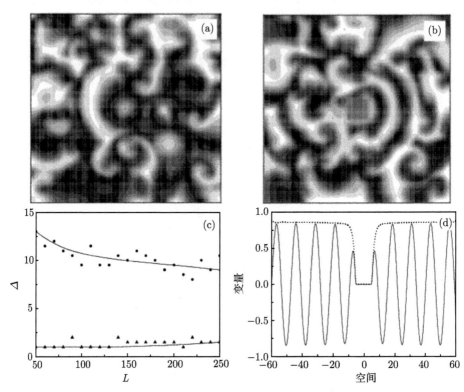

图 4.2 系统变量相图

(a) $\Delta = 0.5$, (b) $\Delta = 9.5$，说明变量块过小或过大不能产生靶波。系统参数 α, β, 以及系统尺寸 L 与图 4.1 相同。(c) 不同系统尺寸 L 下的 Δ。$\Delta_{\min}$ (三角形), $\Delta_{\max}$ (圆形)。两条实线显示了变化趋势。(d) 变量块对角线上变量 A 实部 (实线) 与模 (虚线) 的空间分布。变量块对角线 $l = \sqrt{2}\Delta \approx 11.3$ ($\Delta = 8$) 远小于靶波波长 $\lambda \approx 12.7$

小的控制模块 (如 $\Delta_{\min} \approx 1$) 通常需要输入能量，而最大模块 $\Delta_{\max}$ 不能超出靶波波长才利于波的传播，这两点是容易理解并接受的。图 4.2(d) 是系统的实部 $\text{Re}(A)$ 与模 $|A|$ 沿着变量块对角线方向的空间分布图。控制区域大小为 $\Delta = 8$，小于最大临界值 $\Delta_{\max} \approx 9$。靶波波长 $\lambda \approx 12.7$，稍大于变量块对角线长度 $l = \sqrt{2}\Delta \approx 11.3$。同时图 4.2(d) 还展示了一个有意义的信息：在变量块附近，变

4.1 局域变量块方法

量的振幅 $|A|$ 从零快速增加到一定值,而远离这个区域的 $|A|$ 逐渐变化。这种行为与螺旋波相似,螺旋波通过围绕中心点保持自稳定。此时系统中不存在拓扑点,但 $|A|=0$ 发挥了类似的功能,产生靶波并保持自身空间结构的稳定。这样,无需施加周期外力或扰动中心系统参数 [73],便可产生稳定的靶波。

数值分析中采用的是无流边界条件,变量块处于不同的位置对最终结果可能产生影响。为了考察这一影响,将控制变量块的中心坐标设为 (x_0,y_0)。图 4.3(a) 给出了靶波频率与中心坐标 y_0 的关系相图。x_0 固定为 $x_0=L/2$, $L=100$。当 (x_0,y_0) 远离边界时,稳定的靶波基本上保持一定的频率。但是当 (x_0,y_0) 靠近边界时,靶波的频率有明显变化。图 4.3(b) 展示的是靶波频率与系统尺寸的关系。变量块中心与系统中心一致,即 $x_0=y_0=L/2$。$L>20$ 时,频率基本不变,但小尺寸系统频率有波动。在远离边界区域内,研究靶波频率与变量块大小的关系。随着 Δ 的增大,靶波的频率逐渐减少 [图 4.3(c)],而周期变长 [图 4.3(d)],这意味着变量块控制区域越大,产生的振动越缓慢。上述过程的系统参数皆为 $\alpha=1.1, \beta=-0.82$。

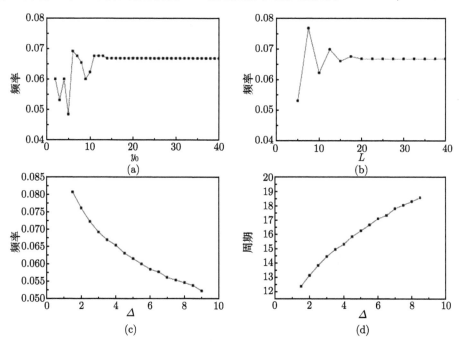

图 4.3 靶波的频率与周期随 y_0, L 以及 Δ 的变化

(a) 靶波频率与变量块中心坐标 y_0 的关系, $L=100$, 变量块中心坐标 (x_0,y_0) 中 x_0 固定在 $L/2$ 处; (b) 靶波频率与系统尺寸 L 的关系, 变量块中心坐标 $x_0=y_0=L/2$; (c) 靶波频率与 Δ 的关系; (d) 靶波周期与 Δ 的关系。$\alpha=1.1, \beta=-0.82$

接下来研究所生成靶波的稳定性。$\Delta=3.5, L=100$。随机初始条件。扫描 α-β

参数讨论靶波稳定存在的参数区域,得到了图 4.4 的结果。$\Delta\alpha = \Delta\beta = 0.02$。从图 4.4(a) 中可知稳定的靶波只存在于特定的参数区域内。整个参数区被 T_1, T_2 和 T_3 三条线区分开。T_1 与 T_2 之间的区域 [图 4.4(a) 中深灰色部分区域] 是靶波充分发展的区域,T_1 线以外为螺旋波,如图 4.4(b) 所示。即使将变量块中心坐标与螺旋波中心重合,结果仍是如此。在 T_2 与 T_3 之间的参数区域 [图 4.4(a) 中浅灰色部分区域],系统中产生了靶波但是未能扩散至整个空间,如图 4.4(c) 所示。T_3 线以下则是靶波完全不稳定的参数区。这与 Aranson 等观察到的现象是一致的。他们分析了 α-β 参数内行波解的稳定条件以及螺旋波的稳定性,详细内容可参看文献 [26] 中图 12。文献中的 T 及 AI 线分别与本节中 T_1 及 T_3 相匹配。T 线对应的是随机初始条件下缺陷湍流的转变线,AI 线则是螺旋波的绝对失稳线。通过大量的非线性数值分析,已经知道了爱克豪斯失稳是一种长波失稳,并且具有对流失稳的性质。正是因为对流失稳的性质,系统在有限的空间区域内最终得以稳定。这一理论推测在 BZ 反应中观察到的现象已经得到了证实。因此,可知通过变量块方法产生的

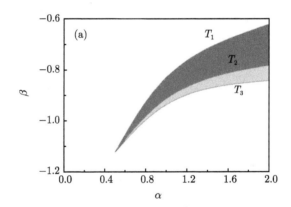

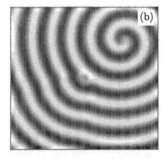 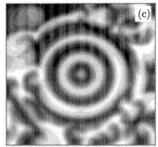

图 4.4 (a) 靶波稳定存在的参数区 α-β 平面,$L=100$, $\Delta=3.5$;(b) 系统变量相图呈螺旋波,$\alpha=1.4$, $\beta=-0.68$,此参数处在略高于 T_1 线上方位置;(c) 系统变量相图呈不完整靶波,$\alpha=1.4$, $\beta=-0.84$,此参数处于 T_2 与 T_3 之间

斑图稳定与否与螺旋波或靶波对流失稳相关。以上的稳定性研究基于随机初始条件以及 $\Delta = 3.5$。当然，其他方面的数值模拟分析也开展了。例如，选择靶波稳定存在的参数 (T_1 与 T_2 之间的参数区)，同样采用随机初始条件，逐渐增大 (或减少) β 值至 T_1 (或 T_3)，检验靶波的稳定性。结果发现靶波稳定存在的区域可扩大，并且临界值曲线与 Δ 相关。然而，当 Δ 在 $(\Delta_{\min}, \Delta_{\max})$ 区间时，T_1 线几乎不变，T_2 与 T_3 有细微的变化。在 $(\Delta_{\min}, \Delta_{\max})$ 区间以外，变量块方法所产生的靶波都是不稳定的。$\Delta_{\min} \approx 1$，$\Delta_{\max} \approx 9$。

小结：

本节通过局域变量块的方法，在二维振荡系统中生成靶波。值得注意的是，整个系统是均匀的，没有参数的扰动。而且，这个方法易于实现，这对现实系统很重要。且针对不同的初始斑图 (时空混沌或螺旋波)，具有鲁棒性。我们的研究工作展示了关于变量块与系统尺寸对靶波产生的影响以及演化斑图的特征，为将来潜在应用提供了一定的帮助。

4.2 利用局域周期信号抑制螺旋波

振荡介质中，适当的局域周期信号可诱导出稳定的靶波来抑制螺旋波与缺陷湍流。提出采用局域周期刺激产生靶波从而消除螺旋波与时空混沌已有报道[9]。下面详细地介绍在 CGLE 中利用局域周期信号产生靶波来消除螺旋波。探讨了控制信号频率和系统参数对螺旋波控制效果的影响，着重分析了控制过程中系统斑图、系统变量实部的时序图和系统频率的变化情况，并且对螺旋波系统的控制规律和系统频率特征进行了总结。采用式 (4.2) 的方程为动力学模型进行数值模拟

$$\partial_t A = A + (1 + i\alpha)\nabla^2 A - (1 + i\beta)|A|^2 A + \varepsilon \delta_{ui}\delta_{vj}\sin(\omega t) \quad (4.2)$$

其中 A 为空间和时间的复变量，实数 α 和 β 是系统参数，$\nabla^2 = \partial^2/\partial x^2 + \partial^2/\partial y^2$，$\varepsilon$ 为控制信号强度，ω 为控制信号旋转频率 (控制信号振荡频率 $f_1 = \omega/2\pi$)，δ 函数定义控制信号位置。在二维时空系统中，考虑系统分布在一个 $L \times L$ 的正方形空间内，其中 L 为系统尺寸，并采用无流边界条件。系统参数均设定为螺旋波的稳定区域。固定 $\varepsilon = 1$。在初始螺旋波系统空间平面中心区域注入一个尺寸大小为 5×5 的控制信号。实验中通过改变周期信号的频率，即 ω 的大小，来观察系统斑图的演化情况。同时，为了更好地描述系统频率的变化，不失一般性，以单螺旋波作为初始条件进行研究。

图 4.5 给出了单螺旋波在 $T = 400$ 时注入控制信号后，系统斑图随时间的演化过程。从图 4.5 中可以看出，螺旋波平面内由于受到了控制信号的影响而生成了稳定的靶波，且该靶波快速地占据了整个系统空间，从而说明了局域周期振荡控制

方法对螺旋波系统的有效性。接下来将详细地分析控制项频率和系统参数对控制效果的影响。

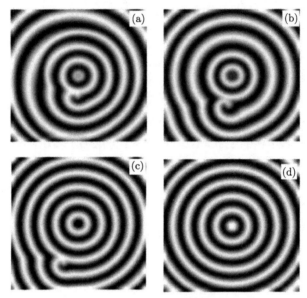

图 4.5 系统 Re(A) 随时间演化的过程

系统参数为 $\alpha=-1.64, \beta=0.35$。$\omega=0.02$。系统尺寸 $L=128$。(a) $T=450$; (b) $T=550$;
(c) $T=600$; (d) $T=700$

接下来通过分析系统实部变量的时序图和振荡频率随着控制项中 ω 的变化情况来了解控制信号对控制效果的影响。设定 $\alpha=-1.64, \beta=0.35$，在无控制的条件下，测量得到的系统固有频率 f_0 为 0.008 [通过变量时序图快速傅里叶变换 (fast Fourier transform, FFT) 分析得出]。施加控制之后，系统变量的振荡频率发生了改变，如图 4.6(a)~(c) 所示。通过与系统的固有频率进行对比，可以发现，系统的振荡频率 f 随控制信号频率 ω 的变化可分为三种情况，如图 4.6(d) 所示，Ⅰ区 $0 \leqslant f \leqslant 0.008, f<f_0$。Ⅱ区 $0.008<f \leqslant 0.021, f>f_0$。Ⅲ区 $f=0.008, f=f_0$。当 $0 \leqslant \omega \leqslant 0.13$ 时，系统频率与控制频率的值相等，均为 $f=f_1=\omega/2\pi$。

在图 4.6(a) 和 (b) 中，系统的振荡行为发生了变化，说明系统频率受到了控制信号的影响。然而当控制信号频率增加到 0.022(此时 $\omega=0.14$) 之后，系统的频率不再随控制信号频率的增加而增加，其大小等于系统固有频率 f_0。图 4.6(c) 描述了 $\omega=0.27$(Ⅲ区内) 时系统的时序图情况，观察其周期和振幅后，可以对比得知系统的振荡行为与不受控制的单螺旋波完全一致，这说明当 ω 选取在Ⅲ区内时，未能将螺旋波消除。

4.2 利用局域周期信号抑制螺旋波

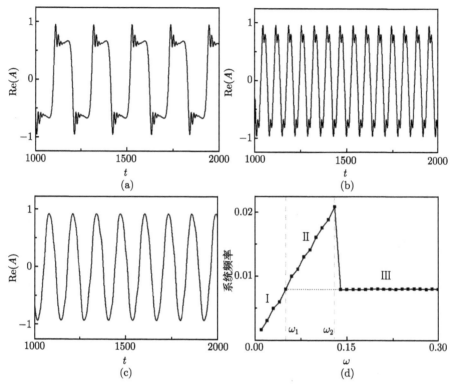

图 4.6 不同 ω 下系统变量实部 Re(A) 的时序图以及系统频率变化情况

系统参数 $\alpha=-1.64, \beta=0.35$。(a) $\omega=0.03$; (b) $\omega=0.09$; (c) $\omega=0.27$; (d) 系统频率随 ω 的变化情况 ($\omega_1=0.05, \omega_2=0.13$)

为了确认上述规律的普遍性,另外选取 $\alpha = -0.80, \beta = 0.35$ 时,在这种情况下系统固有频率 f_0 为 0.035,该值与图 4.7(d) 中 I 区系统频率的值相等,系统波动情况同于初始螺旋波,ω 选取在该区域内,螺旋波系统不受控制。当 $0.15 \leqslant \omega \leqslant 0.22$(对应控制信号频率 $0.024 \leqslant f_1 \leqslant 0.035$) 时,II 区内系统波动情况与控制项同步,系统演化为与控制项频率相同的靶波。而 ω 增大到 0.23 之后,系统波动情况既不与初始螺旋波一样,也不同于控制项,系统频率变化规律不明显。由此可以确认,在不同的系统参数下,控制项所产生的规律效果是不同的。

为了更清楚地展示系统参数对控制规律的影响作用,将不同系统参数条件下斑图的演化结果进行对比。当 $\alpha = -1.64$ 时,图 4.6(d) 中 I 和 II 区的螺旋波系统受到了控制项的影响,对应的系统斑图都演化成一个完整的靶波,如图 4.8(a) 和 (b) 所示。当 $\alpha = -0.80$ 时,图 4.7(d) 中 II 区的螺旋波也将被有效控制,图 4.8(e) 显示的靶波很好地验证了这一规律。图 4.8 (c) 和 (d) 分别对应图 4.6(d) 中III区 $\omega = 0.27$ 和图 4.6 (d) 中 I 区 $\omega = 0.03$ 时的斑图形态,系统频率并没有受到控制项的影响，其大小等于各自固有频率，故系统仍然保持螺旋波结构。而图 4.8(f) 中呈现的是一个变形的但仍然保持单螺旋波结构的斑图，这也进一步解释了图 4.6(c) 中时序图的特殊性。通过进一步的分析，可以发现图 4.8(a) 和 (b) 都呈现靶波结构，但靶波波长不一。对比图 4.6(d) 中 I 和 II 区内控制项频率和系统固有频率，发现只有当控制项频率低于系统固有频率时，螺旋波才被控制成波长均一的靶波。同样的，图 4.7(d) 中 II 区的控制项频率低于系统固有频率，才导致如图 4.8(e) 中生成波长均一的靶波。

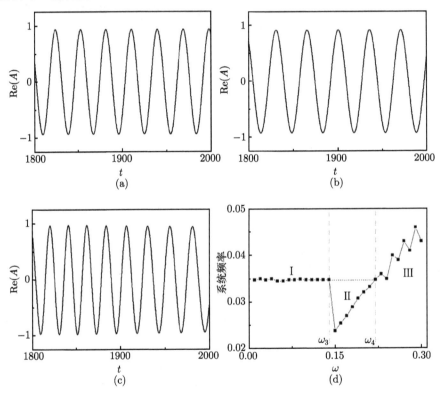

图 4.7 不同 ω 下系统变量实部 Re(A) 的时序图以及系统频率变化情况

系统参数 $\alpha=-0.80$, $\beta=0.35$。(a) $\omega=0.03$; (b) $\omega=0.18$; (c) $\omega=0.27$; (d) 系统频率随 ω 的变化情况 ($\omega_3=0.14$, $\omega_4=0.22$)

以上的数值实验结果表明，当 $\alpha=-1.64$ 和 $\alpha=-0.80$ 时，相同的控制项所导致的系统频率变化规律和系统斑图的演化结果却不尽相同。为了分析这种差异的原因，在一定范围内选取更多的 α 值进行相同的模拟实验。图 4.9 给出了系统参数 α 分别为 -0.80, -0.85, -0.90, -1.24, -1.34 以及 -1.44 时，系统频率随 ω 的变化情况。从图 4.9 中 A、C 区可以看出，在螺旋波系统平面内生成的靶波频率与控

4.2 利用局域周期信号抑制螺旋波

制项中 ω 呈现很好的线性关系,其频率很好地满足 $f=\omega/2\pi$。这一实验结果说明了我们采用的周期振荡控制方法对系统频率具有一定的可调控性。图 4.9 中 B、D 区系统频率等于系统固有频率,说明在螺旋波系统平面内不生成靶波,系统仍保持螺旋波结构。另外,从图 4.9 观察到,选定的系统参数 α 不同时,系统频率随控制项中 ω 的变化呈现两种不同的趋势。

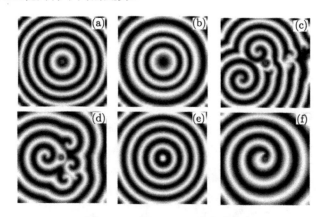

图 4.8 系统 Re(A) 演化结果

系统参数 $\beta=0.35$。(a)~(c) 系统参数 $\alpha=-1.64$,ω 分别为 0.03,0.09,0.27;(d)~(f) 系统参数 $\alpha=-0.80$,ω 分别为 0.03,0.18,0.27

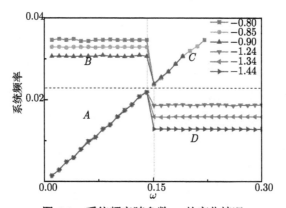

图 4.9 系统频率随参数 ω 的变化情况

系统参数 $\beta=0.35$,α 分别为 -0.80,-0.85,-0.90,-1.24,-1.34,-1.44

图 4.10 给出了螺旋波系统平面内生成靶波所需 ω 的范围,实验结果经过分析,可以分为五类。其中 I 区对应着 $-1.94 \leqslant \alpha \leqslant -1.04$,系统频率的变化情况与图 4.6(d) 中的趋势一致;V 区对应着 $-0.96 \leqslant \alpha \leqslant -0.64$,系统频率的变化情况则与图 4.7(d) 中的趋势一致。然而当 $-1.02 \leqslant \alpha \leqslant -0.98$ 时,ω 范围呈现连续三

段变化。为了更好地描述该区域的特殊性，图 4.11 给出了 ω 分别为 0.02，0.09，0.15

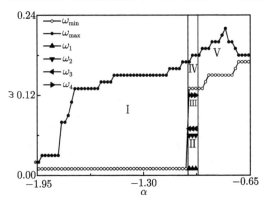

图 4.10　不同的参数 α 下系统能生成靶波所需 ω 的范围

$\omega_{\min}$、$\omega_{\max}$ 分别代表生成可控频率靶波时最小和最大 ω；$\omega_1 = 0.01$，$\omega_2 = 0.06$；$\omega_3 = 0.07$，$\omega_4 = 0.12$

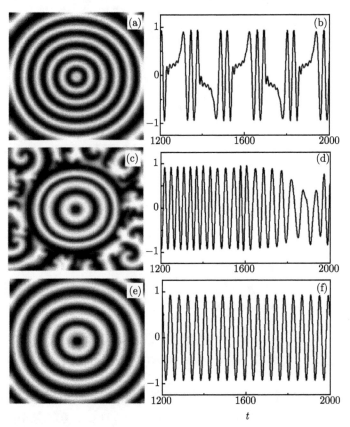

图 4.11　系统 $\text{Re}(A)$（左栏）以及对应的时序图（右栏）

系统参数 $\alpha = -1.00$，$\beta = 0.35$。(a) $\omega = 0.02$；(c) $\omega = 0.09$；(e) $\omega = 0.15$

时各自系统斑图演化结果以及对应的时序图。发现II区 $(0.01 \leqslant \omega \leqslant 0.06)$ 和IV区 $(0.13 \leqslant \omega \leqslant 0.18)$ 中的螺旋波系统得到控制,整个系统空间平面被靶波占据,但两者生成的靶波特征不一,前者相比后者,振荡周期更长。而III区 $(0.07 \leqslant \omega \leqslant 0.12)$ 中,尽管系统能生成稳定的靶波,但该靶波无法在系统内扩散,系统呈现如图 4.11 (c) 所示螺旋波与靶波共存的状态。

综合图 4.10 和图 4.11 中的实验结果,可以发现,系统频率随控制项中 ω 的变化表现出两种不同的趋势,是由于在系统参数 α 的临界值两边出现了过渡。

小结:

本节采用二维 CGLE 作为时空模型,研究了局域周期信号方法对螺旋波系统进行控制的可行性。通过数值模拟实验,成功地在螺旋波系统内部控制区域诱导出稳定的靶波。研究表明,控制项频率和系统的参数不同时,控制规律不尽相同。得到了如下结论:① 当注入的控制项能够在系统中生成靶波,并且该靶波最终完全占据系统整个空间平面时,系统生成的新靶波频率与控制信号频率一致。② 当固定 $\beta=0.35$ 时,系统频率随控制项参数 ω 变化而呈现两种不同的变化趋势,这是由于控制过程中存在着一过渡态,即当 $-1.02 \leqslant \alpha \leqslant 0.98, 0.07 \leqslant \omega \leqslant 0.12$ 时,靶波与螺旋波共存。本节通过对时空振荡系统中的螺旋波进行局域周期信号控制,获得了系统频率随控制频率的变化规律,这些研究结果对于讨论时空系统相变增添了新的内容。本节所讨论的局域周期信号注入方法是一种系统的非反馈控制方法,在一定参数条件下能够保证输入频率与输出频率之间的规律性,这些结论不但在螺旋波控制研究方面提供了新的内容,也在复杂介质系统中的信号传播、斑图模式竞争等领域具有潜在的应用价值。

4.3 边界控制产生的振幅波

4.3.1 振幅波的介绍

一维 CGLE 中不同形式的振荡模式已被报道,例如,相湍流、缺陷湍流、阵发混沌等,相关的局部结构概念亦被提出并广泛使用,如洞 (hole)、冲击线 (shock)、缺陷点 (defect)。Brusch 等[75-77] 在一维 CGLE 中发现了一种新的结构,称为调幅波 (modulated amplitude waves, MAWs),其振幅呈现准周期行为。这类波的鞍节点分岔行为是导致相湍流转变为缺陷湍流的主要原因。同时,MAWs 的存在性与稳定性均已从理论上得到证明[78,79]。

本节研究内容为在一维 CGLE 的边界 $x=0$ 处设定 $|A|=0$,即在边界处设置一个波源,发现存在一个岛状的参数区,在此参数区中,波动振幅出现了准周期振荡行为,与已发现的调幅波类似,本节命名其为振幅波 (amplitude wave)[80]。

4.3.2 数值实验结果

使用无流边界条件，由随机初始条件 [图 4.12(a)，变量的实部在空间分布不规则] 演化 200 个时间单位之后，在边界 $x=0$ 处设定 $|A|=0$ 的波源。随着时间的演化，系统中出现了周期振荡的波从波源处向整个空间传播 [图 4.12(b)~(d)]。此方法曾成功地将时空混沌控制到稳定态[72]。图 4.12 中展示了波从波源传播到整个空间的过程。$\alpha=0.6$，$\beta=-0.6$。采用欧拉方法进行数值计算，时间步长 $\Delta t=0.005$，空间步长 $\Delta x=0.5$。系统大小为 $L=1000$。

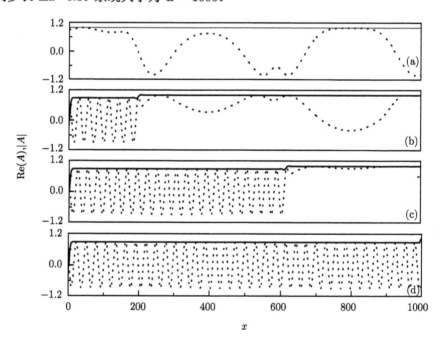

图 4.12 Re$A(x,t)$ (虚线) 与 $|A|$ (实线) 的空间分布图

$\alpha=0.6$, $\beta=-0.6$, $L=1000$。(a) $t=0$，未加控制；(b) $t=400$，在边界 $x=0$ 处加入 $|A|=0$ 的波源后 Re$A(x,t)$ 出现周期振荡运动；(c) $t=800$；(d) $t=1200$，由波源产生的周期性信号遍及整个系统空间

并不是所有的系统参数都可以支持波的传播。当 CGLE 选取不同的参数 α 和 β 时，系统介质有可能无法支持信号的传播。据已有的文献，当 α, β 绝对值较大时，系统中会出现缺陷点，即 $|A|=0$ 的点。缺陷点在时空系统中形成了锯齿状 (zigzag) 结构，影响了波的传播。

图 4.13 通过系统变量 $|A|$ 的时空图观察在不同系统参数下波动的传播特点。固定 $\alpha=0.6$，改变 β 的大小。(a) $\beta=-0.6$，波从边界稳定地向整个空间传播，振幅 $|A|$ 的大小由原来的 1 变为 0.9，几乎为定值。(b) $\beta=-1.24$，由于缺陷点 (图

中颜色较深的位置) 的存在, 形成了锯齿结构, 影响了波的传播过程, 波源处的波动无法向整个空间传播。(c) $\beta = -1.3$, 在此参数区域内, 系统中存在缺陷点, 但与 (a), (b) 的情形不同, 波以一种新的振荡方式传遍了整个空间。(d) $\beta = -1.5$, 大量缺陷点的存在, 导致信号无法传播。图 4.13(c) 中这种特殊的振荡方式, 值得做进一步的研究。

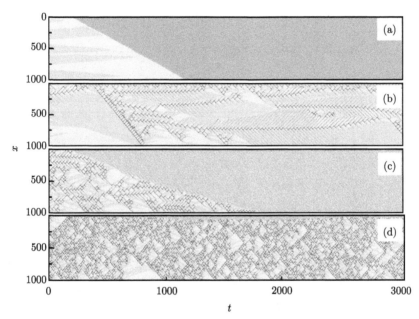

图 4.13 不同参数下 $|A|$ 的时空图 (黑色对应 $|A| = 0$)
$\alpha = 0.6$。(a) $\beta = -0.6$; (b) $\beta = -1.24$; (c) $\beta = -1.3$; (d) $\beta = -1.5$

为了进一步确认图 4.13(c) 中特殊振荡方式的存在, 在图 4.14 中给出了系统变量空间分布随时间的变化。实线为 $|A|$, 虚线表示 $\mathrm{Re}A(x,t)$。系统参数为 $\alpha = 0.6, \beta = -1.34$。未加波源时 [图 4.14(a)], 系统表现为混沌运动。在边界处施加一波源 [图 4.14(b)], $|A|$ 在空间中表现出一种规则的振荡运动, 而 $\mathrm{Re}A(x,t)$ 为准周期运动 [图 4.14(c)]。随着时间的演化, 这种振荡形式最终传播至整个空间。与图 4.12 中波的传播方式相比较, 这种波有几点明显的特征。首先, 系统不受缺陷点影响, 在空间中有规律地分布, 但传播速度比图 4.13(a) 慢。其次, $|A|$ 在空间中不是一个均匀恒定的值, 而是出现了规则的振荡, 这种形式与 MAWs 类似。由此, 可以确定这种特殊模式的存在。

接下来, 通过模的时间序列, 详细比较这几种传播方式的不同。参数选择与图 4.13 一致。图 4.15 中左侧一栏为中点 $x = L/2$ 处模的时序图, 右侧为 $\mathrm{Re}(A)$-$\mathrm{Im}(A)$ 内相应的相空间轨道。$\alpha = 0.6$。图 4.15(a) 与 (b)$\beta = -0.6$, 模随时间几乎没有变化。

相空间中单一的环状轨道表明系统变量具有单一的周期。(c) 与 (d) $\beta = -1.24$，$|A|$ 随时间发生非周期的起伏现象，经过长时间的观察可以发现缺陷点的存在。相应地，相空间中出现了混沌轨迹，不再是简单的环状轨道。(e) 与 (f) $\beta = -1.3$，发生在特殊区域内的信号传播，模随时间周期起伏。从 $\mathrm{Re}(A)$-$\mathrm{Im}(A)$ 空间中的相图也可观察到这种周期性起伏现象。(g) 与 (h) $\beta = -1.5$，模随时间发生不规则起伏，有大量的缺陷点存在，相空间轨道混乱度增加。

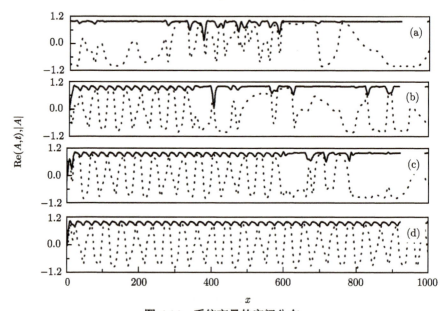

图 4.14　系统变量的空间分布

虚线代表 $\mathrm{Re}A(x,t)$，实线表示 $|A|$。$\alpha = 0.6$，$\beta = -1.34$，$L = 1000$。(a) $t = 0$，未加控制；(b) $t = 600$；(c) $t = 1200$；(d) $t = 2000$

为了更深入地分析这种特殊的振幅振荡行为，在图 4.16 中给出了 $\mathrm{Re}(A)$ 与 $|A|$ 的时序图以及相应的 FFT。从 (b)、(d) 中可以观察到 $\mathrm{Re}(A)$ 与 $|A|$ 的频率谱均存在多个峰值，并且这些频率都是基础频率 ω_0（例如，图 4.5 中的参数下 $\omega_0 \approx 0.157$）的整数倍。$\mathrm{Re}(A)$ 的主频率 $\Omega_1 = 7\omega_0$，次频率 $\Omega_2 = \Omega_1 \pm 3\omega_0$。$\Omega_2$ 是产生这种准周期行为的主要因素。根据 FFT，系统变量具有以下形式：

$$A = a\mathrm{e}^{\mathrm{i}\Omega_1 t} + b\mathrm{e}^{\mathrm{i}\Omega_2 t} \tag{4.3}$$

a，b 分别为 Ω_1，Ω_2 的权值，$a \gg b$。将方程进行 Taylor 级数展开，可以得到

$$|A| \approx a + b\cos(\Omega_1 - \Omega_2)t \tag{4.4}$$

这与数值模拟结果很好地吻合。那么，新频率是如何产生的呢？作者认为是边界

4.3 边界控制产生的振幅波

作用使得变量的振幅随时间振荡。而这种边界控制只是将边界处 $|A|$ 的值固定，并不产生新的基础频率。因此，新产生的频率 Ω_2 与 Ω_1 一样，都以 ω_0 为基础频率。

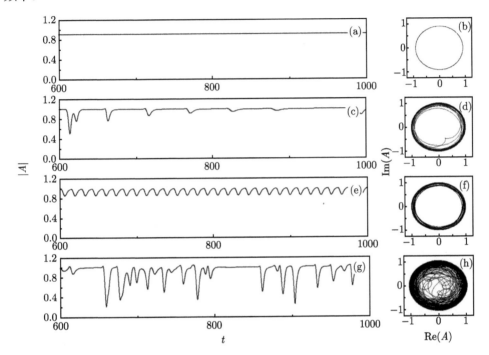

图 4.15 不同系统参数下，系统变量模的时间序列与相空间轨道

左栏是系统变量模的时间序列，右栏是对应的相空间轨道。$x = L/2$, $\alpha = 0.6$。(a), (b) $\beta = -0.6$; (c), (d) $\beta = -1.24$; (e), (f) $\beta = -1.3$; (g), (h) $\beta = -1.5$

扫描不同信号传播在 α-β 平面内的分布，得到图 4.17。根据数值模拟的结果，整个参数区分为三部分：I区，波的稳定传播区，如图 4.12 所示；II区，系统受缺陷点的影响，波无法传播，如图 4.13(b) 与图 4.15(b) 中的情形；岛状的III区域，如图 4.14 所示，系统中虽有缺陷点，但是边界施加波源后，波以一种新的振荡方式传至整个空间。

同时还考虑了，波在不同参数下的传播速度 (定义为单位时间内波峰传播的距离)、传播距离 (定义为波所能够传播的最大距离)。固定 $\alpha = 0.6$，改变 β 的大小，结果如图 4.18 所示。从数值分析过程中发现，存在三个明显不同的区域。在 I区和III区均可以支持波的传播，具有非零的传播速度。且I区中的波速比III区中的快，传播距离也更远。当 $\beta \to 0$ 时，I区内波几乎可以传播到无穷远处 (数值实验取系统尺寸 $L=10000$ 时仍然可以获得稳定的传播速度)。而II区内波速为零，传播距离

近乎为零。通过波速与传播距离的比较,进一步说明III区的存在。

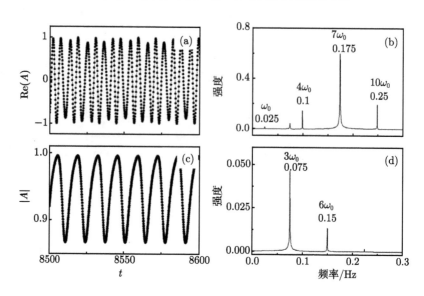

图 4.16　Re(A), |A| 的时间序列以及相应的 FFT

$x = L/2$, $\alpha = 0.6$, $\beta = -1.3$

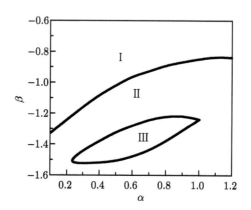

图 4.17　系统参数 α-β 相图

I 区是波源信号的稳定传播区域,II 区是受到系统缺陷点的影响无法传播的区域,
III 区是信号的特殊传播区域

不失一般性,将随机初始条件 (系统变量从 -1 到 1 随机分布) 改为平面波初始条件 ($A = \sqrt{1-k^2}\mathrm{e}^{\mathrm{i}kx}$, $k = 2\pi m/L$),比较不同初始条件下,Re(A) 主频率随 β 变化的情况。结果如图 4.19 所示,"×"表示随机初始条件,黑点代表平面波初始

4.3 边界控制产生的振幅波

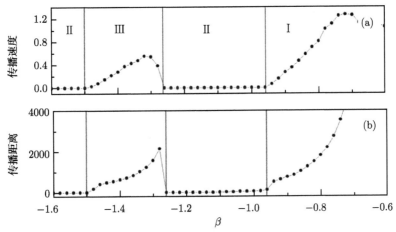

图 4.18 不同 β 下的波速与波传播最大距离

$\alpha = 0.6$。(a) 传播速度；(b) 传播距离

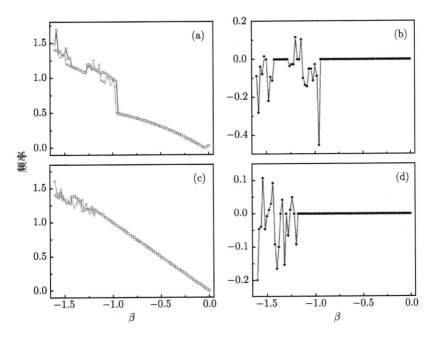

图 4.19 不同初始条件下，$\mathrm{Re}(A)$ 的主频率随 β 的变化

"×"表示随机初始条件，黑点代表平面波初始条件。(a) 边界施加控制，(c) 边界未加控制，(b) 与 (d) 分别对应 (a) 与 (c) 中不同初始条件下频率的差值

条件。当施加边界控制时 [图 4.19(a)]，两种初始条件下，均出现三个区域。Ⅰ区与Ⅲ区频率线性变化，大小几乎一致，而Ⅱ区内的频率无规律起伏。从图 4.19(b) 两

者频率的差值可以更清楚地表现出这三个区域：Ⅰ区与Ⅲ区中频率差趋于零，Ⅱ区中不同初始条件差别较大。在随机初始条件以及平面波初始条件下都有Ⅲ区的存在，这说明了特殊传播方式的稳定性与一般性。为了更好地说明Ⅲ区的特殊性，在图 4.19(c) 中给出了未加边界控制时，Re(A) 主频率随 β 变化的情况。从图中可以观察到，不同初始值下，频率的变化趋势一致。当 β 绝对值较小时，频率值线性增加，$\omega = \beta$，与理论值一致。当 β 绝对值增加到使 $1 + \alpha\beta < 0$ 时，系统中因 BFN 失稳产生混沌行为，主频率起伏变化。系统中都不存在Ⅲ区的振幅振荡形式。图 4.19(c) 和 (d) 进一步说明了这种特殊的振荡方式依赖于边界波源的控制，与初始值无关。

小结：

在本节中考虑了一维 CGLE，在边界处设置一个波源，通过分析波的传播速度、传播最大距离以及振荡频率，发现存在三种类型的波：① Ⅰ区，系统参数 α, β 的绝对值较小，波以一恒定速度稳定传播且振幅为定值；② Ⅱ区，随着 α, β 绝对值的增大，系统中出现缺陷点，波在此参数区域无法传播；③ Ⅲ区，呈一岛状被Ⅱ区域环绕，在此参数区中，波动信号不受缺陷点的影响而传播，且振幅出现周期振荡。这是因为在边界作用下 Re(A) 中产生了新的振荡频率 Ω_2。通过不同初始条件验证了Ⅲ区存在的稳定性与一般性。这种新颖的振荡模式使波在混沌运动参数区域也得以传播，扩展了波传播的参数范围，为将来进一步的应用研究提供了重要信息。

4.4 利用脉冲阵列控制螺旋波

4.4.1 螺旋波的尺寸转换

在 CGLE 中，采用不同的初始条件，时空系统会产生不同类型的螺旋波。当选取一种特殊初始条件时，系统可以在二维空间中产生大面积的单螺旋波 (single spiral, SS)；当选取常见的随机初始条件时，系统在相同的二维空间中可以产生多个小面积的螺旋波 (multiple spiral, MS)。这两种螺旋波具有相同的波长和频率，但是具有不同的稳定性。对前者的扰动，有可能使之转换为后者。

在螺旋波的控制研究中，主要是通过分析螺旋波的色散关系来研究螺旋波的稳定性。事实上，螺旋波的面积大小也是其中的一个重要性质。大尺度台风或龙卷风具有螺旋结构，这与我们所研究的螺旋波具有相似结构，因此，螺旋波可以定性地描述这种大尺度气象现象。对于涡旋气流形成与发展的研究，螺旋面积是其中一个重要的内容。研究不同尺寸之间的转换显得尤为重要，可以作为控制台风等气象灾害的一个应用方向。

4.4 利用脉冲阵列控制螺旋波

本节通过计算机数值模拟，以 CGLE 为模型，研究单螺旋波转换为多个小面积螺旋波的条件。在时空系统中注入一系列的脉冲信号，通过调整改变脉冲强度、脉冲持续时间 (控制时间) 及脉冲密度，实现螺旋波的尺寸转换，即由单个螺旋波转换成多个小螺旋波的模式。数值计算采用欧拉五点差分法，空间步长为 0.5，时间步长为 0.02。加入控制项后，系统为

$$\frac{\partial A}{\partial t} = A + (1 + \mathrm{i}\alpha)\nabla^2 A - (1 + \mathrm{i}\beta)|A|^2 A$$
$$+ \varepsilon\left[H(t) - H(t-T)\right]\sum_{p=1}^{M}\delta(\boldsymbol{r} - \boldsymbol{r}_p) \quad (4.5)$$

其中 ε 是控制强度 (即脉冲强度)；$H(t)$ 是 Heaviside 函数，当 $t < 0$ 时 $H(t) = 0$，当 $t \geqslant 0$ 时 $H(t) = 1$；$\delta(r)$ 是狄拉克函数；$\boldsymbol{r}_p = (x_p, y_p)\,(p = 1, 2, \cdots, M)$ 为脉冲信号所施加的位置；整数 M 代表脉冲数量。当 $t=0$ 时，在 $\boldsymbol{r}_1$、$\boldsymbol{r}_2$、$\cdots$、$\boldsymbol{r}_M$ 位置上施加脉冲信号，即一共有 M 个脉冲信号。这组脉冲信号形成一个阵列分布在系统中。当 $t = T$ 时，除去脉冲作用，系统随时间自然演化。为了便于脉冲分布密度的改变，定义 $M = N \times N$。因此，两列脉冲信号之间的距离为 $\Delta = L/N$。

选取单个螺旋波为初始条件 [图 4.20(a)]，施加脉冲阵列 [图 4.20(b)]，螺旋波被破坏。除去脉冲信号后，系统随时间演化为几个小螺旋波 [图 4.20(c)]，最终系统稳定在这种多螺旋的状态 [图 4.20(d)]。

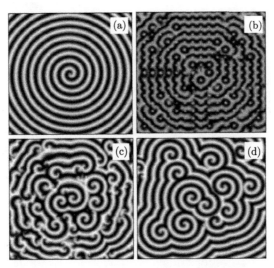

图 4.20 脉冲阵列作用下螺旋波的演化过程

$\alpha = -1.34, \beta = 0.35$。脉冲密度 $M = 16 \times 16$，作用时间 $T = 50$。脉冲强度 $\varepsilon = 15$。(a) $t = 0$ 初始条件为 SS，当 $t = 50$ 时加入脉冲信号；(b) $t = 100$；(c) $t = 200$；(d) $t = 1000$，最终形成 MS

本节主要通过改变脉冲强度、脉冲作用时间以及脉冲阵列的密度来研究这两种模式之间的转换。

4.4.2 脉冲强度的作用

首先考虑脉冲强度的影响，$M = 16 \times 16$，$T = 50$。图 4.21 展示的是不同控制强度下系统最终的演化结果。图 4.21(a) $\varepsilon = 3$，原始斑图不受影响；图 4.21(b) $\varepsilon = 10$，单螺旋波转换为多螺旋波；图 4.21(c) $\varepsilon = 20$，随着脉冲强度值的增加，螺旋波的个数增加，相应地每个螺旋波所占的面积减小。图 4.22(a)~(c) 给出了在上述强度值下相应的螺旋波个数 N 随时间的变化情况。由此可见，脉冲强度需大于某个临界

图 4.21 不同脉冲强度下转变结果

$M = 16 \times 16$，$T = 50$。(a) $\varepsilon = 3$；(b) $\varepsilon = 10$；(c) $\varepsilon = 20$

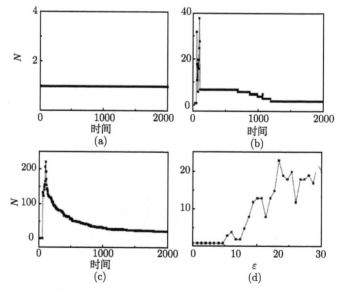

图 4.22 不同强度下螺旋波个数 N 的变化

$M = 16 \times 16$，$T = 50$。(a) $\varepsilon = 3$；(b) $\varepsilon = 10$；(c) $\varepsilon = 20$；(d) N 与 ε 的关系

值时，系统才能实现两类螺旋波模式的转换。强度值过小，原系统不受影响，仍然是单螺旋波。图 4.22(d) 给出了螺旋波个数随脉冲强度 ε 的变化情况。当 $\varepsilon > 8$ 时，才能实现单螺旋波转换为多螺旋波。从图 4.22(b) 与 (c) 中发现，随着强度的加大，缺陷点数目先增加后单调减少。这是因为所施加的脉冲信号破坏了螺旋波的结构产生新的断点。这些断点并不是螺旋波的中心点，因此撤去脉冲信号后 N 值减少。最终系统稳定在冻结态，N 值不再变化。

4.4.3 脉冲时间的作用

运用同样的方法，考虑脉冲作用时间的影响。$M = 16 \times 16$，$\varepsilon = 15$。图 4.23(a) $T = 10$，(b) $T = 30$，(c) $T = 50$。比较这三个时间的作用，可以发现，作用时间越长，最终系统的螺旋波个数越多，但并不是无限增加，如图 4.23(d) 所示为 N 随 T 的变化情况。$T > 500$，N 值在一定范围内起伏变化。

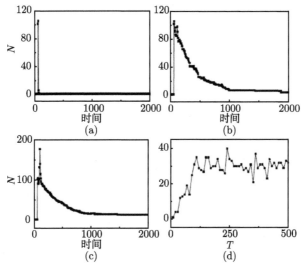

图 4.23 不同脉冲作用时间下 N 的变化

$\varepsilon = 15$, $M = 16 \times 16$。(a) $T = 10$；(b) $T = 30$；(c) $T = 50$；(d) N 与 T 的关系

4.4.4 阵列密度的作用

通过调整脉冲密度，即 M 值的大小，研究螺旋波模式的转换。选取 $M = 8 \times 8$ 与 $M = 16 \times 16$ 这两组值进行比较。图 4.24(a) 固定 $T = 100$ 比较不同密度下螺旋波个数随脉冲强度的变化情况。黑色方形为 $M = 16 \times 16$，白色圆形为 $M = 8 \times 8$。通过比较发现施加阵列密度大的脉冲信号，模式转换效果更明显。图 4.24(b) 展示的是固定 $\varepsilon = 15$，不同密度下螺旋波个数随脉冲作用时间的变化情况，也得到了同样的结果。

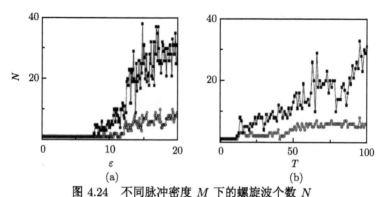

图 4.24 不同脉冲密度 M 下的螺旋波个数 N

(a) N 与 ε 的关系，$T=100$，$M=8\times 8$(白色圆点)，$M=16\times 16$(黑色方形)；(b) N 与 T 的关系，$\varepsilon=15$，$M=16\times 16$ (白色圆点)，$M=16\times 16$(黑色方形)

我们的研究表明施加脉冲信号可以实现螺旋波模式的转变。脉冲强度、脉冲作用时间以及阵列密度都会影响模式转变的效果。在 $\varepsilon\text{-}T$ 平面内，两种模式的分布情况 (图 4.25)，可以更好地说明这一点。当达到一定的脉冲强度时，脉冲阵列才起到模式转变的作用，这也说明了脉冲强度是主要影响因素。

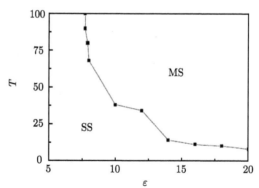

图 4.25 $\varepsilon\text{-}T$ 平面内斑图分布情况

$M=16\times 16$。实线为 SS 与 MS 的分界线

小结：

本节以二维 CGLE 为模型，采用脉冲阵列方法实现了螺旋波斑图模式的转换。在大多数研究螺旋波稳定性的工作中，主要考虑螺旋波的色散关系。而我们从螺旋波面积大小的角度来研究螺旋波的稳定性。这是一个不容忽视的重要性质。通过数值模拟的手段，研究了脉冲强度、脉冲作用时间以及脉冲密度对模式转换的影响。

4.5 螺旋波波头的竞争行为

在文献 [81,82] 的作者的研究工作中发现,螺旋波波头的距离会影响旋转方向相反的两个螺旋波之间的相互作用。若波头距离短 (小于螺旋波波长) 则螺旋波相互吸引至湮灭;波头相距较大时两者非静态共存;距离再大些螺旋波相互排斥远离直至互不影响。若是初始时不对称的两个螺旋波也呈现出丰富的竞争行为。在研究多螺旋波相互作用时,关于螺旋波冲击线结构提出了双曲近似理论[83]。文献 [84] 考虑了螺旋波旋转方向不同对双曲近似理论的影响,提出了新的观点。本节通过控制区域引入新的螺旋波波头讨论螺旋波的竞争行为。

4.5.1 模型与控制方法

$$\partial_t A = A + (1+\mathrm{i}\alpha)\nabla^2 A - (1+\mathrm{i}\beta)|A|^2 A \tag{4.6}$$

其中 A 表示以时间 t,空间 x 为自变量的系统状态变量, α, β 则是系统实参数。采用无流边界条件。在适当的系统参数条件下,系统 (4.6) 可以自发产生稳定的螺旋波。例如,当系统在某个参数条件下:参数 $\alpha = -1.34, \beta = 0.35$,空间步长 $\Delta x = \Delta y = 1.0$,时间步长 0.04,演化一段时间后,系统中出现稳定的螺旋波斑图,如图 4.26 所示,在以下的研究中都采用此作为初始值。

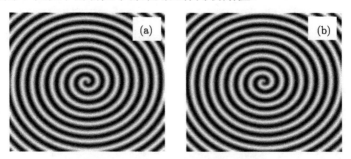

图 4.26 CGLE 中稳定的螺旋波斑图

系统参数 $\alpha = -1.34, \beta = 0.35$,系统尺寸大小为 256×256。(a) 系统变量的实部;(b) 系统变量的虚部

采取以下的螺旋波控制方法:

(1) 二维 CGLE 系统建立一个正方形区域空间,空间为 256×256,参数为 $\alpha = -1.34, \beta = 0.35$。初始螺旋波的波头位置为 (128.5, 128.5),在初始系统空间中加入一个新的螺旋波观察不同性质螺旋波的竞争行为。在螺旋波中心点选取一个边长为 $2L$ 的正方区域为新的控制螺旋波。因为数值模拟中空间步长为 1.0,如果选取新的螺旋波空间大小为 $(2L \times 2L)$,则新的控制螺旋波波头的位置为 (128.5,

128.5+2×L)。因两个螺旋波在同一个参数系统的空间相互作用,故新的螺旋波的频率波长都与初始螺旋波的一样。将构建的控制螺旋波重新加入原来的介质空间中,研究两个螺旋波的相互竞争。根据程序算法可得知将螺旋波进行翻转即和初始的螺旋波在 $U=128.5+L$ 位置为中线是对称的。对称轴两边螺旋波不同的状态和性质都会对螺旋波的竞争产生影响。

(2) 在形成新的控制螺旋波以后,数值模拟中通过调节不同的控制条件来研究对螺旋波竞争机制的影响。主要从构建螺旋波的尺寸,两个螺旋波之间的距离,以及两个螺旋波之间的夹角这三个方面进行考虑。新加入螺旋波的大小变化通过改变程序中 L 的大小即可实现;两个螺旋波之间的距离通过改变注入系统空间的螺旋波的空间位置实现,两个螺旋波之间的夹角通过对初始螺旋波不同间隔的螺旋波图进行记录获得,设螺旋波的周期为 T, 间隔 $1/12T$ 记录一个数据,则两个数据之间的夹角 $\theta=0.17\pi$, 这样将不同时刻螺旋波的数据导入原来的介质中,和初始的螺旋波的夹角就可以为 $\theta=0+0.17\pi\times K$ ($K=1, 2, \cdots, 12$), 这里的夹角具有定性意思,之后的研究给出其数学定义。

4.5.2 数值模拟

1. 控制的有效性

对系统 (4.6) 动力学行为进行研究,并考虑在采用了上面两种控制方法之后系统中两个螺旋波相互竞争的特点。通过方法 (1) 给系统输入新的控制信号后观察系统中螺旋波的控制结果,图 4.27 给出了在特定的空间尺度 256×256, 输入的信号的控制区域空间尺寸为 $32\times32(2L\times2L, L=16)$ 的控制螺旋波和初始螺旋波在相同的系统参数空间竞争过程的演变。

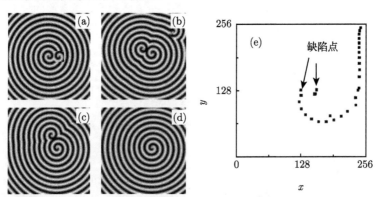

图 4.27 两个反向的螺旋波竞争在长时间演化后的竞争结果

系统参数为 $\alpha=-1.34, \beta=0.35$, 控制区域尺寸为 32×32。(a)∼(d) 为螺旋波随时间演化的闪图:
(a) $T=0$; (b) $T=500$; (c) $T=2000$; (d) $T=10000$; (e) 在系统空间中螺旋波波头随时间的移动轨迹

图 4.27(a) 为初始时刻两个反向的螺旋波, 图 4.27(b) 为经过 500 个时间单位的演化, 新加入的螺旋波波头只发生微小的移动, 初始的螺旋波在它的周围漫游。图 4.27(c) 发现初始螺旋波在漫游过程中慢慢远离新的控制螺旋波。图 4.27(d) 为很长时间的演化后系统空间只存在一个螺旋波。结果表明新加入的螺旋波在竞争中处于主导地位, 初始的螺旋波被逐渐驱赶到边界最终消失。图 4.27(e) 中螺旋波波头的移动轨迹, 更明确地展现了上面的分析过程。需要注意的是新的控制螺旋波最终稳定时, 缺陷点位置较开始的位置有所变化, 在竞争过程中位置发生了偏移, 最终在新的位置稳定。以上的图示详细地说明了两个螺旋波竞争的有效性, 然而不同的因素、不同的控制方法是否会对螺旋波竞争产生影响, 接下来做详细的研究。

2. 控制过程中存在的三种形式

在下面的数值模拟研究中讨论了不同因素对螺旋波竞争的影响, 考虑的因素包括: ① 两个螺旋波之间不同的距离对螺旋波竞争的影响; ② 控制螺旋波空间区域的大小对螺旋波竞争的影响; ③ 初始螺旋波的不同夹角对螺旋波竞争的影响。图 4.28 中给出了在控制中螺旋波的竞争出现三种形式: 图 4.28(a) 为自由竞争不改变其他参数的情况下的竞争结果, 新的螺旋波在新的位置稳定存在, 初始的螺旋波被驱赶到边界。图 4.28(b) 为在不同的夹角影响下出现与图 4.28(a) 中不同的竞争结果, 初始的螺旋波在空间占主导, 新的螺旋波开始绕初始螺旋波移动并远离, 最终被排挤到边界。图 4.28(c) 为空间尺度不同的控制中出现的两者共存的现象。

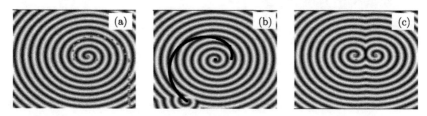

图 4.28 系统参数为 $\alpha = -1.34, \beta = 0.35$, 控制区域尺寸为 32×32。螺旋波长 $\lambda=16$, 周期 $T=63$, 不同控制方法下螺旋波竞争出现的三种形式: (a) 初始的螺旋波被驱赶到边界, 新的螺旋波占主导; (b) 新的螺旋波被驱赶到边界, 初始的螺旋波占主导; (c) 两个螺旋波共存

3. 控制螺旋波尺寸的影响

接下来的工作中分别讨论控制螺旋波区域尺寸、螺旋波波头之间的距离以及夹角对螺旋波竞争的影响, 首先通过数值模拟研究, 新输入的螺旋波控制区域大小变化时对螺旋波竞争的影响。图 4.29 为两个螺旋波相互作用体现出不同的竞争机制。

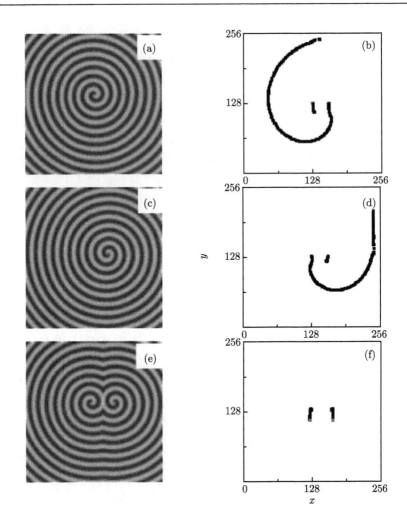

图 4.29 系统参数为 $\alpha=-1.34, \beta=0.35$,螺旋波波长 $\lambda=16$,周期 $T=63$,新加入螺旋波尺寸不同对于竞争结果的影响

左列图为螺旋波空间分布图,右列图为螺旋波缺陷点的移动轨迹,(a)、(b) 控制区域大小为 30×30,(c)、(d) 控制区域大小为 32×32,(e)、(f) 控制区域大小为 50×50

数值实验结果表明,新加入的控制螺旋波的空间尺度较小的时候(此时的空间尺度的临界值为 30),开始随时间的演化,两个螺旋波中心位置缺陷点都向同一个方向移动,不同的是初始螺旋波的波头 (缺陷点) 只是轻微地移动,大约 200 个时间单位以后不再移动,新的控制螺旋波仍然绕前者远离,被初始螺旋波驱赶到边界最后消失,初始螺旋波在新的位置处于稳定,如图 4.29(b) 所示。当控制区域大小在 32×32 与 36×36 时两个螺旋波会处于不稳定状态,开始都会发生移动,但不同

的是此时经过一段时间的竞争，新的螺旋波中心位置稍微偏移开始位置便稳定下来，原来的螺旋波也同样绕其移动远离新的螺旋波，最终被驱赶到边界，新螺旋波在整个空间占主导。如图 4.29(c) 和 (d) 所示。当新的控制区域在较大系统尺寸 (大于 36) 时，开始两者都有微小的移动，经过一段时间演变后两个螺旋波在新的位置稳定下来处于共存状态，如图 4.29(e) 和 (f) 所示。

为了更清晰地描述竞争过程，通过对大量的实验数据分析处理得到两个螺旋波波头在竞争过程中移动速度和控制螺旋波不同空间尺度的关系，如图 4.30 所示。

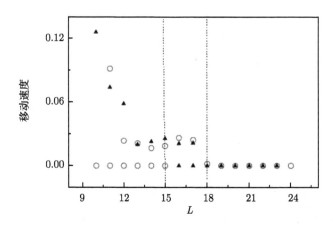

图 4.30　系统参数为 $\alpha = -1.34, \beta = 0.35$，螺旋波波长 $\lambda=16$，周期 $T=63$，两个螺旋波波头移动速度与螺旋波不同空间尺度的关系

圆圈表示原来螺旋波波头的速度，黑三角表示新的控制螺旋波波头的速度

数据分析的结果表明，在螺旋波空间尺度较小的时候 (数据图可以得出空间尺度变化的临界值为 15)，在开始一段时间的竞争中两者都具有一定的移动速度，不同的是初始螺旋波 200 个时间单位以后速度变为 0。同时也证实了图 4.29(b) 的数值分析结果，即初始螺旋波开始占主导地位，新螺旋波以较大的速度离开初始的缺陷点的位置最终被驱赶到边界。随着控制区域尺寸的增大，螺旋波缺陷点移动速度降低，当控制区域大小为 32~36 时初始螺旋波由 0 变为较小的速度移动，同时新的螺旋波的移动速度经过一段时间的演化已经变为 0。同样也验证了图 4.29(d) 的研究结果，初始的被驱赶到边界，新的螺旋波占据空间。随着空间尺度的继续增大，两个螺旋波的速度都变为 0，即两个螺旋波在空间共存，如图 4.29(f) 所示。

4. 螺旋波之间距离的影响

下面研究被作用的螺旋波空间大小不变，而波头之间的距离不同时对螺旋波的影响。数值模拟结果显示：当距离较小 (距离 $D = 17$) 的时候，如图 4.31(a) 和 (b) 所示，由于空间尺度不变时新的螺旋波占据了初始螺旋波的大部分区域，新的螺旋波将初始的驱赶到边界,另一个在新的位置稳定下来。出现的原因为在作用的时候初始螺旋波的波头完全受新的螺旋波波头的频率控制,故很快被新的螺旋波排挤到空间边界。当螺旋波波头之间的距离为 $20 \leqslant D \leqslant 24$ 时,如图 4.31(c) 和 (d) 所示结果:$D = 20$ 经过一段时间的演变最后两个螺旋波在新的位置稳定下来,它们之间的距离不再变化,两个稳定的螺旋波在空间处于共存状态。如图 4.31(e) 和 (f) 所示,当螺旋波波头之间的距离 $D > 25$ 时,新的螺旋波被很快驱赶到边界,原来的螺旋波占主导。

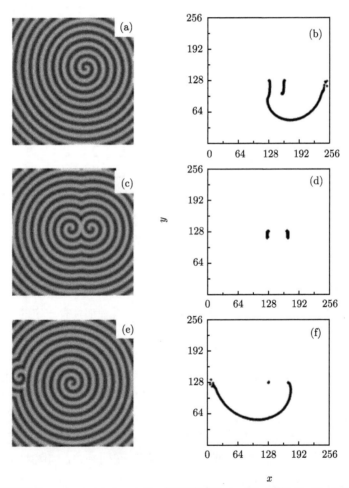

图 4.31　系统参数为 $\alpha = -1.34, \beta = 0.35$,螺旋波波长 $\lambda=16$,周期 $T=63$,不改变控制信号区域的大小,改变螺旋波波头之间的距离对竞争的影响

左图为螺旋波竞争后的闪图,右图为螺旋波波头竞争过程随时间的移动轨迹。图中两个螺旋波波头的距离分别为:(a)、(b) 距离 $D = 17$;(c)、(d) 距离 $D = 20$;(e)、(f) 距离 $D > 25$

4.5 螺旋波波头的竞争行为

更细致的研究中通过对实验数据分析处理,研究两个螺旋波在竞争过程中,移动速度和两个螺旋波波头之间不同的距离的关系。

图 4.32 中的曲线给出了两个螺旋波的波头移动速度随不同距离的变化关系,分析的结果表明:① 较小的距离时,开始时初始螺旋波以一定的速度在空间移动,而新的螺旋波经过一段时间演化速度变为 0,即验证了上面的研究结果。新的螺旋波在空间占主导,初始螺旋波以一定的速度远离开始的位置,被驱赶到边界,即验证了图 4.31(b) 的结论。值得注意的是,距离 $D < 17$ 的竞争情况较为复杂,存在两个螺旋波都移动的情况。② 距离较大时,中间阶段两者的速度都为 0,即经过一段时间的演化两者都不再移动,在空间共存,同样如图 4.31(d) 所示。③ 随着距离的继续增大,初始螺旋波的速度继续为 0,新的螺旋波速度增大而且经过一段时间的演化不再变为 0,所以空间只有初始的螺旋波占主导,验证了图 4.31(f) 所示的结论。

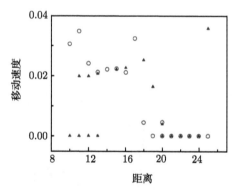

图 4.32 两个螺旋波波头的移动速度与波头之间距离的关系

圆圈表示原来螺旋波波头的移动速度,三角表示新的螺旋波波头的移动速度

5. 反向螺旋波夹角的影响

接下来的研究中对它们之间的夹角问题做详细的讨论。这里定义螺旋波的相位角 $\theta = \arctan(\dot{C}_y/\dot{C}_x)$,式中的 $\dot{C}_y, \dot{C}_x$ 在系统中表示函数的实部和虚部[85],如图 4.33 与图 4.34 所示。

接下来对不同的角度间隔的螺旋波的竞争进行研究,得到在两个螺旋波竞争的时候存在一个转变的角度 (角度的临界值),即在这个角度前后占主导地位的螺旋波是不同的。如图 4.35 所示。图 4.35 中的数据显示在不同的角度下螺旋波的竞争发生变化:当角度 $\theta < 1.03\pi$ 时,经过一段时间的演变初始螺旋波占主导,最终新的螺旋波被驱赶到边界。初始的螺旋波在最初螺旋波波头附近的位置稳定下来;图 4.35 (c) 显示角度 $\theta \geqslant 1.03\pi$ 时经过一段时间的演化新加入的螺旋波波头的位置

保持不变，初始的螺旋波开始绕新螺旋波移动，最终初始的螺旋波被驱赶到边界并消失，新的螺旋波在最初的位置稳定存在。

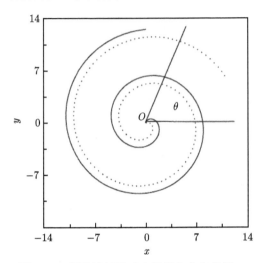

图 4.33　螺旋波以及动力学相位角定义图

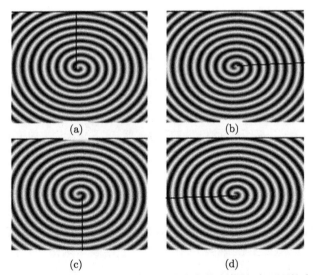

图 4.34　反向螺旋波在不同夹角下的竞争控制螺旋波不同的夹角

(a) $\theta = 0$; (b) $\theta = 0.5\pi$; (c) $\theta = \pi$; (d) $\theta = 1.5\pi$

此外还有更多的螺旋波竞争结果，通过对实验数据的分析处理观察了在螺旋波夹角不同的情况下的竞争，如图 4.36 所示。通过细致分析发现，不同的螺旋波夹角对竞争影响具体体现为：① 左边区域为夹角 $\theta < 1.03\pi$ 的时候，在角度由小变大的过程中，初始的螺旋波速度一直为 0，即在空间基本处于在原来的位置旋转，而

4.5 螺旋波波头的竞争行为

新的螺旋波开始以一定的速度在空间移动，且速度逐渐增大，在 $\theta = 1.03\pi$ 附近的时候速度变小。从图中可以明显地看出这个角度是个转变点，同样验证了图 4.35(b) 中的结论。② 在右边区域，随着角度的继续增大，角度 $\theta > 1.03\pi$ 时，新的螺旋波速度由之前的逐渐减小现在变为 0，此过程是很快完成的，新螺旋波在刚开始竞争的速度并不为 0，经过一段时间的演化才变为 0，而且随着角度的继续增大，即使开始的速度更大，但一段时间的演化后还是会变为 0，接近 $\theta = 2\pi$ 的时候，刚开始的速度逐渐逼近 $\theta = 0\pi$ 时的速度，这为一个相位周期结束以后速度的转变提供了有利的依据。与此同时，原来的螺旋波波头的速度由开始的 0 值逐渐增大，其中应该注意的是角度大于 $\theta = 2\pi$ 的时候，即完成一个周期后螺旋波竞争的主导地位将会再次发生转变。以 π 为周期速度便发生转变，这种规律性是以往没有出现过的。

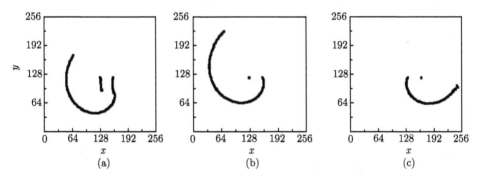

图 4.35 反向螺旋波在不同夹角下螺旋波波头的移动轨迹

夹角角度分别为 (a) $\theta = 0$；(b) $\theta = 0.97\pi$；(c) $\theta = 1.03\pi$

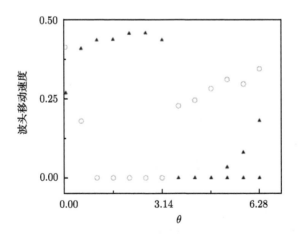

图 4.36 两个反向的螺旋波波头的移动速度与螺旋波相位夹角之间的关系

圆圈表示初始螺旋波波头的移动速度，三角表示新螺旋波波头的移动速度

6. 同向螺旋波夹角的影响

对于同向的螺旋波相互之间的竞争是否有同样的竞争规律，下面通过数值模拟进行进一步的研究。

两个同向螺旋波的作用结果与两个方向相反的螺旋波相比呈现出相反的结论。图 4.37 中显示出：① 当角度较小的时候，$\theta < 1.03\pi$，经过一段时间的演变，初始的螺旋波开始绕新螺旋波周围慢慢移动，最终初始的螺旋波被新螺旋波驱赶到边界并消失，新的螺旋波在空间中占主导。新的螺旋波在离最初螺旋波波头附近的位置稳定下来。② 当角度 $\theta > 1.03\pi$ 时，竞争的结果发生转变，经过一段时间的演化，新加入的螺旋波开始绕初始的螺旋波移动，最终新的螺旋波被驱赶到空间边界并消失，初始的螺旋波在系统空间占主导。

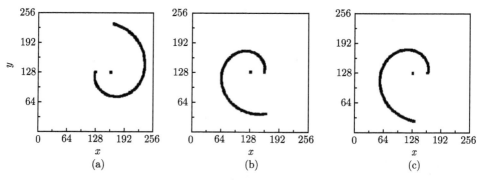

图 4.37　系统参数 $\alpha = -1.34, \beta = 0.35$，系统尺寸大小为 256×256，同向螺旋波在不同螺旋波夹角时竞争下螺旋波波头的移动轨迹

两个螺旋波之间的距离为 $D=32$，图示的角度分别为：(a) $\theta = 0$；(b) $\theta = 1.03\pi$；(c) $\theta = 1.17\pi$

为了更详细地描述反向螺旋波的竞争机制，以及螺旋波在临界角度究竟发生了什么样的改变使得螺旋波的主导地位发生变化，通过对数据进行详细的分析进一步讨论两个螺旋波竞争过程中波头移动速度与螺旋波夹角的关系。

经过对实验数据的更详细的分析处理后得到，图 4.38 中，螺旋波波头的移动速度清晰地描述螺旋波的竞争行为。同向的两个螺旋波夹角不同时对竞争的影响：类似上面的研究结果，出现这种转变特性，在这里只做简单的总结，三角表示新的螺旋波波头的移动速度由夹角 $\theta = 0.97\pi$ 之前具有一定的速度到之后逐渐变为 0，原来的螺旋波波头移动速度恰好相反，同时也反映了螺旋波竞争后占主导地位螺旋波的转变。即完成一个周期后螺旋波竞争的主导地位将会再次发生转变，以 π 为周期速度便发生转变，这种规律性在以往螺旋波竞争研究中没有出现过。

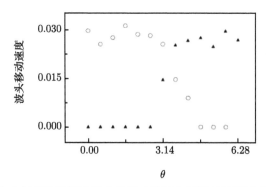

图 4.38 两个方向相同的螺旋波波头的移动速度与螺旋波不同夹角之间的关系

圆圈表示初始螺旋波波头的移动速度，三角表示新螺旋波波头的移动速度

小结：

本节采用了简单振荡系统 CGLE 系统作为时空模型，讨论加入新控制区域对螺旋波的竞争进行控制的可行性。通过数值模拟实验研究发现螺旋波的竞争出现三种不同的竞争结果：① 新加入的螺旋波波头 (中心) 把原有螺旋波波头驱赶出控制区域；② 新加入的螺旋波与原有螺旋波稳定共存；③ 新加入的螺旋波被原有螺旋波驱赶出控制区域。详细研究了不同控制参数对螺旋波竞争结果的影响结果如下：① 两个螺旋波波头之间的距离对螺旋波竞争结果的影响，结果显示，距离较小 ($D < 20$) 时新的螺旋波占据整个空间稳定存在，距离较大 ($D > 25$) 时原来的螺旋波占主导，介于两者之间时两个螺旋波共存；② 新加入的螺旋波控制区域尺寸对螺旋波竞争结果的影响结果显示，较小的控制区域时原来的占主导，较大时共存，介于两者之间时新的螺旋波占主导；③ 新加入的控制螺旋波与原有螺旋波的夹角对螺旋波竞争结果的影响结果为，反向时以 $\theta = 0.97\pi$ 为转变角度，$\theta > 0.97\pi$ 新的螺旋波占主导，$\theta < 0.97\pi$ 原来的螺旋波占主导，然而同向螺旋波的竞争在此角度的转变与反向的相比前后相反。另外研究了不同控制方法下螺旋波竞争过程中各自波头的移动速度，详细地讨论了螺旋波竞争机制。本节所做的实验研究所得的结论，是对螺旋波的竞争更新的探索。

参 考 文 献

[1] 高继华, 史文茂, 汤艳丰, 等. 局部不均匀性对时空系统振荡频率的影响. 物理学报, 2016, (15): 150503.

[2] Gao J H, Peng J H. Phase space compression in one-dimensional complex Ginzburg-Landau equation. Chinese Physics Letters, 2007, 24(6): 1614-1617.

[3] Gao J H, Zheng Z G, Ma J. Controlling turbulence via target waves generated by local phase space compression. International Journal of Modern Physics B, 2008, 22(22):

3855-3863.

[4] 高加振, 谢玲玲, 谢伟苗, 等. FitzHugh-Nagumo 系统中螺旋波的控制. 物理学报, 2011, (08): 080503.

[5] 罗晓曙. 利用相空间压缩实现混沌与超混沌控制. 物理学报, 1999, 48(03): 21-26.

[6] Zhang X, Shen K. Controlling spatiotemporal chaos via phase space compression. Physical Review E, 2001, 63(42): 046212.

[7] 马军, 吴宁杰, 应和平, 等. 局部相空间压缩实现对时空混沌和螺旋波的控制. 计算物理, 2006, 23(02): 243-248.

[8] Ma J, Jia Y, Yi M, et al. Suppression of spiral wave and turbulence by using amplitude restriction of variable in a local square area. Chaos Solitons & Fractals, 2009, 41(3): 1331-1339.

[9] Zhang H, Hu B B, Hu G, et al. Turbulence control by developing a spiral wave with a periodic signal injection in the complex Ginzburg-Landau equation. Physical Review E, 2002, 66(4): 046303.

[10] 王光瑞, 袁国勇. 螺旋波动力学及其控制. 北京: 科学出版社, 2014.

[11] Steinbock O, Muller S C. Light-controlled anchoring of meandering spiral waves. Physical Review E, 1993, 47(3): 1506-1509.

[12] Konishi K, Takeuchi M, Shimizu T. Design of external forces for eliminating traveling wave in a piecewise linear FitzHugh-Nagumo model. Chaos, 2011, 21(2): 023101.

[13] Yuan G Y, Wang X M, Wang G R, et al. Effect of external periodic pulses on spiral dynamics and control of spiral waves. International Journal of Modern Physics B, 2013, 27(28): 1350158.

[14] 马军, 唐军. 时空系统斑图优化控制. 武汉: 华中科技大学出版社, 2011.

[15] Cross M C, Hohenberg P C. Pattern formation outside of equilibrium. Reviews of Modern Physics, 1993, 65(3): 851-1112.

[16] Barkley D. Euclidean symmetry and the dynamics of rotating spiral waves. Physical Review Letters, 1994, 72(1): 164-167.

[17] Hagberg A, Meron E. Pattern-formation in nongradient reaction-diffusion systems—The effects of front bifurcations. Nonlinearity, 1994, 7(3): 805-835.

[18] Kapral R, Showalter K. Chemical Waves and Patterns. Dordrecht: Kluwer Academic Pub, 1995.

[19] Bar M, Kevrekidis I G, Rotermund H H, et al. Pattern formation in composite excitable media. Physical Review E, 1995, 52(6): R5739-R5742.

[20] Lauterbach J, Asakura K, Rasmussen P B, et al. Catalysis on mesoscopic composite surfaces: Influence of palladium boundaries on pattern formation during CO oxidation on Pt(110). Physica D: Nonlinear Phenomena, 1998, 123(1-4): 493-501.

[21] Goryachev A, Chat E H, Kapral R. Transitions to line-defect turbulence in complex oscillatory media. Physical Review Letters, 1999, 83(9): 1878-1881.

[22] 欧阳颀. 反应扩散系统中的斑图动力学. 上海: 上海科技教育出版社, 2000.
[23] 欧阳颀. 反应扩散系统中螺旋波的失稳. 物理, 2001, (1): 30-36.
[24] Kim M, Bertram M, Pollmann M, et al. Controlling chemical turbulence by global delayed feedback: Pattern formation in catalytic CO oxidation on Pt(110). Science, 2001, 292(5520): 1357-1360.
[25] Zhou L Q, Ouyang Q. Spiral instabilities in a reaction-diffusion system. Journal of Physical Chemistry A, 2001, 105(1): 112-118.
[26] Aranson I S, Kramer L. The world of the complex Ginzburg-Landau equation. Reviews of Modern Physics, 2002, 74(1): 99-143.
[27] Wang H L, Ouyang Q. Effect of colored noises on spatiotemporal chaos in the complex Ginzburg-Landau equation. Physical Review E, 2002, 65(4): 046206.
[28] Zhou L Q, Zhang C X, Ouyang Q. Spiral instabilities in a reaction diffusion system. International Journal of Modern Physics B, 2003, 17(22-24Part 1): 4072-4085.
[29] Zhang H, Hu B B, Hu G. Suppression of spiral waves and spatiotemporal chaos by generating target waves in excitable media. Physical Review E, 2003, 68(2): 026134.
[30] Hildebrand M, Cui J, Mihaliuk E, et al. Synchronization of spatiotemporal patterns in locally coupled excitable media. Physical Review E, 2003, 68(2): 026205.
[31] Bar M, Brusch L, Or-Guil M. Mechanism for spiral wave breakup in excitable and oscillatory media. Physical Review Letters, 2004, 92(11): 119801.
[32] Wang X, Tian X, Wang H L, et al. Additive temporal coloured noise induced Eckhaus instability in complex Ginzburg-Landau equation system. Chinese Physics Letters, 2004, 21(12): 2365-2368.
[33] Mikhailov A S, Showalter K. Control of waves, patterns and turbulence in chemical systems. Physics Reports, 2006, 425(2-3): 79-194.
[34] 马军, 靳伍银, 李延龙, 等. 随机相位扰动抑制激发介质中漂移的螺旋波. 物理学报, 2007, 56(4): 2456-2465.
[35] Yang H J, Yang J Z. Spiral waves in linearly coupled reaction-diffusion systems. Physical Review E, 2007, 76(1): 016206.
[36] 马军, 靳伍银, 易鸣, 等. 时变反应扩散系统中螺旋波和湍流的控制. 物理学报, 2008, 57(5): 2832-2841.
[37] Deng B W, Zhang G Y, Chen Y. Dynamics of spiral wave tip in excitable media with gradient parameter. Communications in Theoretical Physics, 2009, 52(1): 173-179.
[38] Luo J M, Zhang B S, Zhan M. Frozen state of spiral waves in excitable media. Chaos, 2009, 19(3): 033133.
[39] Zykov V S. Kinematics of rigidly rotating spiral waves. Physica D-Nonlinear Phenomena, 2009, 238(11-12): 931-940.
[40] Houghton S M, Tobias S M, Knobloch E, et al. Bistability in the complex Ginzburg-Landau equation with drift. Physica D: Nonlinear Phenomena, 2009, 238(2): 184-196.

[41] Ma J, Wang C N, Tang J, et al. Suppression of the spiral wave and turbulence in the excitability-modulated media. International Journal of Theoretical Physics, 2009, 48(1): 150-157.

[42] Nie H C, Xie L L, Gao J H, et al. Projective synchronization of two coupled excitable spiral waves. Chaos, 2011, 21(2): 023107.

[43] Kuramoto Y. Chemical Oscillations, Waves, and Turbulence. New York: Springer, 1984.

[44] Ipsen M, Kramer L, Srensen P G. Amplitude equations for description of chemical reaction-diffusion systems. Physics Reports, 2000, 337(1-2): 193-235.

[45] Epstein I R, Pojman A. An Introduction to Nonlinear Chemical Dynamics: Oscillations, Waves, Patterns, and Chaos. New York: Oxford University Press, 1998.

[46] Lee K J, Cox E C, Goldstein R E. Competing patterns of signaling activity in dictyostelium discoideum. Physical Review Letters, 1996, 76(7): 1174-1177.

[47] Winfree A T. Evolving perspectives during 12 years of electrical turbulence. Chaos, 1998, 8(1): 1-19.

[48] Stich M, Ipsen M, Mikhailov A S. Self-organized stable pacemakers near the onset of birhythmicity. Physical Review Letters, 2001, 86(19): 4406-4409.

[49] Zaikin A N, Zhabotinsky A M. Concentration wave propagation in 2-dimensional liquid-phase self-oscillating system. Nature, 1970, 225(5232): 535.

[50] Ross J, Muller S C, Vidal C. Chemical waves. Science, 1988, 240(4851): 460-465.

[51] Stich M, Mikhailov A S. Target patterns in two-dimensional heterogeneous oscillatory reaction-diffusion systems. Physica D: Nonlinear Phenomena, 2006, 215(1): 38-45.

[52] Stich M, Mikhailov A S, Kuramoto Y. Self-organized pacemakers and bistability of pulses in an excitable medium. Physical Review E, 2009, 79(22):026110.

[53] Vidal C, Pagola A. Observed properties of trigger waves close to the center of the target patterns in an oscillating belousov-zhabotinsky reagent. Journal of Physical Chemistry, 1989, 93(7): 2711-2716.

[54] Hagan P S. Target patterns in reaction-diffusion systems. Advances in Applied Mathematics, 1981, 2(4): 400-416.

[55] Vanag V K, Epstein I R. Inwardly rotating spiral waves in a reaction-diffusion system. Science, 2001, 294(5543): 835-837.

[56] Shao X, Wu Y, Zhang J, et al. Inward propagating chemical waves in a single-phase reaction-diffusion system. Physical Review Letters, 2008, 100(19): 198304.

[57] Nicola E M, Brusch L, Bar M. Antispiral waves as sources in oscillatory reaction-diffusion media. Journal of Physical Chemistry B, 2004, 108(38): 14733-14740.

[58] Brusch L, Nicola E M, Bar M. Comment on "Antispiral waves in reaction-diffusion systems". Physical Review Letters, 2004, 92(8): 089801.

[59] Li B W, Yang H P, Yang J S, et al. Heterogeneity selected target waves and their competition: Outgoing or ingoing? Physics Letters A, 2010, 374: 3752-3757.

[60] Li B W, Gao X, Deng Z G, et al. Circular-interface selected wave patterns in the complex Ginzburg-Landau equation. Euro Phys Lett, 2010, 91: 34001.

[61] Luo J, Zhan M. Synchronization defect lines in complex-oscillatory target waves. Physics Letters A, 2008, 372(14): 2415-2419.

[62] He X, Zhang H, Hu B, et al. Control of defect-mediated turbulence in the complex Ginzburg-Landau equation via ordered waves. New Journal of Physics, 2007, 9(66): 66.

[63] Jiang M X, Wang X N, Ouyang Q, et al. Spatiotemporal chaos control with a target wave in the complex Ginzburg-Landau equation system. Physical Review E, 2004, 69(52): 056202.

[64] Gao J H, Zhan M. Target waves in oscillatory media by variable block method. Physics Letters A, 2007, 371(1-2): 96-100.

[65] Li B W, Zhang H, Ying H P, et al. Sinklike spiral waves in oscillatory media with a disk-shaped inhomogeneity. Physical Review E, 2008, 77(52): 056207.

[66] Winfree A T. Stably rotating patterns of reaction and diffusion. Theoretical Chemistry, 1978, 4: 1-51.

[67] Tyson J J, Fife P C. Target patterns in a realistic model of the belousov-zhabotinskii reaction. Journal of Chemical Physics, 1980, 73(5): 2224-2237.

[68] Hendrey M, Nam K, Guzdar P, et al. Target waves in the complex Ginzburg-Landau equation. Physical Review E, 2000, 62(6A): 7627-7631.

[69] Eguiluz V M, Hernandez-Garcia E, Piro O. Boundary effects in the complex Ginzburg-Landau equation. International Journal of Bifurcation and Chaos, 1999, 9(11): 2209-2214.

[70] Hu B B, Zhang H. Control of spatiotemporal turbulence in oscillatory and excitable media. International Journal of Modern Physics B, 2003, 17(22-241): 3988-3995.

[71] Wolff J, Stich M, Beta C, et al. Laser-induced target patterns in the oscillatory CO oxidation on Pt(110). Journal of Physical Chemistry B, 2004, 108(38): 14282-14291.

[72] Aranson I, Levine H, Tsimring L. Controlling spatiotemporal chaos. Physical Review Letters, 1994, 72(16): 2561-2564.

[73] Zhang H, Hu B, Hu G. Suppression of spiral waves and spatiotemporal chaos by generating target waves in excitable media. Physical Review E, 2003, 68(2): 026134.

[74] Jiang M, Wang X, Ouyang Q, et al. Spatiotemporal chaos control with a target wave in the complex Ginzburg-Landau equation system. Physical Review E, 2004, 69(5): 056202.

[75] Brusch L, Torcini A, Bar M. Nonlinear analysis of the Eckhaus instability: Modulated amplitude waves and phase chaos with nonzero average phase gradient. Physica D: Nonlinear Phenomena, 2003, 174(1-4): 152-167.

[76] Brusch L, Torcini A, van Hecke M, et al. Modulated amplitude waves and defect formation in the one-dimensional complex Ginzburg-Landau equation. Physica D: Nonlinear

Phenomena, 2001, 160(3-4): 127-148.

[77] Brusch L, Zimmermann M G, van Hecke M, et al. Modulated amplitude waves and the transition from phase to defect chaos. Physical Review Letters, 2000, 85(1): 86-89.

[78] Choudhury S R. Modulated amplitude waves in the cubic-quintic Ginzburg-Landau equation. Mathematics and Computers in Simulation, 2005, 69(3-4): 243-256.

[79] Lan Y, Garnier N, Cvitanovic P. Stationary modulated-amplitude waves in the 1D complex Ginzburg-Landau equation. Physica D: Nonlinear Phenomena, 2004, 188(3-4): 193-212.

[80] Xie L L, Gao J Z, Xie W M, et al. Amplitude wave in one-dimensional complex Ginzburg-Landau equation. Chinese Physics B, 2011, 20(11): 110503.

[81] Ruiz-Villarreal M, Gomezgesteira M, Perezvillar V. Drift of interacting asymmetrical spiral waves. Physical Review Letters, 1997, 78(5): 779-782.

[82] Ruiz-Villarreal M, Gomezgesteira M, Souto C, et al. Long-term vortex interaction in active media. Physical Review E, 1996, 54(3): 2999-3002.

[83] Bohr T, Huber G, Ott E. The structure of spiral-domain patterns and shocks in the 2D complex Ginzburg-Landau equation. Physica D: Nonlinear Phenomena, 1997, 106(1-2): 95-112.

[84] Zhan M, Luo J M. Chirality effect on the global structure of spiral-domain patterns in the two-dimensional complex Ginzburg-Laudau equation. Physical Review E, 2007, 75(1): 016214.

[85] Zhan M, Kapral R. Destruction of spiral waves in chaotic media. Physical Review E, 2006, 73(2): 026224.

第5章 相空间压缩方法控制时空混沌与螺旋波

相空间压缩方法是非反馈方法中一个重要的手段。相空间压缩方法是指在相空间中将系统变量或者变量的一部分的幅值限制在一定范围内，改变系统的动力学特性从而对系统进行控制的方法。此方法由罗晓曙[1]于1999年提出，相空间压缩方法已成功在低维系统中实现混沌控制，并且在二维系统中用来消除螺旋波和时空混沌[2-5]，逐渐发展成为一种重要的系统控制方法[2,3,6-10]。本章讨论相空间压缩方法控制振荡系统中的时空混沌，从低维到高维，由全局压缩到局部压缩，验证此方法的有效性。

5.1 全局相空间压缩方法

考虑以下一维 CGLE 模型：

$$\frac{\partial A}{\partial t} = A + (1+\mathrm{i}\alpha)\nabla^2 A - (1+\mathrm{i}\beta)|A|^2 A \tag{5.1}$$

将变量实部 Re(A) 限制在区间 [$\Gamma_{\min}, \Gamma_{\max}$] 范围内，即

$$\mathrm{Re}(A) = \begin{cases} \Gamma_{\max}, & \mathrm{Re}(A) > \Gamma_{\max} \\ \mathrm{Re}(A), & \Gamma_{\min} \leqslant \mathrm{Re}(A) \leqslant \Gamma_{\max} \\ \Gamma_{\min}, & \mathrm{Re}(A) < \Gamma_{\min} \end{cases} \tag{5.2}$$

$\Gamma_{\max}$ 与 $\Gamma_{\min}$ ($\Gamma_{\max} \geqslant \Gamma_{\min}$) 分别为 Re($A$) 的最大值与最小值，并且 $\Gamma_{\max} = -\Gamma_{\min} = \Gamma (\Gamma \geqslant 0)$。所得到的结果可推广至不同的 $\Gamma_{\max}$ 与 $\Gamma_{\min}$。

选择混沌态系统参数，如缺陷湍流区。$\alpha = 2.1$，$\beta = -1.5$。相空间轨迹见图 5.1(a)，存在明显的混沌运动。接下来，将振幅限制到 $\Gamma = 0.9$，相空间运动轨迹见图 5.1(b)，变量的实部在有限的范围内变化，DT 缺陷湍流消失，但并未完全消除。继续降低至 $\Gamma = 0.8$[图 5.1(c)]，系统由混沌状态演化为周期运动。这个现象如何解释？在相空间中，当混沌轨道被压缩在一定区间内时，如本节中的实部 Re(A)，对未压缩变量 Im(A) 产生了影响。因此，多个轨道之间的差距减小，逐渐产生了周期运动。文献 [5] 也曾报道过耦合映象格子 (CML) 在相空间下有类似的现象。当 $\Gamma = 0.455$ 时，系统保持振荡状态 [图 5.1(d)]。若 Γ 继续减小，直至小于某个临界值 $\Gamma_0 \approx 0.45$，系统变为图 5.1(e) 的稳定态。$\Gamma < \Gamma_0$ 时都存在这一稳定点 [图 5.1(f)]。因此，在特定的压缩限下，可以抑制缺陷湍流等混沌运动。通过不同的 Γ，发现控

制结果主要呈两种状态：周期振荡运动与暂稳的不动点，分别如图 5.1(c)、(d) 与 (e)、(f) 所示。当压缩限较大时，系统演化为周期振荡运动，从图 5.2(a) 系统的时空图可明显观察到这一变化过程。在时刻 $t=200$ 进行相空间压缩，$\Gamma=0.8$。当压缩限较小，即 $\Gamma=0.2$ 时，系统的运动轨迹为一个固定点，从图 5.2(b) 可看出随时间演化系统变量为一定值。这两种状态下，系统的空间分布都是非周期的。图 5.2(c) 与 (d) 分别对应图 5.2(a) 与 (b) 空间分布情况，虚线为系统变量的实部 $\text{Re}(A)$，实线为变量模 $|A|$，点划线是变量的虚部 $\text{Im}(A)$。对于振荡运动 [图 5.2(a) 与 (c)]，注意到波数 $k\ll 1$，远小于固定点状态下的波数。

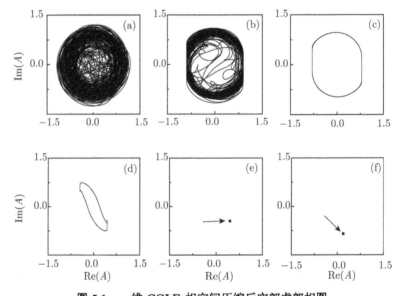

图 5.1　一维 CGLE 相空间压缩后实部虚部相图

$\alpha=2.1$, $\beta=-1.5$, $L=200$。(a) 无控制时；(b) $\Gamma=0.9$；(c) $\Gamma=0.8$；
(d) $\Gamma=0.455$；(e) $\Gamma=0.445$；(f) $\Gamma=0.2$

再来看系统变量的时间演化。选取 $x=L/2$ 这一处为观察对象。图 5.3(a) 是系统未受控制时，变量时间演化图，实线是 $|A|$，虚线是 $\text{Re}(A)$，点划线是 $\text{Im}(A)$。未受控制时，变量呈无规则变化，见图 5.3(a)。相对于图 5.3(a) 的无序演化，图 5.3(b) 则呈现出一定频率的振荡运动。而图 5.3(c) 则是固定值。为了更直观地描述，将压缩限 Γ 与振荡频率 Ω 的关系画在图 5.3(d) 中。从图中可看出 Γ 存在两个临界值 Γ_0 与 Γ_1 将区域分为三部分。小于 Γ_0 时，系统变量振荡频率为零，Γ_0 是固定点与振荡运动的分界点。大于 Γ_1 系统由振荡运动向混沌状态过渡。Γ_0 与 Γ_1 之间，系统变量有一定的振荡频率，而且振荡频率 Ω 可近似用以下公式来表示：$\Omega=a\left(\Gamma-\Gamma_0\right)^b$，这里 a 与 b 都是实数。

5.1 全局相空间压缩方法 · 143 ·

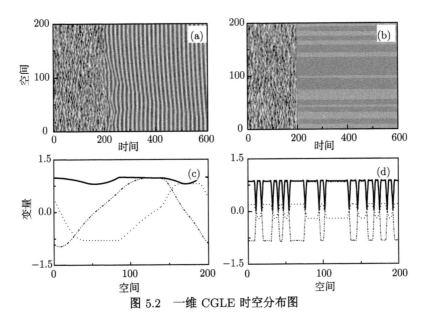

图 5.2　一维 CGLE 时空分布图

在时刻 $t = 200$ 进行相空间压缩。(a) $\Gamma = 0.8$；(b) $\Gamma = 0.2$。变量的空间分布图：虚线为系统变量的实部 $\mathrm{Re}(A)$，实线为变量模 $|A|$，点划线为变量的虚部 $\mathrm{Im}(A)$，$t = 600$；(c) $\Gamma = 0.8$；(d) $\Gamma = 0.2$

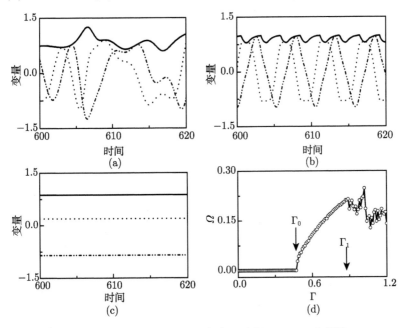

图 5.3　系统变量实部 $\mathrm{Re}(A)$(虚线)，虚部 $\mathrm{Ima}(A)$(点划线)，
变量模 $|A|$(实线) 随时间演化结果

$x = L/2$。(a) 无控制；(b) $\Gamma = 0.8$；(c) $\Gamma = 0.2$；(d) 振荡频率 Ω 与压缩限 Γ 的关系图

通过数值分析来观察不同参数下的 Γ_0。图 5.4(a) 为临界压缩限 Γ_0 与系统参数 β 的关系图。固定 $\alpha=2.1$，其他参数不变。当 β 从 -3 变化到 -0.6 时，Γ_0 逐渐上升。而图 5.4(b)，固定 $\beta=-1.5$，其他参数不变，Γ_0 随 α 的改变几乎无变化。实数 a,b 在不同系统参数下的变化见图 5.4(c) 及 (d)。有趣的是，当 α 固定时，a,b 随着 β 变化而改变；而当 β 固定时，a,b 不随 α 的变化而改变，我们可以定性直观地做出如下解释：振荡频率 $\Omega=a(\Gamma-\Gamma_0)^b$ 是关于 ω 的函数，同时 $\omega=\beta+(\alpha-\beta)k^2$，是 CGLE 中不稳定行波的解。且观察到在振荡模式下 $k\ll 1$，那么我们可以得到 $\omega\approx\beta$，则 $\Omega=F(\omega)\approx F(\beta)$，因此 a,b 不随 α 的变化而改变。这也是 Γ_0 随着 β 改变，不受 α 影响的原因。

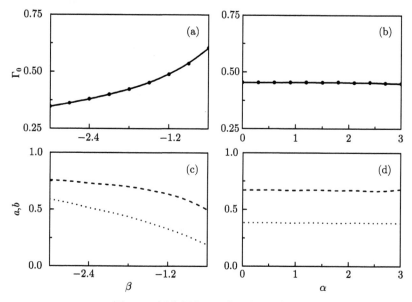

图 5.4 振荡频率 Ω 随 α 与 β 变化

(a) Γ_0 vs β, $\alpha=2.1$; (b) Γ_0 vs α, $\beta=-1.5$; (c) a(虚线), b(短划线) vs β, $\alpha=2.1$; (d) a(虚线), b(短划线) vs α, $\beta=-1.5$

小结：

相空间压缩是可抑制混沌的一种非反馈方法。这种方法简单有效，不需要知道系统的其他变量，在现实例子中有潜在的应用。例如，在电路实验或电网系统中仅需要多频道阈值探测器或多频道振幅，在化学反应扩散系统中调节反应物浓度。

在以上的数值分析中，是通过限制变量实部 $\mathrm{Re}(A)$ 进行，若在变量虚部上进行相压缩控制也可得到类似的结果，在这里不展开叙述。通过相压缩得到了两种控制结果：振荡运动与不动点。这两个模式之间的转变可以通过系统频率以及临界压缩限来描述。系统频率呈现一个较为复杂的情况。在一定参数下，系统频率可用临界压缩限来表达,并且这两者都受到 β 的影响。

据我们所知,在二维 CGLE 中局域周期信号可产生靶波来抑制湍流或螺旋波。在本节工作中,通过相空间压缩的方法将一维系统变量控制到周期振荡态,后续将此方法延伸至二维系统中,可用来研究靶波的生成以及螺旋波的控制。进一步的研究工作将在以下章节详细介绍。

5.2 局域相空间压缩方法

在 5.1 节中介绍了通过在一维 CGLE 进行全局相空间压缩而实现了混沌的控制,本节工作侧重考虑局域相空间压缩的结果,并延伸至二维系统中研究靶波的生成以及螺旋波的控制。

同样采用式 (5.1) 和式 (5.2) 作为研究对象:

$$\frac{\partial A}{\partial t} = A + (1+\mathrm{i}\alpha)\nabla^2 A - (1+\mathrm{i}\beta)|A|^2 A \tag{5.3}$$

将变量实部 $\mathrm{Re}(A)$ 限制在区间 $[\Gamma_{\min}, \Gamma_{\max}]$ 范围内,即

$$\mathrm{Re}(A) = \begin{cases} \Gamma_{\max}, & \mathrm{Re}(A) > \Gamma_{\max} \\ \mathrm{Re}(A), & \Gamma_{\min} \leqslant \mathrm{Re}(A) \leqslant \Gamma_{\max} \\ \Gamma_{\min}, & \mathrm{Re}(A) < \Gamma_{\min} \end{cases} \tag{5.4}$$

$\Gamma_{\max}$ 与 $\Gamma_{\min}$ ($\Gamma_{\max} \geqslant \Gamma_{\min}$) 分别为 $\mathrm{Re}(A)$ 的最大值与最小值,并且 $\Gamma_{\max} = -\Gamma_{\min} = \Gamma(\Gamma \geqslant 0)$。所得到的结果可推广至不同的 $\Gamma_{\max}$ 与 $\Gamma_{\min}$。

5.2.1 一维局域相空间压缩

首先考虑局域相空间压缩的方法是否可行,通过比较一维 CGLE 中全局相空间压缩与局域相空间压缩的结果,详见图 5.5。

图 5.5(a) 是未受控制的系统相空间轨迹,呈现出典型的混沌运动。图 5.5(b) 是全局相空间压缩后系统由混沌运动演化为周期轨道。系统参数 $\alpha = -2.1, \beta = 1.5$。$\Gamma = 0.6$。这也是 5.1 节中的主要工作内容。如果只对空间上某些位置进行相空间压缩,会有什么结果呢?如图 5.5(c) 所示。系统参数保持不变,与图 5.5(a) 和 (b) 一致,该参数下系统处于强湍流区。压缩限 $\Gamma = 0.55$。我们只控制其中 50 个空间单位 $\Delta = 50$,例如,在 $x \in [50, 90]$ 这个区域内进行相空间压缩设置,得到图 5.5(c) 时空演化图。从图中可以看出,随着时间的演化,可控区未扩散至整个空间,未能实现时空混沌的控制。那么,若将系统参数设置在弱湍流区域内是否能实现控制呢?如选择 $\alpha = -1.8, \beta = 0.8$,且控制区域比图 5.5(c) 更小,$x \in [50, 60]$,压缩限 $\Gamma = 0.55$。从图 5.5 (d) 可看出系统演化一段时间后,整个空间都受到了控制。

由此可知，局域相空间压缩的方法是可行的。在相似的参数区域内，局部缺陷-驱动的方法前人已有报道，此方法可成功消除螺旋波斑图[11]。

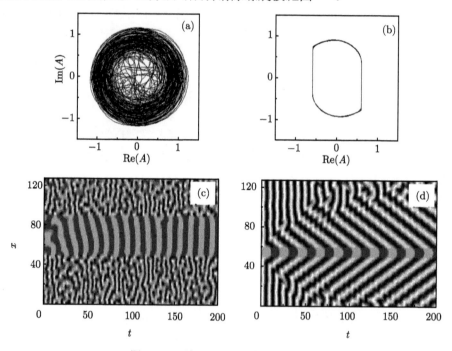

图 5.5　一维 CGLE 相空间压缩相图

(a)~(c) 系统参数 $\alpha = -2.1$, $\beta = 1.5$。(a) 未控制时演化结果；(b) 压缩限 $\Gamma = 0.6$；(c) 在空间 [50, 90] 上实施局域相空间压缩，压缩限 $\Gamma = 0.55$；(d) 在空间 [50, 60] 上实施局域相空间压缩，压缩限 $\Gamma = 0.55$, $\alpha = -1.8$, $\beta = 0.8$

5.2.2　二维局域相空间压缩

将相空间压缩的方法推广至二维系统中，研究其可控性。考虑 128×128 大小的系统尺寸。周期边界条件，$\alpha = -1.8$, $\beta = 0.8$。其他参数同图 5.5(d)，即弱湍流系统参数。控制区域设置为 $\Delta \times \Delta$ 的正方形，在此方形区域内进行相空间压缩。首先考虑 $\Delta = 8$(远小于系统尺寸)，压缩限 $\Gamma = 0.6$。由于周期边界条件下系统具有对称性，因此控制区域的中心可任意选择。

图 5.6 中，给出了不同时刻系统空间斑图：(a) $t=0$，系统初始状态，明显的时空混沌斑图；(b) $t=200$，可观察到靶波生成；(c) $t=600$，生成的靶波逐渐向外生长；(d) $t=1500$，一个完整的靶波占据了整个空间，时空混沌完全消除。这表明通过局域相空间压缩的方法可实现混沌控制。因此研究其控制机制显得尤为重要。从前人的工作中，已经知道注入局域周期信号或使参数空间内产生不均匀区都可激

5.2 局域相空间压缩方法

发靶波的生成。因此，假设是通过局域相空间压缩，在控制区域周围产生了周期性振荡，这样就激发了靶波的生成并传播至整个系统空间。

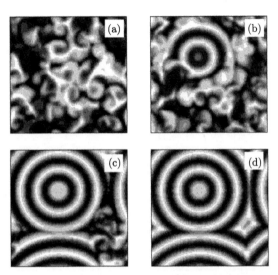

图 5.6　二维 CGLE 局域相空间压缩下靶波的生成

$\alpha = -1.8$, $\beta = 0.8$, $\Gamma = 0.6$, $\Delta = 8$。(a) $t=0$；(b) $t=200$；(c) $t=600$；(d) $t=1500$

为了验证这个假设，检测控制区域邻近的变量轨迹，如图 5.7(a) 所示，控制区

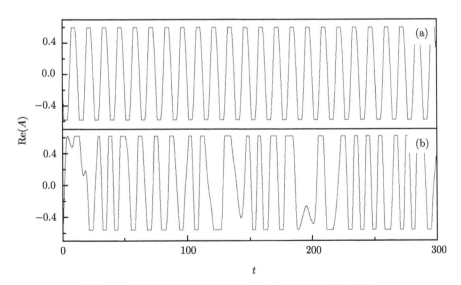

图 5.7　控制区域附近变量实部 $\mathrm{Re}(A)$ 随时间演化结果

$\alpha = -1.8$, $\beta = 0.8$, $\Gamma = 0.6$。(a) $\Delta = 8$，变量周期性运动；(b) $\Delta = 4$，变量呈混沌运动

域 $\Delta = 8$，靶波出现时，系统变量实部 Re(A) 随时间变化周期性运动。当控制未有效实现时，系统变量实部非周期性运动，如图 5.7(b) 所示。此时选取 $\Delta = 4$。图 5.7(a) 与 (b) 的区别在于控制区域的大小不同，其他参数一致：$\alpha = -1.8, \beta = 0.8$，$\Gamma = 0.6$。压缩限 Γ 与控制区域 Δ 是本次工作中的关键。通过数值分析，讨论不同 Γ 与 Δ 产生的影响。观察不同的斑图后，发现控制效果与 Γ 以及 Δ 密切相关。过大或过小的控制参数都不能对系统实现有效的控制。

图 5.8 给出了 Δ-Γ 相图，将可控区与不可控区标示出。"C" 代表可控区 (controllable region)，"U" 代表不可控区 (uncontrollable region)。系统参数 $\alpha = -1.8, \beta = 0.8$。可以看出在此系统参数下，只有小部分的 Γ 与 Δ 才可实现混沌控制。同时，我们还扫描了 α-β 整个系统参数，来观察系统状态的变化。此部分工作固定 $\Gamma = 0.6$ 以及 $\Delta = 8$。可观察到 α-β 参数平面区内系统的可控与不可控区更加复杂。图 5.8(b) 中出现 "ST" 区域。在 "ST" 区域中当系统参数只有细微的改变时，可以观察到螺旋波出现，而不是靶波，如图 5.8(c)$\beta = 0.62$。但是当 $\beta = 0.63$，其他参数都保持不变时，观察到的是靶波，如图 5.8(d) 所示。考虑到本节中控制方法的本

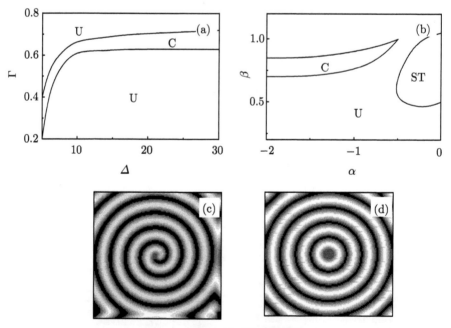

图 5.8 可控与不可控参数区域

"C" 代表可控区，"U" 代表不可控区。(a) Δ-Γ 平面，系统参数 $\alpha = -1.8, \beta = 0.8$。当 Γ 过大或过小时，局域相空间方法皆无法实现混沌的有效控制。(b) α-β 平面图，$\Gamma = 0.6, \Delta = 8$。发现一个特殊的区域 "ST"，实施局域相空间压缩后，这个区域中既有螺旋波也有靶波出现。(c) "ST" 区域中的螺旋波相图。$\beta = 0.62$。(d) "ST" 区域中的靶波相图。$\beta = 0.63$。两个结果的差异在于系统参数 β 细微的变化，其他参数相同：$\alpha = -0.2, \Gamma = 0.6, \Delta = 8$

5.2 局域相空间压缩方法

质,这也就不难理解。这样的控制方法中,控制区域需要足够大进而来产生稳定的周期信号输出。在某些情况下,控制区域内的振动不能完全同步,这样就产生了螺旋波而不是靶波。文献 [12] 报道过相似的结果。

在控制参数的过渡区,当控制参数只有稍微偏离可控区参数时,控制区域内的周期振荡被间歇性地中断,如图 5.8(a) 观察控制区域内变量实部 Re(A) 的时序图,周期运动中出现了短暂的非周期运动。此时系统参数 $\alpha = -1.45$, $\beta = 0.8$,以及控制参数 $\Gamma = 0.48$, $\Delta = 7$。图 5.9(b)~(d) 分别是 $t = 600, 900, 1200$ 时刻的系统斑图。从这几张斑图可以观察到 "呼吸" 式的靶波。

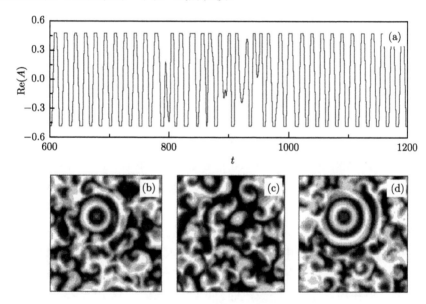

图 5.9 "呼吸式" 靶波

$\alpha = -1.45$, $\beta = 0.8$, $\Gamma = 0.48$, $\Delta = 7$。(a) 变量实部时序图,间歇性出现非周期运动;(b) $t = 600$;
(c) $t = 900$;(d) $t = 1200$ 三个时刻的系统相图

接下来进一步讨论当系统以及控制参数改变时,可控与不可控参数区域的变化。固定 $\beta = 0.6$, $\Gamma = 0.6$。观察 α-Δ 之间的变化。结果见图 5.10(a),可控区 (图中 "C" 表示的区域) 被不可控区 (图中 "U" 表示的区域) 分隔为两个部分,其中一个可控区紧挨着 "ST" 区域,也就是前边提到的可同时参观到螺旋波与靶波的区域。图 5.10(b) 是将 $\beta = 0.6$, $\Delta = 8$ 固定来讨论 α-Γ 两者的控制情况。同样也出现了 "ST" 区。图 5.10(c) 是 β-Δ 平面图。固定 $\alpha = -1.8$, $\Gamma = 0.6$。在此情况下,系统中存在一个可控区与不可控区。图 5.10(d) β-Γ 也是类似的情况,但可控区的范围比图 5.10(c) 中的更小。同样 $\alpha = -1.8$, $\Delta = 8$。在固定 α 与 Δ 的前提下,即便是对可控区的一点偏离都会导致控制的失败。

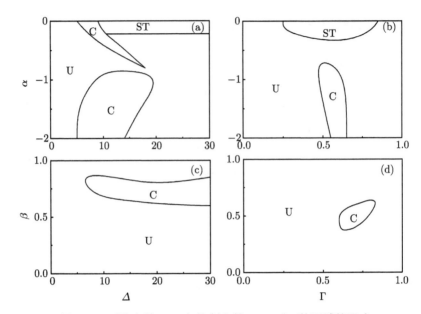

图 5.10 系统参数 α, β 与控制参数 Γ, Δ 对可控区域的影响

(a) α-Δ 控制结果平面图，固定 $\beta = 0.8$，$\Gamma = 0.6$；(b) α-Γ 控制结果平面图，$\beta = 0.8$，$\Delta = 8$；(c) β-Δ 控制结果平面图，$\alpha = -1.8$，$\Gamma = 0.6$；(d) β-Γ 控制结果平面图，$\alpha = -1.8$，$\Delta = 8$

小结：

相空间压缩是混沌控制中非反馈方法之一。其简单易用，不需要预先检测系统参数，在实际应用中容易实现。相似的工作已经报道[5]，通过全局控制实现了混沌的有效控制，但在局域控制中是失败的。据我们所知，本章工作发表时，相空间压缩方法还尚未通过产生靶波进而来实现时空混沌的控制。本章先在一维 CGLE 系统中验证，在强湍流特征的 DT 区，局域相空间压缩方法未传播至整个空间，不能有效控制时空混沌。而在弱湍流区域，此方法可以有效地消除时空混沌。根据相关文献的研究工作[11,13,14]，弱湍流区是对流失稳区，CGLE 的可控制参数是分类的（文献 [13] 中的图 12）。在与一维系统同样的参数下，将相空间压缩方法引入二维系统中。在局域相空间压缩研究工作，发现存在两个重要参数：压缩限 Γ 与控制区域大小 Δ。在给定的系统参数中，发现过大或过小的控制参数不能实现有效控制。在可控区，大部分情况下是通过产生靶波来消除时空混沌。

在以上的数值分析中，皆是通过限制变量实部 $\mathrm{Re}(A)$ 进行，若在变量虚部上进行相压缩控制也可得到类似的结果，在这里不展开叙述。

相空间压缩是一个简单易实现的方法，如化学反应扩散系统与电路系统。另一方面，系统靠自身产生的周期信号来稳定靶波，对于一些系统而言这样使得控制周期很长。因此，如何提高控制效率，减少控制时间和成本是一个重要的研究方向。同时，针对不同系统找出合适的控制参数也具有挑战性。

参 考 文 献

[1] 罗晓曙. 利用相空间压缩实现混沌与超混沌控制. 物理学报, 1999, 48(03): 21-26.

[2] Ma J, Jia Y, Yi M, et al. Suppression of spiral wave and turbulence by using amplitude restriction of variable in a local square area. Chaos Solitons & Fractals, 2009, 41(3): 1331-1339.

[3] Gao J H, Zheng Z G, Ma J. Controlling turbulence via target waves generated by local phase space compression. International Journal of Modern Physics B, 2008, 22(22): 3855-3863.

[4] 高加振, 谢玲玲, 谢伟苗, 等. FitzHugh-Nagumo 系统中螺旋波的控制. 物理学报, 2011(08): 65-73.

[5] Zhang X, Shen K. Controlling spatiotemporal chaos via phase space compression. Physical Review E, 2001, 63(42): 046212.

[6] Li B W, Zhang H, Ying H P, et al. Coherent wave patterns sustained by a localized inhomogeneity in an excitable medium. Physical Review E, 2009, 79(22): 26220.

[7] 马军, 靳伍银, 易鸣, 等. 时变反应扩散系统中螺旋波和湍流的控制. 物理学报, 2008, 57(05): 2832-2841.

[8] Gao J H, Peng J H. Phase space compression in one-dimensional complex Ginzburg-Landau equation. Chinese Physics Letters, 2007, 24(6): 1614-1617.

[9] Liu F C, Wang X F, Li X C, et al. Controlling spiral wave with target wave in oscillatory systems. Chinese Physics, 2007, 16(9): 2640-2643.

[10] 马军, 吴宁杰, 应和平, 等. 局部相空间压缩实现对时空混沌和螺旋波的控制. 计算物理, 2006, 23(02): 243-248.

[11] Aranson I, Levine H, Tsimring L. Controlling spatiotemporal chaos. Physical Review Letters, 1994, 72(16): 2561-2564.

[12] Hu B B, Zhang H. Control of spatiotemporal turbulence in oscillatory and excitable media. International Journal of Modern Physics B, 2003, 17(22-241): 3988-3995.

[13] Aranson I S, Kramer L. The world of the complex Ginzburg-Landau equation. Reviews of Modern Physics, 2002, 74(1): 99-143.

[14] Chate H, Mauneville P. Phase diagram of the two-dimensional complex Ginzburg-Landau equation. Physica A: Statistical Mechanics and Its Applications, 1996, 224(1-2): 348-368.

第 6 章 耦合作用下的斑图动力学行为

耦合 (coupling) 是指两个或两个以上系统输入与输出之间相互作用，相互影响，从而形成新的系统结构。在自然界中，两个相互作用的系统可以认为是最基本的相互作用单元，它们之间有着丰富的动力学行为，包括系统间的同步[1-42]。双层系统能展现许多单层系统所没有的现象，可以作为薄层结构的近似，例如，血管，心脏中心室与心房的内壁，空间开放型反应器里的 BZ 反应也是一个典型的薄层系统模拟。早期时空系统间的耦合研究基本局限于耦合映象格子、多振子系统和一维 CGLE 模型[19,37,43-46]。例如，通过一维 CGLE 中两个不同参数系统的对称耦合及非对称耦合研究时空混沌的同步行为[4,9,16,18]。文献 [12] 中作者将相湍流与缺陷湍流进行耦合，在耦合强度较大时两者实现了相同步。这些研究都是以混沌的同步行为为主要内容。混沌同步包含了完全同步、相同步、广义同步、延时同步、投影同步等[47]。

随着计算机技术的发展，时空斑图 (如螺旋波、图灵斑图) 的耦合动力学研究渐渐开展：1991 年人们就发现了耦合斑图中的完全同步现象[38]；随后在实验中也观察到了时空斑图的同步现象[6,11,13]；"twinkling eyes" 等丰富多彩的图灵斑图呈现在双层耦合振荡系统中[10,14,15]；耦合 FHN 模型中螺旋波同步、多螺旋波同步、螺旋波消失与失同步等现象[2,3,20,48]；耦合 Bär 模型中螺旋波的漫游及同步行为[8]；耦合 Barkley 方程中的投影同步行为[42]。耦合二维时空系统与单层系统相比，可以更精确地描述反应扩散系统的内在机理，同时可以刻画不同模式之间的竞争行为，是由二维系统向三维时空系统的过渡模型，从而更接近于实际系统，具有较高的应用研究价值，因此双层耦合系统中变量的相互作用已经成为理论和实验研究的一个热点[22-42,49-55]。本章主要讨论二维 CGLE 中双层螺旋波的动力学行为。在研究螺旋波非对称耦合中发现了一类新颖的斑图结构——模螺旋波 (amplitude spiral wave)。人们之前所了解的螺旋波是以缺陷点为中心旋转的斑图，相位呈现螺旋结构，振幅有明显的缺陷点。而模螺旋波中不存在缺陷点，螺旋结构不仅出现在相位中，甚至出现在振幅中，即响应系统的模结构相似于驱动系统中的相结构。同时，我们发现这不是一个单一的现象，耦合系统中相-模同步行为具有广泛性。这类新颖斑图的出现，极大地丰富了耦合系统中的斑图动力学。

本章着重介绍双层 CGLE 耦合模型中发现的模螺旋波，探讨模螺旋波形成的机制，随后从初始条件与系统参数的变化来讨论模螺旋波的稳定性，最后将模螺旋波的机制推广至其他斑图中，研究相模同步现象的普遍存在性。

6.1 模螺旋波的产生

6.1.1 模型与初始条件

采用参数相同的两个系统，但初始状态不同。方程形式如下：

$$\partial_t A_{1,2} = A_{1,2} + (1+\mathrm{i}\alpha)\nabla^2 A_{1,2} - (1+\mathrm{i}\beta)|A_{1,2}|^2 A_{1,2} - \varepsilon_{1,2}(A_{1,2} - A_{2,1}) \quad (6.1)$$

其中下标 1, 2 分别表示系统 1, 系统 2；$\varepsilon_{1,2}$ 表示耦合强度；系统参数 $\alpha = -1.34, \beta = 0.35$。系统大小 256×256，采用无流边界条件。数值计算采用欧拉差分方法，时间步长 $\Delta t = 0.01$，空间步长 $\Delta x = \Delta y = 0.5$。

选择单螺旋波 (SS) 与多螺旋波 (MS) 作为初始条件进行耦合，如图 6.1 所示，(a)~(d) 分别是 $|A_1|, |A_2|, \mathrm{Re}(A_1)$ 与 $\mathrm{Re}(A_2)$。图 6.1(a) 中，中心位置的黑点代表 $|A_1| = 0$ 的点，即缺陷点。远离缺陷点的区域，$|A_1|$ 均匀分布。图 6.1(b) 和 (d) 分别是系统 2 的模与实部，可以看到多个螺旋波共存，螺旋波之间的分界线称为冲击线 (shock line) 或墙 (wall)。

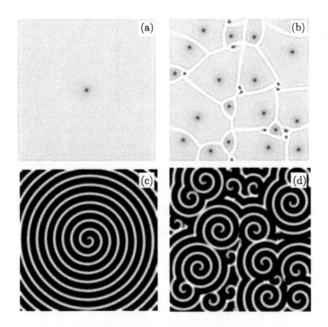

图 6.1 系统的初始状态

(a)~(d) 分别为 $|A_1|, |A_2|, \mathrm{Re}(A_1), \mathrm{Re}(A_2)$。系统 1 为单螺旋波，系统 2 为多螺旋波。$\alpha = -1.34, \beta = 0.35, L \times L = 256 \times 256$

6.1.2 实验观察

首先，引入 Δ 函数来判断两个系统的同步程度：

$$\Delta = \frac{1}{T}\frac{1}{L^2}\int_0^T\int_0^L\int_0^L |A_2(x,y,t) - A_1(x,y,t)|\mathrm{d}x\mathrm{d}y\mathrm{d}t \tag{6.2}$$

当 Δ 接近于零值时，则两系统趋于同步。

在 $(\varepsilon_1, \varepsilon_2)$ 参数相图中两个系统的演化结果如图 6.2 所示。(a) 为系统 1，即 SS，(b) 为系统 2，即 MS。实线右上方为同步区，左下方为非同步区。"SS" "MS" 意义同前面一致。从图中可以看出当 $\varepsilon_1 + \varepsilon_2$ 相对较大时，可驱动两系统达到完全同步。在非同步区，情况较为复杂。对系统 1 而言，当 ε_1 较小时，系统最终为 SS，ε_1 较大时，系统演化为 MS。而对于系统 2，大多数演化结果是 MS。

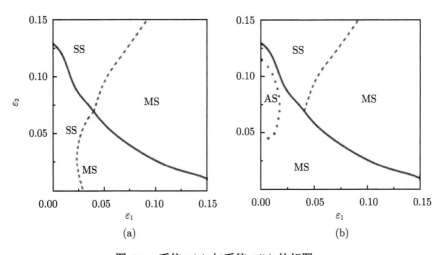

图 6.2　系统 1(a) 与系统 2(b) 的相图

实线上方为同步区，下方为非同步区。"SS" 表示单螺旋波，"MS" 表示多螺旋波，"AS" 表示下文要介绍的模螺旋波参数区域

图 6.3 给出了两组不同耦合强度下，系统的演化过程以及缺陷点数目 N_1, N_2 随时间的变化。图 6.3(a) 和 (b)$\varepsilon_1 = 0.1$，$\varepsilon_2 = 0.01$；(c) 和 (d)$\varepsilon_1 = 0.1$，$\varepsilon_2 = 0.1$。第一、二行时间分别为 $t = 50, 500, 1000, 1500$；后两行时间为 $t = 50, 100, 500, 1500$。从图中可以观察到当耦合强度较小时 [图 6.3(a) 和 (b)]，两系统最终演化为 MS，且不同步。当耦合强度增加时 [图 6.3(c) 和 (d)]，$|A_1|$ 与 $|A_2|$ 在很短的时间内实现同步。

系统 2 中发现了一种新颖的斑图，即图 6.2(b) 中的 "AS" 区域 (如果初始条件

中的 MS 换成 SS，则在系统 1 中也会有对称的 AS 区域)。这类斑图 $N_2 = 0$，也就是说振幅中不存在 $|A| = 0$ 的缺陷点。

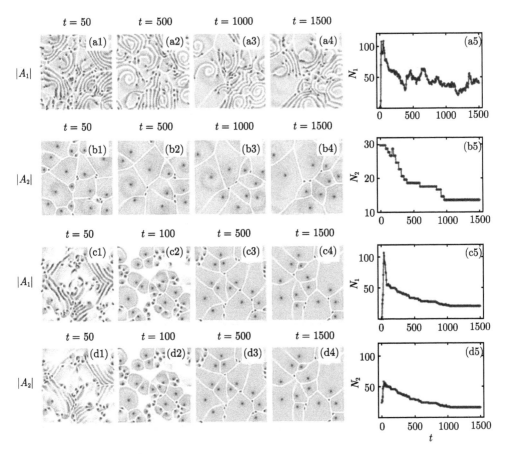

图 6.3 $|A_1|, |A_2|$ 时间演化结果及相应缺陷点数目 N_1, N_2 随时间的变化

(a) 与 (b) 耦合强度为 $\varepsilon_1 = 0.1, \varepsilon_2 = 0.01$。$t = 50, 500, 1000, 1500$。两系统不同步。(c) 与 (d) 的耦合强度为 $\varepsilon_1 = 0.1, \varepsilon_2 = 0.1$。$t = 50, 100, 500, 1500$。两系统同步

为了更详细地研究分析这类特殊的斑图，不失一般性，下面只考虑单向驱动 ($\varepsilon_1 = 0$)，则系统 1 为驱动系统，系统 2 为响应系统。图 6.4 给出了 N_2, Δ 随 ε_2 的变化情况。特殊斑图所在的 AS 区为 $0.052 < \varepsilon_2 < 0.114$，有 $N_2 = 0$。当 $\varepsilon_2 > 0.128$ 时，有 $N_2 = 1$，系统 2 与系统 1 同步，即 $A_2 = A_1$。对于其他的 ε_2 值 N_2 无变化规律。从 Δ 的变化也可明显看出 AS 区域的存在。同步区内 $\Delta = 0$，AS 区内 Δ 是一个有限值，而在非同步区内，Δ 随 ε_2 起伏变化。

图 6.5 给出了单向驱动时 ($\varepsilon_1 = 0$) 不同强度下 $|A_2|$ 的演化过程及 N_2 随

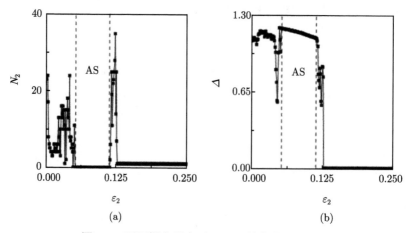

图 6.4 不同耦合强度下 N_2, Δ 的变化 ($\varepsilon_1 = 0$)

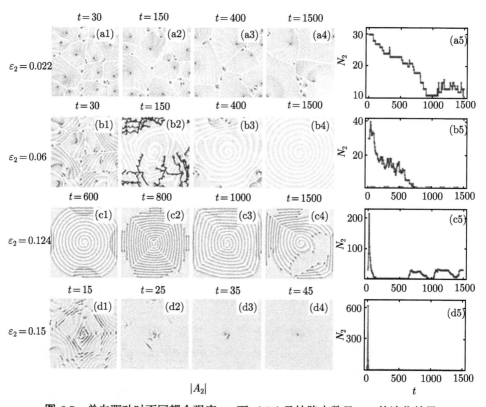

图 6.5 单向驱动时不同耦合强度 ε_2 下，$|A_2|$ 及缺陷点数目 N_2 的演化结果

(a)~(d) 耦合强度分别为 $\varepsilon_2 = 0.022, 0.06, 0.124, 0.15$。$\varepsilon_1 = 0$。前两行 $t = 30, 150, 400, 1500$；第三行 $t = 600, 800, 1000, 1500$；最后一行 $t = 15, 25, 35, 45$

6.1 模螺旋波的产生

时间的变化。由上往下，强度值分别为 $\varepsilon_2 = 0.022, 0.06, 0.124, 0.15$。第一、二行时间为 $t = 30, 150, 400, 1500$；第三行时间为 $t = 600, 800, 1000, 1500$；最后一行 $t = 15, 25, 35, 45$。从图 6.5(b2)~(b4)，我们可以观察到振幅在空间的周期分布，这种特殊斑图最终占据了整个系统。过程中缺陷点运动轨迹如图 6.5(b2) 所示。在整个变化过程中，异核缺陷点相互碰撞湮灭或成对出现，有些缺陷点被驱动到边界消失，因此在图 6.5(b5) 中 N_2 随时间起伏变化。图 6.5(b4) 与 (d4)(振幅在空间均匀分布) 有着明显的不同，而图 6.5(b4) 与图 6.1(c)(相螺旋波) 具有类似的螺旋结构，却有本质上的不同。我们将这种新颖的斑图命名为模螺旋波。这类斑图在单层系统中未曾发现，可能只出现在耦合系统中。在 AS 区与同步区之间如 $\varepsilon_2 = 0.124$，这种振幅螺旋结构变得不稳定，系统中出现缺陷点，这两种斑图相互竞争，从图 6.5(c5) 中 N_2 的起伏变化也可以很明显地观察到。

6.1.3 模螺旋波的产生机制

为了进一步研究模螺旋波产生的机制，选取图 6.5(b4) 中的中心区域，大小为 128×128，放大如图 6.6 所示。图 6.6(a)~(c) 分别为 $|A_2|, \text{Re}(A_2), \text{Im}(A_2)$。图 6.6(d) 为图 6.5(d4) 的中心放大。可以直观看到，常见螺旋波的旋转中心已不存在，振幅

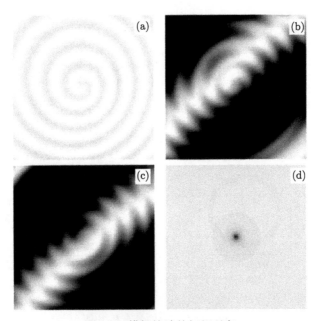

图 6.6 模螺旋波的细部观察

(a)~(c) 分别为 $|A_2|, \text{Re}(A_2), \text{Im}(A_2)$ 模螺旋波的中心放大区域; (d) 图 6.5(d4) 相螺旋波 $|A_2|$ 的中心放大区域。尺寸大小为 128×128

在空间中有规则地分布,呈现一种螺旋结构 [图 6.6(a)],而不是通常在相位上出现螺旋波 [图 6.6(b) 与 (c)]。这与耦合同步后的螺旋波 [图 6.6(d)] 以及系统初始状态中的螺旋波 [图 6.1(a) 与 (c)] 相比,都有着明显的区别。

图 6.7(a) 中给出了同一时刻 $|A_1|$(实线)、$|A_2|$(黑点) 的空间分布图,并考虑耦合强度分别为 $\varepsilon_1 = 0$,$\varepsilon_2 = 0.08$。阴影部分为中心点邻近区域。系统 1 的中心所在位置为 $(128.5, 128.5)$,如箭头所示。中心点附近 $|A_1|$ 线性增加,较远区域为一定值。而 $|A_2|$ 在整个空间均为周期振荡,两者形成鲜明对比。$\mathrm{Re}(A_1)$,$\mathrm{Re}(A_2)$ 的空间分布见图 6.7(b)。与 $\mathrm{Re}(A_1)$ 周期行为相比,$\mathrm{Re}(A_2)$ 受驱动系统的影响表现出准周期运动。图 6.7(c) 展示的是系统任意点的相空间轨道,从外到里依次是 $(128, 200)$,$(128, 132)$,$(128, 129)$。点 $(128, 129)$ 非常接近中心点 $(128.5, 128.5)$,振幅较小。系统 2 同样也选这三个点,分别是图 6.7(d)~(f),三个点的振幅都呈准周

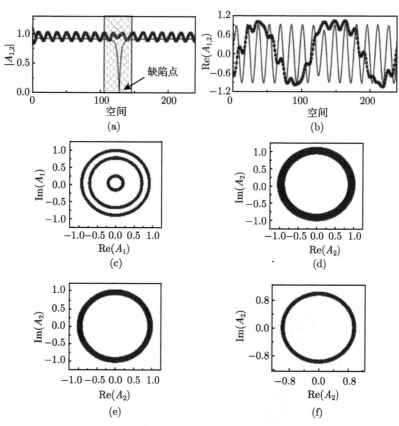

图 6.7 模螺旋波的空间分布和相空间行为

(a)$|A_1|$(实线) 与 $|A_2|$(黑点) 的空间分布;(b)$\mathrm{Re}(A_1)$(实线) 与 $\mathrm{Re}(A_2)$(黑点) 的空间分布;(c) 系统 1 中三个不同点在 $[\mathrm{Re}(A), \mathrm{Im}(A)]$ 平面内的相空间轨道,从外到里分别为 $(128, 200)$、$(128, 132)$、$(128, 129)$;(d)~(f) 对应 (c) 中的点在系统 2 的相空间轨道

6.1 模螺旋波的产生

期运动。系统 1 中在缺陷点附近相空间轨道出现了一种坍塌现象，而在系统 2 中却没有发现这种现象。这是由于不对称的强耦合，驱动系统的中心点成为了响应系统的旋转中心，使得系统 2 中心区域的振幅 $|A_2| \neq 0$。在这种情况下，通常螺旋波中至关重要的缺陷点成为了非必要条件。

那么，$|A_2|$ 的振荡周期从何而来？

从图 6.8，$\mathrm{Re}(A_1), \mathrm{Re}(A_2), |A_2|$ 的时序图以及相应的 FFT 可以更好地观察到系统 2 的准周期行为。$\mathrm{Re}(A_1)$ 表现为周期运动，因此只有单一频率 $\Omega_1(\Omega_1 \approx 0.103)$。准周期运动的 $\mathrm{Re}(A_2)$ 具有两个不可约频率 $\Omega_1, \Omega_2 (\Omega_2 \approx 0.300)$。主频率 Ω_2 是由于耦合作用所产生的 [图 6.8(d)]。而 $|A_2|$ 则以频率 $(\Omega_2 - \Omega_1)$ 做周期运动。我们认为 Ω_2 是使 $|A_2|$ 产生周期运动的主要因素，因此形成了 A_2 的振幅螺旋斑图结构。

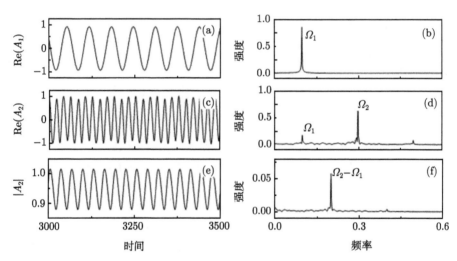

图 6.8　$\mathrm{Re}(A_1), \mathrm{Re}(A_2)$ 与 $|A_2|$ 的时序图 (左栏) 以及相应的 FFT(右栏)

选取远离螺旋波中心的点 (128,200)。$\Omega_1 \approx 0.103, \Omega_2 \approx 0.300$

由图 6.7 和图 6.8 可知，A_2 的准周期运动是以 Ω_2 为主导，加上 Ω_1 的调制所形成的。因此，可以得到以下表达式：

$$A_2 = a e^{i\Omega_2 t} + b e^{i\Omega_1 t} \tag{6.3}$$

这里 a, b 分别代表 Ω_2, Ω_1 对系统的贡献值，$a \gg b$。例如，图 6.8(f) 中，$a \approx 0.95, b \approx 0.05$。因为 $a \gg b$，将上式 Tayler 展开可得

$$|A_2| \approx a + b\cos(\Omega_2 - \Omega_1)t \tag{6.4}$$

与数值模拟结果 [图 6.8(f)] 符合。

图 6.9(a) 与 (b) 分别为 $\mathrm{Re}(A_1), \mathrm{Re}(A_2)$ 的主频率 Ω_1, Ω_2 在 $(\varepsilon_1, \varepsilon_2)$ 内的分布情况。从图中可以得出以下几点：① 在整个耦合强度区域中 Ω_1 几乎保持不变；② 在 AS 区域内 Ω_2 是 Ω_1 的 2~3 倍，两者之间没有发生锁频现象；③ AS 区域之外，Ω_2 与 Ω_1 相等。

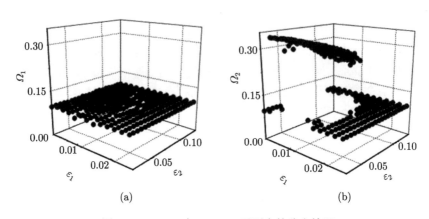

图 6.9 Ω_1, Ω_2 在 $(\varepsilon_1, \varepsilon_2)$ 平面内的分布情况

(a) 为系统 1，(b) 为系统 2。模螺旋波的耦合强度范围为 $0 \leqslant \varepsilon_1 \leqslant 0.025, 0.03 \leqslant \varepsilon_2 \leqslant 0.13$

通过以上数值分析，可以得到这样一个结论：通过耦合作用产生的 Ω_2 是使振幅产生周期运动的主要原因。系统 2 在新频率 Ω_2 的驱动下，变量由周期运动演化为准周期运动，而使振幅出现周期振荡的行为。斑图中的缺陷点开始运动直至边界消失，最终整个空间内 $|A_2| \neq 0$，也就是 $N_2 = 0$。再加上 Ω_1 的调制，$|A_2|$ 在空间中就出现了螺旋波的形状。这就是我们新发现的模螺旋波。它与系统初始状态的螺旋波 (图 6.1) 相比，最显著的特征就是不存在 $|A| = 0$ 的奇点，且振幅以频率 $(\Omega_2 - \Omega_1)$ 周期运动。

新的问题出现了：Ω_2 是如何产生的？

6.1.4 新频率 Ω_2 的来源

从上一小节的模拟结果，可以知道新频率 Ω_2 与耦合强度 $\varepsilon_1, \varepsilon_2$ 紧密联系 (从图 6.9 可观察到)。不仅如此，它还与其他系统参数有关。这样要从理论上证明 Ω_2 的来源就更加困难。即使是单向驱动时 ($\varepsilon_1 = 0$) 也很难用解析方法进行解释，所以主要还是通过数值模拟的方法来寻找答案。

螺旋波中远离中心区域的动力学行为可以通过相应的平面波来刻画，因此考虑用平面波取代系统 1 中的单螺旋波进行耦合。为了方便分析，只考虑单向驱动。修改后，方程形式如下：

$$\partial_t A_2 = A_2 + (1+\mathrm{i}\alpha)\nabla^2 A_2 - (1+\mathrm{i}\beta)|A_2|^2 A_2 + \varepsilon_2(U - A_2) \tag{6.5}$$

6.1 模螺旋波的产生

平面波 $U(U = \sqrt{1-k^2}e^{i(\boldsymbol{k}\cdot\boldsymbol{x}-\omega t)})$ 取代了式 (6.1) 中的 $|A_1|$。采用无流边界条件，系统参数 α, β 不变，系统 2 的初始状态选择与前面一致，如图 6.1 中的 MS，$\varepsilon_2 = 0.08$。数值计算中，$\boldsymbol{k}\cdot\boldsymbol{x} = k_x x + k_y y$，$k_x = k_y = k/\sqrt{2}$，$\omega = 0.103$。结果如图 6.10 所示，响应系统亦出现了新频率 Ω_2。图 6.10(a)、(b) 分别为系统的实部 $\mathrm{Re}(A_2)$ 与模 $|A_2|$。$|A_2|$ 中出现了与图 6.5(b4) 中相似的周期行为，不同的是没有了螺旋结构，而是空间规则分布的斑图。$\mathrm{Re}(A_2)$，$|A_2|$ 的时序图以及相应的 FFT 分析见图 6.10(c)~(f)。$\mathrm{Re}(A_2)$ 以频率 Ω_1, Ω_2 做准周期运动，$|A_2|$ 则以频率 $(\Omega_2 - \Omega_1)$ 做周期运动。与图 6.8 比较，两者并无较大区别。增大 ε_2，A_2 趋于 U。从以上模拟结果可知，响应系统中的 Ω_2 是受到了驱动系统周期力的作用而产生的，从而使得 $|A_2|$ 周期运动。

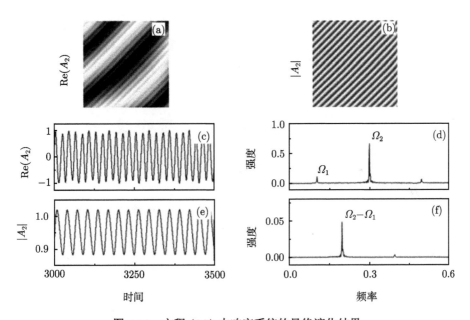

图 6.10 方程 (6.5) 中响应系统的最终演化结果

(a)、(b) 分别为变量的实部 $\mathrm{Re}(A_2)$ 与模 $|A_2|$；(c)~(f) 为空间任意一点的时序图以及相应的 FFT

不失一般性，考虑了系统在不同参数情况下的耦合

$$\partial_t A_{1,2} = \mu_{1,2} A_{1,2} + (1+i\alpha)\nabla^2 A_{1,2} - (1+i\beta)|A_{1,2}|^2 A_{1,2} - \varepsilon_{1,2}(A_{1,2} - A_{2,1}) \quad (6.6)$$

其中 $\alpha = -0.4, \beta = -1.5, \mu_1 = 20.0, \mu_2 = 3.0$。$\alpha$ 与 β 选在稳定螺旋波的参数区域内。$\mu_1 > \mu_2$，所以系统 1 中的螺旋波比系统 2 的旋转频率大。考虑对称耦合，即耦合强度 $\varepsilon_1 = \varepsilon_2 = 1.0$，系统大小 128×128，采用无流边界条件。与图 6.1 的初始条件有所不同，这里的初始条件为两个单螺旋波，且这两个螺旋波的中心相

距较远，如图 6.11(a1) 和 (a2) 所示。左栏为系统 1 的演化结果，右栏为系统 2 的演化结果。第二、三行分别为 Re(A)、|A| 最终演化的结果。从图 6.11(c2) 可以观察到系统 2 中出现了模螺旋波。而系统 1 中 |A_1| 也出现了振幅的小幅度波动 [图 6.11(c1)]。图 6.11(d1)、(d2) 为系统在 [Re(A), Im(A)] 平面中的相轨道。周期运动的系统 1 在相空间轨道中呈现一完整的圆形轨道。系统 2 的相轨道呈轮胎状，表明系统出现了准周期运动，进一步证明了模螺旋波的存在。通过 FFT 频率分析，得到 $\Omega_1 \approx 1.27, \Omega_2 \approx 0.15$，|$A_2$| 的频率为 $\Omega_1 - \Omega_2 \approx 1.12$。$\Omega_1, \Omega_2$ 均为耦合后新产生的

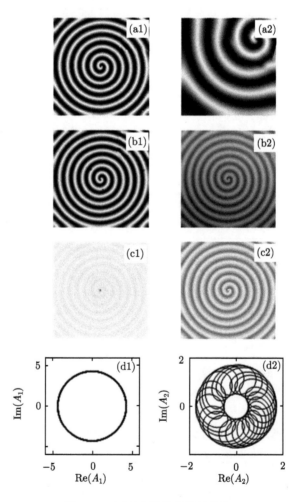

图 6.11 不同参数的螺旋波耦合

$\alpha = -0.4, \beta = -1.5, \mu_1 = 20.0, \mu_2 = 3.0$。从上到下依次为初始状态的 Re($A_{1,2}$)，演化结果 Re($A_{1,2}$), |$A_{1,2}$|，以及相轨道。左栏为 A_1，右栏为 A_2

频率 (初始值的频率为 $\omega_1 \approx 1.37, \omega_2 \approx 0.20, \omega_1/\omega_2 \approx \mu_1/\mu_2 = 20/3$)。再次证明了模螺旋波的动力学机制。同时这也表明模螺旋波不仅存在于耦合对称体系中，也存在于耦合非对称体系中。

另外，在研究可激发系统中双层螺旋波的动力学行为时，发现了驱动系统与响应系统之间存在着一种投影同步的现象[42]。

小结：

综上所述，本节研究了二维 CGLE 中双层螺旋波的动力学行为。在耦合强度很小时，两个系统不同步，随着耦合强度的增大，两系统趋于同步。研究过程中发现了一种新颖的斑图结构：模螺旋波 (非相螺旋波)。这类斑图的模不存在 $|A|=0$ 的点，即常见的相螺旋波中心点，也称为缺陷点。详细描述了这种振幅螺旋结构的特征及其产生机制。

(1) 模螺旋波与一般螺旋波 (包括振荡介质与复杂振荡介质中的螺旋波，可激介质中的严格旋转螺旋波与漫游螺旋波) 有明显的区别。模螺旋波的螺旋结构在振幅中呈现，而不是出现在相位中，并且不存在缺陷点。

(2) 模螺旋波是在非对称强耦合下 (如 $\varepsilon_1 = 0$，ε_2 相对较大) 产生的，介于完全同步与非同步之间。耦合强度是产生模螺旋波的一个重要因素，它给系统 2 提供了一个周期驱动力，代替了通常螺旋波中的动力学中心，即缺陷点。另外，当耦合两个参数相差较大的系统时，即使是对称耦合也会产生模螺旋波。

对于耦合 CGLE 系统已有大量的相关研究成果，它们在一定程度上描述了真实体系的物理或化学过程，而本节中发现的模螺旋波尚属首例。另外，时空斑图比单个振子具有更高的空间自由度，以及时间、空间上的复杂性，因此耦合斑图会比耦合振子的动力学行为更加多样。希望模螺旋波的发现能提供更为丰富的时空斑图研究内容。

6.2 模螺旋波的稳定条件及影响因素

在 6.1 节详细介绍了双层耦合 CGLE 系统中出现的一类新颖模螺旋波。这种螺旋波与二维 CGLE 系统中常见的相螺旋波有很大区别。首先，相螺旋波的中心为缺陷点，在该位置系统复变量的振幅为零；而模螺旋波的中心不存在单独的缺陷点，在双层耦合系统中模螺旋波与对应的相螺旋波共用一个缺陷点。其次，相螺旋波中相位部分表现为螺旋波结构，而在模螺旋波中相位部分具有非对称性，而仅在系统变量的振幅部分表现为螺旋波结构。最后，相螺旋波可以在大量的二维时空系统中单独自发存在，而模螺旋波必须在相螺旋波的驱动下才能够稳定存在，目前仅发现存在于二维非对称耦合系统中。同时还发现这种振幅波动行为不仅仅出现于二维系统中，边界驱动下的一维 CGLE，同样可以观察到类似的行为，在特定条件下边界处的波源可以产生振幅波动现象[56]。这说明，系统变量的振幅具有波动现象是普遍存在的，不仅仅存在于二维时空系统中，有可能是自然界中存在的一种普遍现象。由于模螺旋波具有一些新颖的性质，很有必要对其进行更深层次的研究。本节将以双层耦合 CGLE 系统为时空模型，讨论不同初始条件对模螺旋波稳定性的影响，并试图发现系统在参数不匹配的条件下产生模螺旋波的规律。

6.2.1 模螺旋波产生过程

双层耦合 CGLE 形式如下：

$$\partial_t A_{1,2} = A_{1,2} + (1+\mathrm{i}\alpha_i)\nabla^2 A_{1,2} - (1+\mathrm{i}\beta_i)|A_{1,2}|^2 A_{1,2} + \varepsilon_{1,2}(A_{2,1} - A_{1,2}) \quad (6.7)$$

其中 $A_{1,2}$ 是系统变量，为复数；$\alpha_{1,2}$，$\beta_{1,2}$ 是系统参数，都为实数；$\varepsilon_{1,2}$ 表示双层系统中两个子系统之间的反馈耦合强度。二维空间时，$\nabla^2 = \dfrac{\partial^2}{\partial x^2} + \dfrac{\partial^2}{\partial y^2}$。考虑系统限制在一个 $L \times L$ 的正方形空间内，其中 L 为系统尺寸，并采用无流边界条件。不失一般性，在本章的研究中考虑 $\varepsilon_1 = 0, \varepsilon_2 \neq 0$，则耦合系统式 (6.7) 可以看成由驱动系统 1 和响应系统 2 组成。同时，为了对比初始斑图差别的方便，在以下的研究中驱动和响应系统的初始斑图均选用单个螺旋波。在满足特定的参数条件下，在响应系统中有模螺旋波的产生，如图 6.12 所示。从图 6.12 可以看出，随着时间

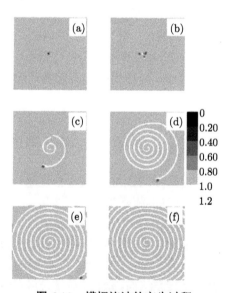

图 6.12 模螺旋波的产生过程

系统参数 $\alpha_1 = \alpha_2 = -1.34$，$\beta_1 = \beta_2 = 0.35$，耦合强度 $\varepsilon_1 = 0$，$\varepsilon_2 = 0.08$，系统尺寸 $L = 256$。图中所示为响应系统的演化情况，变量的振幅部分 (而非相位部分) 产生了螺旋结构。
(a) $t = 0$; (b) $t = 100$; (c) $t = 200$; (d) $t = 300$; (e) $t = 400$; (f) $t = 500$

6.2 模螺旋波的稳定条件及影响因素

的演化,响应系统中的单个螺旋波中心的缺陷点被驱离中心位置,运动至边界最后消失,在系统空间中呈现一个完整的模螺旋波。与 CGLE 系统中常见的相螺旋波相比,这种模螺旋波的中心没有拓扑缺陷的存在,同时其变量的振幅部分 (而非相位部分) 表现为螺旋结构。

6.2.2 初始条件的影响

为了更清楚地展示在双层耦合系统中初始斑图对模螺旋波稳定性的影响,采用缺陷点在中心位置的单个螺旋波作为驱动系统初始条件,缺陷点偏离系统中心位置的单个螺旋波作为响应系统的初始条件,并对耦合系统方程 (6.7) 进行数值模拟。首先,设定两个子系统的系统参数完全相同,$\alpha_1 = \alpha_2 = -1.34$,$\beta_1 = \beta_2 = 0.35$,而耦合强度不同,分别为 $\varepsilon_1 = 0, \varepsilon_2 = 0.08$。从数值实验中可以观察到,当驱动和响应系统初始斑图的中心不在同一位置时,在响应系统变量的振幅部分出现振荡现象,产生了稳定的模螺旋波,如图 6.13 所示。其中驱动系统用虚线表示,响应系统用实线表示。左栏表示两个系统变量的实部 $\mathrm{Re}(A_{1,2})$,右栏表示相应的模 $|A_{1,2}|$。

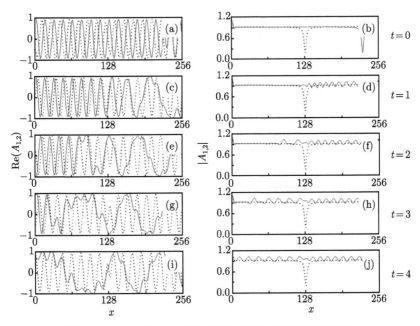

图 6.13 驱动和响应系统变量的实部和模随时间的演化

系统参数 $\alpha_1 = \alpha_2 = -1.34$,$\beta_1 = \beta_2 = 0.35$,耦合强度 $\varepsilon_1 = 0$,$\varepsilon_2 = 0.08$。虚线表示驱动系统,实线表示响应系统

进一步的数值模拟实验表明,在系统参数不变的条件下,当耦合系统中初始斑图的缺陷中心比较接近时,响应和驱动系统会达到完全同步,这说明初始条件对于

模螺旋波产生的重要性。接下来，我们将驱动系统的初始斑图固定为处于系统空间中心的单个螺旋波，调整响应系统中初始螺旋波的位置，并将两个螺旋波缺陷中心之间的距离（下文中称为螺旋波距离）作为控制参数，来研究模螺旋波的稳定性。从图 6.14(a) 和 (b) 的数值实验结果可以看出：当螺旋波距离较小时，响应系统演化为与驱动系统完全相同的相螺旋波；当螺旋波距离较大时，响应系统空间中出现了模螺旋波。

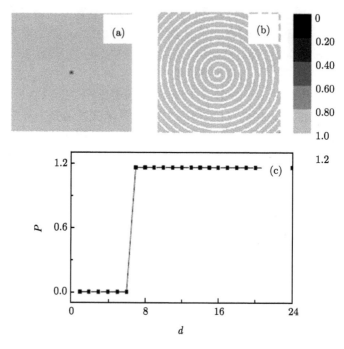

图 6.14 螺旋波距离 d 对耦合系统演化结果的影响

耦合强度 $\varepsilon_1 = 0, \varepsilon_2 = 0.08$。系统参数 $\alpha_1 = \alpha_2 = -1.34$，$\beta_1 = \beta_2 = 0.35$，响应系统 $|A_2|$ 的演化结果。(a) $d = 6$; (b) $d = 8$; (c) P 函数随螺旋波距离 d 的变化情况

为了定量观察这种现象，引入下面的 P 函数，用来表征双层耦合系统之间的同步程度：

$$P = \lim_{T \to \infty} \frac{1}{T} \frac{1}{L^2} \int_0^T dt \int_0^L dx \int_0^L |A_2 - A_1| dy \tag{6.8}$$

从该函数的定义式可以看出，当响应系统 A_2 与驱动系统 A_1 达到同步时，P 函数的值接近于零；而当双层系统没有达到同步时，P 函数保持较大的数值。图 6.14(c) 画出了 P 函数随螺旋波距离 d 的变化情况。随着螺旋波距离的增加，发现响应系统的演化结果从相螺旋波突变为模螺旋波。由图 6.14(c) 还观察到，当初始条件控制参数跨过临界值 $d_c \approx 7$ 时，P 函数在此处的突变行为说明该处发生了相变现象，

表明模螺旋波和相螺旋波的行为具有较大的差异性。

6.2.3 系统参数的影响

模螺旋波的产生与稳定不但与双层耦合系统的初始条件有关,而且还会受到系统参数的影响。不失一般性,在下面的研究中,驱动系统参数固定为 $\alpha_1 = -1.34$, $\beta_1 = 0.35$,通过调整响应系统的参数来观察耦合系统中斑图的演化情况。在 6.2.2 节的研究中,发现在响应与驱动系统具有相同参数的条件下,只有当双层耦合系统中的初始斑图差别较大时(即螺旋波距离 $d \geqslant d_c \approx 7$),响应系统才有可能出现模螺旋波。这提供了一个启发:是否只有当响应系统与驱动系统有一定差异时,才可能出现模螺旋波?在本节的研究中,选用螺旋波距离 $d=0$ 作为控制参数来消除初始条件的差异性,仅通过引入不同的响应系统参数来观察模螺旋波的稳定性,验证作者的猜想。在如图 6.15(a) 所示的情形中,响应系统的参数 $\alpha_2 = -1.10$,与驱动系统相应的参数 $\alpha_1 = -1.34$ 相比差别较小,则响应系统最终的演化结果为相螺旋波。而在如图 6.15 (b) 所示的情形中,响应系统参数为 $\alpha_2 = -1.02$,与驱动系统的参数 $\alpha_1 = -1.34$ 相比差别较大,则响应系统的最终演化结果为模螺旋波。这个实验结果证明前期的猜想是正确的:即使双层耦合系统有相同的初始斑图,在系

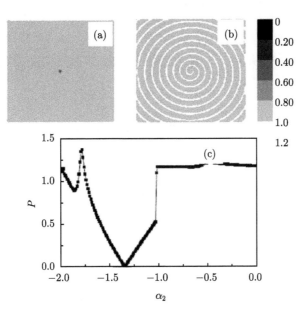

图 6.15 系统参数对耦合系统演化结果的影响

驱动系统参数 $\alpha_1 = -1.34, \beta_1 = 0.35$,响应系统参数 $\beta_2 = 0.35$,耦合强度为 $\varepsilon_1 = 0, \varepsilon_2 = 0.08$。
(a)$\alpha_2 = -1.10$; (b)$\alpha_2 = -1.02$; (c) P 函数随参数 α_2 的变化情况

统参数存在差别时,响应系统中也可以观察到模螺旋波。本小节接着计算了在双层耦合系统中,同步函数 P 随响应系统参数 α_2 的变化情况,如图 6.15 (c) 所示。由图 6.15(c) 可以看出,当系统参数 $\alpha_2 = \alpha_1$ 时,同步函数 $P = 0$,说明此时响应系统和驱动系统达到了完全同步,两个系统均表现为相螺旋波;而当系统参数 $\alpha_2 \neq \alpha_1$ 时,同步函数 P 的数值逐渐增大,说明双层耦合系统斑图的同步性受到了影响,但在参数之间差别不大的条件下,响应系统的斑图仍为相螺旋波。值得注意的是:当 $\alpha_2 \approx -1.02$ 时,同步函数 P 的值发生了跃变,响应系统中的斑图由相螺旋波突然转变成模螺旋波。同步函数变化的非连续性,说明响应系统在参数 α_2 的临界位置发生了相变现象。

为了确认这种临界突变现象的普遍性,考虑在不同的系统参数条件下对同步函数 P 进行计算。如图 6.16(a) 所示,驱动系统的参数分别为 $\alpha_1 = -1.04, -1.09, -1.34$ 以及 -1.44 时,同步函数 P 随响应系统参数 α_2 的变化情况。从图 6.16(a) 可以看出,在驱动系统参数不同时,响应系统中参数完全同步的位置 (即图中出现 $P = 0$ 的位置) 和出现模螺旋波临界值的位置同时发生变化,但是同步函数 P 随 α_2 变化的趋势并没有变化,表现为在不同的驱动系统参数条件下,同步函数的斜率没有差异。在图 6.16(b) 中画出了驱动系统的参数 β_1 分别为 0.25、0.30、0.35 以及 0.40 时,同步函数 P 随响应系统参数 α_2 的变化情况。在图 6.16(b) 中注意到,驱动系统的参数 β_1 发生变化时,α_2 同步的位置 ($P = 0$ 的位置) 并未受到影响,但是出现模螺旋波的临界值有微小改变,同时同步函数的斜率也有所不同。不难看出 β_1 的大小影响同步函数的斜率,β_1 越大其斜率越大,响应系统就会更快地进入相变区,从而更快产生模螺旋波。

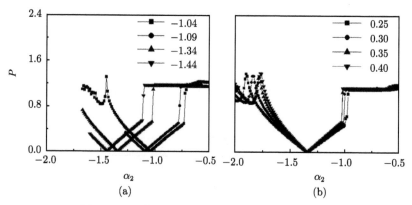

图 6.16 同步函数 P 随响应系统参数 α_2 的变化

耦合强度 $\varepsilon_1 = 0, \varepsilon_2 = 0.08$。(a)$\beta_1 = \beta_2 = 0.35$,参数 α_1 分别为 $-1.04、-1.09、-1.34、-1.44$;(b)$\alpha_1 = -1.34$,$\beta_2 = 0.35$,参数 β_1 分别为 0.25、0.30、0.35、0.40

小结：

本节以双层 CGLE 系统为模型，研究了模螺旋波现象，发现当响应系统和驱动系统的初始条件或参数有差异时能够产生模螺旋波。本节通过数值模拟实验总结出以下结论：

(1) 当两个系统参数完全相同且响应系统和驱动系统的初始斑图均为单个螺旋波时，螺旋波距离 d 是一个重要的控制参数。当 d 较大 ($d \geqslant d_c$) 时，表明响应系统和驱动系统的初始条件的差异较大，在此条件下响应系统中变量的振幅的时空斑图表现为螺旋波结构 (即模螺旋波)。

(2) 本节还研究了耦合系统在参数不匹配的条件下，由同步的相螺旋波向非同步的模螺旋波的转变过程，发现当系统参数有较大差别时模螺旋波才能出现。通过对同步函数的定义和计算，发现耦合系统从相螺旋波到模螺旋波的转变过程具有非连续性，得到该转变过程的一些定量特征：(a)$\beta_1 = \beta_2$，系统参数 α 的差别不小于 0.32，在响应系统中会出现相变，响应系统的斑图从相螺旋波突变为模螺旋波；(b) 驱动系统 1 中 α_1 变化引起响应系统出现相变的位置随之同步变化，表现为在不同驱动系统参数 α_1 条件下同步函数的斜率基本相同；(c) 驱动系统 1 中 β_1 的变化引起响应系统出现相变的位置有微小改变，同步函数的斜率也有变化，增大 β_1 的值会使两系统的参数的差 $(\alpha_2 - \alpha_1)$ 减小。

模螺旋波是最近报道的一种新颖的时空斑图，目前仅在耦合时空系统中发现。与时空系统中常见的相螺旋波相比，模螺旋波自身没有中心缺陷点，模螺旋波与双层耦合系统中对应的驱动系统的相螺旋波共用同一个缺陷点；模螺旋波必须在对应的相螺旋波的驱动下才能稳定存在，目前仅存在于二维非对称耦合时空系统中。在边界受控的一维 CGLE 系统中，也发现了类似的振幅波动现象，因此这种振幅波动现象具有一定的普遍性。本节对这种新颖波动行为进行了大量的数值实验观察和分析，讨论了初始条件以及系统参数对模螺旋波稳定性的影响，为这种现象在介质性质、信号传播等领域的应用提供新的内容，具有重要的理论研究意义。

6.3 模螺旋波与其他斑图的竞争情况

本节通过研究 CGLE 系统中模螺旋波与相螺旋波、时空混沌斑图在同一平面内的竞争行为探讨模螺旋波的稳定性。采用数值模拟发现在系统参数平面内，竞争演化结果可分为四个主要区域：在Ⅰ区和Ⅲ区中，模螺旋波与相螺旋波相比稳定性较差，模螺旋波的空间被相螺旋波所入侵。在Ⅱ区中，模螺旋波具有较强的稳定性，相螺旋波的空间被模螺旋波所入侵。在Ⅳ区内，由于时空混沌所导致的频率不稳定，演化结果较为复杂。通过分析模螺旋波与其他斑图的频率，发现当设置模螺

旋波的系统参数为 $\alpha_1 = -1.34, \beta_1 = 0.35$ 时，较高频率的模螺旋波具有较好的稳定性，高频模螺旋波入侵低频斑图空间。竞争结果主要受系统变量实部的频率因素影响，频率分析所得到的理论结果非常好地符合数值实验结果。

6.3.1 模型介绍

考虑以下的二维 CGLE 系统：

$$\partial_t A_{1,2} = A_{1,2} + (1 + i\alpha_i)\nabla^2 A_{1,2} - (1 + i\beta_i)|A_{1,2}|^2 A_{1,2} \tag{6.9}$$

其中 $A_{1,2}$ 是系统变量，为复数；$\alpha_{1,2}, \beta_{1,2}$ 是系统参数，为实数，分别对应于同一平面内的系统 1 和 2；考虑二维系统，$\nabla^2 = \dfrac{\partial^2}{\partial x^2} + \dfrac{\partial^2}{\partial y^2}$。系统 1,2 分别限定在一个 $L \times L$ 的正方形空间内，其中 L 为系统尺寸，均采用无流边界条件。本节固定 $\alpha_1 = -1.34, \beta_1 = 0.35$。

系统 1 的参数设定为模螺旋波的稳定区域，受到相螺旋波持续全局弱耦合驱动并在空间中逐步形成稳定的模螺旋波，如图 6.17 所示。模螺旋波在变量振幅部分可以产生与驱动螺旋波相位部分近似同步的螺旋结构，且具有稳定的参数区域，其产生机制和稳定条件已在 6.1 节与 6.2 节中详细描述。图 6.17 中的模螺旋波必须在相螺旋波的持续全局弱耦合下才能够稳定存在，因此在以下的研究中我们确保系统 1 持续受到一个尺寸为 $L \times L$ 的相螺旋波驱动并且产生模螺旋波。如图 6.17 所示，其中第一行与第二行分别表示系统 1 实部和模的演化过程，可以看到，随着时间 t 的演化，在受到相螺旋波持续全局弱耦合驱动的系统 1 中，其缺陷点被驱

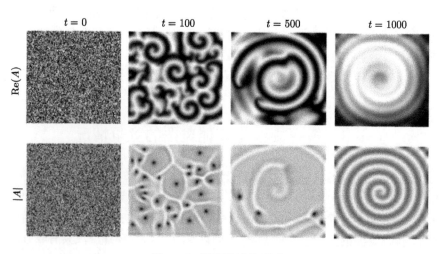

图 6.17 模螺旋波的形成

系统参数 $\alpha_1 = -1.34, \beta_1 = 0.35$，系统尺寸 $L = 128$

离原来位置，运动至边界而消失，在系统空间呈现一个完整的模螺旋波，最终形成稳定的模螺旋波，该模螺旋波在变量振幅部分产生具有稳定的参数区域的螺旋结构，且与驱动螺旋波相位部分近似同步，其产生机制和稳定条件都已引起了相关领域研究群体的关注。

本节所关心的问题是图 6.17 中所示模螺旋波与其他参数所形成的时空斑图在 CGLE 系统的同一平面内进行竞争时的稳定性。为此，在图 6.17 所示模螺旋波的右边增加一个相同尺寸的系统 2，即建立一个尺寸为 $2L\times L$ 的系统，设定其左半边 $L\times L$ 为参数 α_1 与 β_1 的系统 1，受到同尺寸的相螺旋波驱动而产生模螺旋波，其右半边 $L\times L$ 为参数 α_2 和 β_2 的系统 2，仅通过公共边界与系统 1 相连，通过数值实验观察其中斑图与邻近模螺旋波的相互作用结果，进而讨论模螺旋波与其他斑图的相对稳定性，并研究其中的规律性。这种实验设定可以用来研究不同斑图之间的竞争行为和不同时空模式之间的相对稳定性，与目前已有的类似工作所不同的是，在本节的模型中系统 1 所形成的模螺旋波需要相螺旋波来持续驱动。从这个角度看，本节所建立的时空系统模型及其对应的数值实验设计具有新颖性，会产生一些有趣的现象。系统 2 由于系统参数不同而自然演变产生不同类型的斑图，在本节实验中主要考虑相螺旋波与时空混沌两种类型斑图。在数值模拟试验中，竞争开始于 $t=1500$，竞争过程中，两系统数值是通过边界进入对方系统，$t=3000$ 时即可观察到两系统竞争的稳定结果。

下面固定系统 1 为模螺旋波的稳定参数 $\alpha_1=-1.34, \beta_1=0.35$，仅通过调整系统 2 的参数 α_2 和 β_2，来观察系统 1 和 2 在同一平面内竞争的演化结果，继而讨论模螺旋波的稳定性。为统一起见，本节将系统 2 的初始斑图均设定为单个相螺旋波。

6.3.2 数值实验结果

通过大量的数值实验，观察到系统 2 的各种斑图在系统 1 模螺旋波的驱动下会产生大量比较复杂的实验结果。这些结果经过分析和简化，可以分为如图 6.18 所示的四类。在 α_2-β_2 参数平面内，不同结果之间的分界线分别用曲线 c_1, c_2 和 c_3 表示。当系统 2 的参数位于图 6.18 中的 I 区时，系统 1 中的模螺旋波空间受到系统 2 中的相螺旋波入侵，模螺旋波不能保持完整形态，发生了较大形变。如图 6.19 所示，系统 1 中初始模螺旋波在系统 2 中相螺旋波作用下，从 $t=1500$ 竞争开始逐步出现了左右不对称的情形。由于系统 1 同时还受到驱动相螺旋波系统的全局耦合条件 (这也是产生稳定模螺旋波的必要条件) 影响，所以模螺旋波的中心位置并没有发生变化。但是系统 1 变量振幅的螺旋结构都已不复存在。在这种情况下，系统 2(空间右半边) 的相螺旋波斑图并没有受到模螺旋波的影响，依旧能够维持稳定。

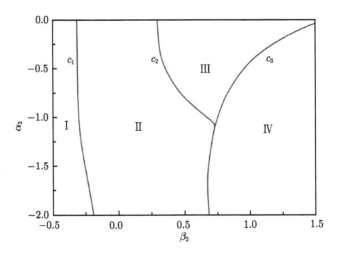

图 6.18 参数空间内系统演化的结果 ($L = 128$)

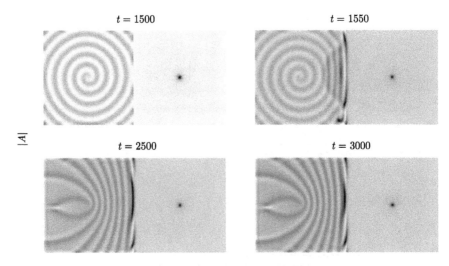

图 6.19 系统 2 位于 I 区的情形

系统参数 $\alpha_2 = -1.6, \beta_2 = -0.48$

其次,当系统 2 的参数选取在图 6.18 中 II 区时,如图 6.20 所示,系统 1 中的模螺旋波始终保持完整形态,而系统 2 中的相螺旋波被模螺旋波的驱动作用所影响,其中心缺陷点在竞争过程中逐渐被驱赶出系统空间。这种情况下,系统 1 中的模螺旋波稳定性高于系统 2 中的相螺旋波。

接着,来说明图 6.18 的 III 区的情况,当系统 2 的参数选取在该区时,情况与 I 区相同,如图 6.21 所示,竞争过程中模螺旋波受到系统 2 中相螺旋波的驱动作

6.3 模螺旋波与其他斑图的竞争情况

用，其变量振幅部分的螺旋结构受影响而不能保持初始的完整形态。

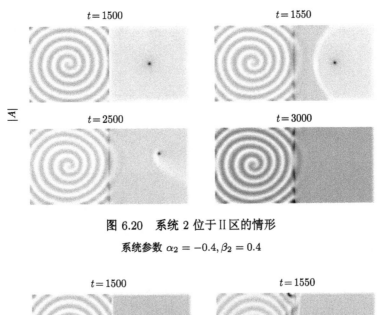

图 6.20 系统 2 位于 II 区的情形

系统参数 $\alpha_2 = -0.4, \beta_2 = 0.4$

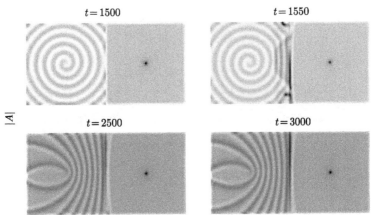

图 6.21 系统 2 位于 III 区的情形

系统参数 $\alpha_2 = -0.4, \beta_2 = 0.8$

当系统 2 的参数选取在图 6.18 的 IV 区时，情况颇为复杂。通过分析所获得的数值实验结果，发现几种不同演化结果存在共存的情况，且初始条件不同能够随机性地造成不同的演化结果。在图 6.22 所示的参数条件下，可观察到系统 2 中的斑图受到了系统 1 的模螺旋波的驱动影响，其中时空混沌斑图发生明显的变化，缺陷点被逐步驱出了系统空间，最终，变量振幅部分成为空间均匀态，与此同时，系统 1 中的模螺旋波也失去了稳定性。这种情况，系统 1 与 2 同时出现失稳。同时，在 IV 区内还可以观察到时空混沌保持稳定，而模螺旋波失稳的情况，如图 6.23 所示。另外，在图 6.24 中所示的参数，系统 1 中的模螺旋波较为稳定，并且入侵进入系统 2 中的时空混沌的空间。

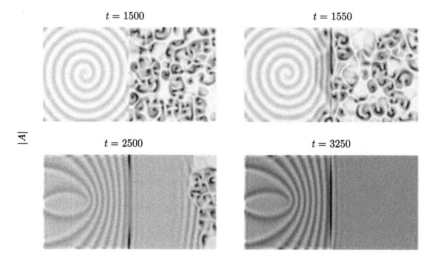

图 6.22　模螺旋波与时空混沌同时失稳的情形

系统参数 $\alpha_2 = -0.4, \beta_2 = 1.2$，位于Ⅳ区

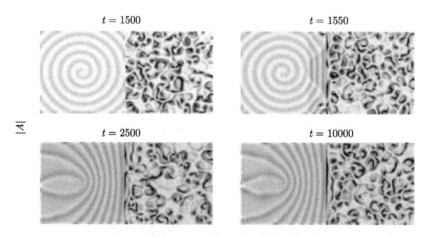

图 6.23　时空混沌入侵模螺旋波的情形

系统参数 $\alpha_2 = -0.4, \beta_2 = 1.6$，位于Ⅳ区；图中模螺旋波结构发生了明显的变形，而时空混沌在整个区域则始终保持完整

综合以上实验观察结果，可以发现系统 1 中模螺旋波斑图在和系统 2 中不同斑图在同一平面内进行竞争时，出现了四种不同的结果，已在图 6.18 中示出。其中Ⅰ区和Ⅲ区均是模螺旋波失稳，其变量振幅部分的螺旋结构被破坏，这在该两区

6.3 模螺旋波与其他斑图的竞争情况

内情况相同。在 II 区中，系统 1 内的模螺旋波结构保持稳定，系统 2 中的相螺旋波受系统 1 驱动影响而失去其螺旋结构。在 IV 区中，由于可以分别观察到多种演化结果，在实验中，既出现了模螺旋波入侵其他斑图的情形，也有与之相反的其他斑图入侵模螺旋波还有模螺旋波与其他斑图同时失稳，难以简单判定系统 1 与系统 2 之间的相对稳定性。

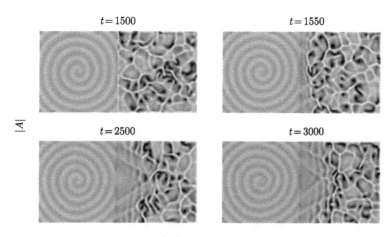

图 6.24 模螺旋波入侵混沌的过程

系统参数 $\alpha_2 = -2.0, \beta_2 = 0.8$，位于 IV 区

6.3.3 理论分析

为了解释以上的实验结果，并且能够定量化地表征出参数空间中的各个区域，我们研究系统 1 与系统 2 变量实部的振荡频率 f，考察在固定系统参数 α_2 时 f 随系统参数 β_2 的变化情况。为此，接下来分别以系统参数 $\alpha_2 = -0.8$ 和 $\alpha_2 = -1.2$ 为例，并具体考察在此参数条件下的变化情况。

首先，固定系统参数 $\alpha_2 = -0.8$，绘制出图 6.25，图中所绘水平虚线是系统 1 变量实部的频率，其在系统 2 参数变化过程中始终保持恒定不变，图中实线是系统 2 变量实部的频率，而其随着参数 β_2 改变发生相应的变化，在 β_2 较小时，系统 2 的频率先是经 D_1 至 Z_1 点由大到小，过 Z_1 点之后再持续增加，在这个阶段中频率的变化是稳定的。当系统参数 β_2 经 D_2 增加至临界点 D_3 以后，系统 2 中的相螺旋波不能再保持稳定，演化形成时空混沌，此时系统变量的实部频率随着参数 β_2 增加而发生了振荡。同时考虑系统 1 的频率，就可以在图中划分出四个明显不同的区域。I 区和 III 区内系统 1 的频率小于系统 2 的频率，与此相反，II 区内系统 1 的频率大于系统 2 的频率，而在 IV 区内系统 2 的频率不稳定。在图 6.25 中，通过三个点 D_1、D_2 和 D_3 即可界定这四个区域。

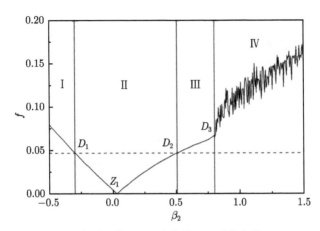

图 6.25　系统频率随参数 β_2 的变化情况 (系统参数 $\alpha_2 = -0.8$)

然后，固定系统参数 $\alpha_2 = -1.2$，此时系统 2 的频率随着参数 β_2 的变化情况在图 6.26 中示出。系统 2 的频率先是经 E_1 至 Z_2 点由大到小，过 Z_2 点后再持续增大，在此过程中频率变化是稳定的；当系统参数 β_2 增大至临界点 E_3 以后，系统 2 中相螺旋波不再稳定，而是直接进入时空混沌状态。系统 2 的频率在小于系统 1 频率的情况下直接出现了不稳定现象，这是图 6.26 与图 6.25 的不同之处，因此，在图 6.26 中没有观察到在图 6.25 中出现的Ⅲ区的存在。

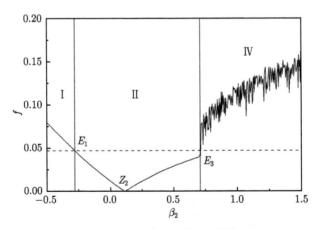

图 6.26　系统频率随参数 β_2 的变化情况 (系统参数 $\alpha_2 = -1.2$)

现在通过系统频率分析并在图 6.25 和图 6.26 的帮助下理解前面所述的实验结果。应当注意到，当系统 1 的频率比系统 2 的频率大时 (图 6.25 的Ⅰ区和Ⅲ区，以及图 6.26 的Ⅰ区)，模螺旋波是稳定的。相反，当系统 1 的频率比系统 2 的频率小时 (图 6.25 的Ⅱ区)，模螺旋波不稳定。而在系统 2 的频率不稳定的情形下

(图 6.25 和图 6.26 的Ⅳ区)，系统 1 中的模螺旋波与系统 2 中其他斑图之间的竞争得到的是较为复杂的结果，具体的竞争结果取决于初始条件与系统参数。图 6.27 绘出了 α_2-β_2 参数平面内的各种不同分区及其频率分析结果。如图 6.27 所示，虚线 l_1 对应于前述 $\alpha_2 = -0.8$ 的情形，D_1、D_2 和 D_3 将参数空间分隔而分别形成 Ⅰ、Ⅱ、Ⅲ和Ⅳ区。虚线 l_2 对应于 $\alpha_2 = -1.2$ 的情形，E_1 和 E_3 将参数空间分隔而分别形成 Ⅰ、Ⅱ和Ⅳ区。通过分析系统变量实部的频率，可以画出系统 1 与系统 2 的频率大小对比发生变化时的临界曲线 f_1 和 f_2，同时还可以画出系统 2 进入时空混沌的临界曲线 f_3，上述理论曲线与前述实验结果完全符合。

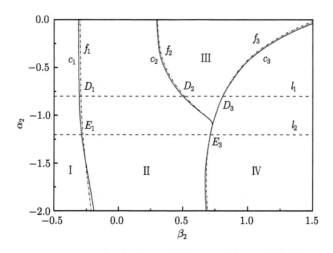

图 6.27   参数空间内系统演化的结果以及频率分析

图中点 D_1、D_2 和 D_3 对应于图 6.25 中的点 D_1、D_2 和 D_3，点 E_1 和 E_3 对应于图 6.26 中的点 E_1 和 E_3。曲线 c_1，c_2 和 c_3 是通过数值模拟获得的Ⅰ、Ⅱ、Ⅲ和Ⅳ区界线（参看图 6.18），曲线 f_1、f_2 和 f_3 是通过理论分析获得的Ⅰ、Ⅱ、Ⅲ和Ⅳ区界线。可以看出理论分析和数值模拟的结果符合得非常好

综合上述分析，系统 1 中的模螺旋波与系统 2 中其他斑图进行竞争时的稳定条件已被成功找到了，系统变量的实部频率在竞争中起到关键作用，是竞争结果的重要影响因素。与相螺旋波相比，模螺旋波不仅在系统变量相位部分具有振荡性质，而且在系统变量振幅部分也产生了新的振荡频率，这也是模螺旋波所具有的一个新特性。模螺旋波在与其他斑图在同一平面中发生竞争时，模螺旋波稳定性只受变量的实部（相位）频率影响，而变量振幅的振荡频率对竞争结果并不影响，这是一个非常有趣的结论。

小结：

本节研究了 CGLE 系统内模螺旋波与其他斑图在同一平面内的竞争行为，发现演化结果在系统参数平面内可划分为四个主要区域：

(1) 在 I 区和III区中,相螺旋波入侵模螺旋波的空间。

(2) 在 II 区中,模螺旋波入侵相螺旋波的空间。

(3) 在IV区中,时空混沌导致频率不稳定,致使演化的结果比较复杂。

通过分析模螺旋波和其他斑图的频率,我们发现在系统参数 $\alpha_1 = -1.34, \beta_1 = 0.35$,即为模螺旋波稳定的参数时,较高频率的模螺旋波稳定性较好,高频模螺旋波能够入侵低频斑图空间。类似的情况也出现在两个相螺旋波在同一平面内的竞争中[56]。

此外,从不同介质边界处波动的竞争结果,也可以总结出一般性规律:①正常波 (由波源向外传播的波) 之间的竞争,高频波稳定性较高;②反常波 (由外向波源传播的波) 之间的竞争,低频波稳定性较高;③正常波与反常波之间的竞争,正常波稳定性较高[56]。本节的研究结果表明,模螺旋波在实验所取的参数条件下具有正常波的特征。

模螺旋波作为 CGLE 系统中所出现的一种新颖的螺旋波,具有独特的时空性质。在相螺旋波的持续驱动下,模螺旋波可以在系统变量的振幅部分产生稳定的螺旋结构,且不存在中心缺陷点,已经在一些实验系统中观察到与之类似的波动行为,这种振幅波动行为也已经引起理论研究群体的注意。由于具有这些特殊性质,对于模螺旋波稳定性的理论研究有一定实际意义,可望在信息、化学等领域进行相关的实际应用性研究。本节讨论了 CGLE 系统中模螺旋波与相螺旋波、时空混沌系统在同一平面内的竞争行为,发现对模螺旋波的稳定性造成影响的主要是其变量实部的频率,而振幅频率则无关,这是一个非常有趣的结论,将促使我们今后对于这种特殊的时空螺旋结构进行更进一步的研究和讨论,为时空斑图的理论以及应用研究增添新的内容。

6.4 相–模同步现象的广泛存在性

本节基于 CGLE 模型,以稳定的模螺旋波为驱动系统与响应系统进行耦合,研究单向耦合系统的斑图动力学行为,响应系统的初始条件为多螺旋波,讨论响应系统在不同耦合强度下的时空斑图动力学行为。研究发现在相对较弱的耦合强度条件下,存在驱动系统的相与响应系统的模会在螺旋结构上出现相似的现象。并根据系统同步情况与频率情况分析找到了这一现象的特点。然后以同样的方法,分别以靶波与平面波作为驱动系统,来观察响应系统的动力学行为与耦合强度之间的关系,发现了同样的现象。随着耦合强度的增大,单向耦合 CGLE 系统的动力学行为遵循从非同步、相与模螺旋结构上的相似到完全同步的过程,从而印证了此现象的一般规律性。同时,此现象本身也说明了为什么会有模螺旋波的发现。

6.4.1 模型介绍

考虑如下的耦合 CGLE 模型：

$$\partial_t A_1 = A_1 + (1+\mathrm{i}\alpha)\nabla^2 A_1 - (1+\mathrm{i}\beta)|A_1|^2 A_1 \tag{6.10}$$

$$\partial_t A_2 = A_2 + (1+\mathrm{i}\alpha)\nabla^2 A_2 - (1+\mathrm{i}\beta)|A_2|^2 A_2 - \varepsilon(A_2 - A_1) \tag{6.11}$$

其中 A_1 和 A_2 是系统变量，为复数；考虑二维时空系统，$\nabla^2 = \partial^2/\partial x^2 + \partial^2/\partial y^2$；实数 α 和 β 为系统参数；式 (6.10) 中 A_1 表示驱动系统，式 (6.11) 中 A_2 表示响应系统；ε 为系统之间的负反馈耦合强度。系统尺寸 $L=128$，采用无流边界条件。用欧拉差分方法求解。空间步长 $\Delta x = \Delta y = 1$，时间步长 $\Delta t = 0.04$。驱动系统和响应系统的参数相同，$\alpha = -1.34, \beta = 0.35$。在非耦合的情况下，驱动系统和响应系统均可产生稳定的相螺旋波。在之前的耦合 CGLE 系统研究中，以相螺旋波做驱动系统，去驱动多螺旋波，在弱耦合的条件下发现响应系统的模与驱动系统的相具有螺旋结构上的相似性，可生成模螺旋波，如图 6.28(a)~(d) 所示。

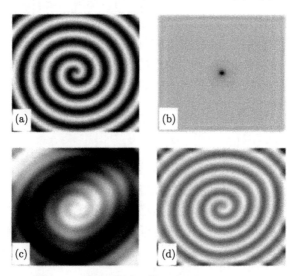

图 6.28 耦合系统相–模同步斑图 ($\varepsilon = 0.08$)

(a) 驱动系统的 $\mathrm{Re}(A_1)$；(b) 驱动系统的 $|A_1|$；(c) 响应系统的 $\mathrm{Re}(A_2)$；(d) 响应系统的 $|A_2|$

为更准确地对比两系统之间的差异，引入同步函数

$$P = \lim_{T\to\infty} \frac{1}{T}\frac{1}{L^2}\int_0^T \mathrm{d}t \int_0^L \mathrm{d}x \int_0^L |A_2 - A_1|\,\mathrm{d}y \tag{6.12}$$

其中 T 为系统的演化总时间；L 为系统尺寸；t 为时间变量；x、y 为系统的空间坐标。

由式 (6.12) 定义可知，如果两系统之间的差异越大，则同步函数值越大，反之则越小，当两系统趋于同步时，同步函数值趋近于零。为了去除暂态，在实验中取两系统通过耦合达到稳定之后的一段时间 ($2000 < t < 5000$) 内的结果来计算 P 值。通过观察两系统之间的同步函数 P 与耦合强度 ε 之间的关系，发现在 $0.050 < \varepsilon < 0.116$ 范围内，响应系统可生成稳定的模螺旋波 (图 6.28(d))。并且在 $0.050 < \varepsilon < 0.116$ 区间内，P 函数值变化不大，平稳光滑过渡，如 6.1 节中图 6.4(b) 中 AS 区域所示。又通过对这一特殊区域内两系统相和模的频率研究，发现响应系统的模 $|A_2|$ 以频率 $(\Omega_2 - \Omega_1)$ 做周期运动，如 6.1 节图 6.8 所示，其中 Ω_1 是驱动系统的实部 $\mathrm{Re}(A_1)$ 的频率，$\Omega_1 \approx 0.103$；Ω_2 是响应系统的实部 $\mathrm{Re}(A_2)$ 的主频率，$\Omega_2 \approx 0.300$。

6.4.2 数值模拟

1. 模螺旋波作为驱动系统

以模螺旋波 [图 6.28(d)] 作为驱动系统，研究响应系统的动力学行为，观察在弱耦合条件下是否会出现类似的相–模斑图同步的现象，即响应系统的模出现与驱动系统的相位结构相似的斑图。使用如式 (6.10) 和式 (6.11) 所示的耦合 CGLE 模型，取 $\varepsilon = 0.08$ 以确保系统 A_2 产生稳定的模螺旋波 (由于模螺旋波不能独立稳定存在，A_1 作为驱动系统，使系统 A_2 生成稳定的模螺旋波)。在此基础上，引入响应系统 A_3，系统 A_3 如式 (6.13) 所示：

$$\partial_t A_3 = A_3 + (1+\mathrm{i}\alpha)\nabla^2 A_3 - (1+\mathrm{i}\beta)|A_3|^2 A_3 - \varepsilon_1(A_3 - A_2) \qquad (6.13)$$

A_3 的初始条件为多螺旋波，在不同的耦合强度 ε_1 下观察响应系统 A_3 的模的斑图变化情况。驱动系统和响应系统的参数相同，$\alpha = -1.34, \beta = 0.35, L = 128$。如图 6.29 所示，$\varepsilon_1$ 的取值从 0 逐步增加，直到能使两系统趋于同步。由图 6.29 可见，在 ε_1 较小的情况下，响应系统 A_3 模的斑图中存在缺陷点，初始的多螺旋波受影响不大。随着 ε_1 的增大，系统中缺陷点逐渐消失。当 ε_1 大到一定程度时，系统 A_2 与系统 A_3 趋于完全同步，形成模螺旋波。

下面讨论同步函数值 P 随 ε_1 的变化情况。如图 6.30 所示，同步函数值随着 ε_1 的增大明显分为 3 个区域：当 $\varepsilon_1 < 0.026$ 时，同步函数 P 的值较大，对应着 A_3 的状态为多螺旋波，此时驱动系统与响应系统之间不同步；当 $0.026 < \varepsilon_1 < 0.041$ 时，同步函数 P 的值出现一个稳定的平台，这与文献 [17] 图 4(b) 中 AS 区域所示类似，A_3 模的斑图也较为特殊 (见图 6.29 中 $\varepsilon_1 = 0.027, 0.030, 0.033, 0.036, 0.039$ 时响应系统模的时空斑图)，这是一个值得注意的现象；当 $\varepsilon_1 > 0.041$ 时，同步函数 P 的值骤降到趋于零，A_3 与 A_2 基本同步，此时 A_3 的状态为模螺旋波。

6.4 相–模同步现象的广泛存在性

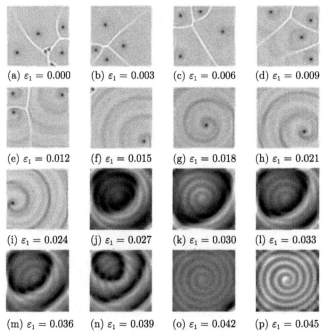

图 6.29 不同耦合强度 ε_1 下响应系统 $|A_3|$ 的时空斑图

驱动系统为稳定的模螺旋波，响应系统初始条件为多螺旋波

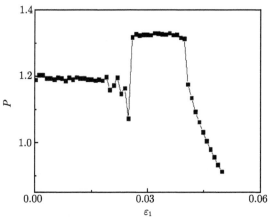

图 6.30 同步函数 P 随耦合强度 ε_1 的变化情况

驱动系统为模螺旋波，响应系统初始条件为多螺旋波

从以上结果不难看出，耦合强度 ε_1 在 0.026~0.041 范围内出现了一类特殊的斑图，且同步函数值趋于稳定，平滑过渡。图 6.31 展示了 $\varepsilon_1 = 0.033$ 时驱动系统和响应系统的相与模的时空斑图。通过对比图 6.31 (a) 与图 6.31 (d) 可以发现，响应系统的模具有类似于驱动系统的相的螺旋结构。分析耦合强度在 0.026~0.041 范

围内，驱动与响应系统的变量实部与模的时序图以及相应的频率，如图 6.32(频率为 FFT 值) 所示。我们选择耦合强度为 0.032。如图 6.32(a)~(e) 所示，系统 1 的实部变量 $\mathrm{Re}(A_1)$ 为周期运动，只有一个频率 0.01556。同时，系统 2 的实部 $\mathrm{Re}(A_2)$ 表

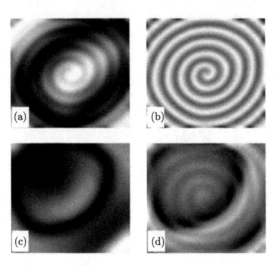

图 6.31　耦合系统相–模同步斑图 ($\varepsilon = 0.03$)

(a) 驱动系统的 $\mathrm{Re}(A_2)$；(b) 驱动系统的 $|A_2|$；(c) 响应系统的 $\mathrm{Re}(A_3)$；(d) 响应系统的 $|A_3|$

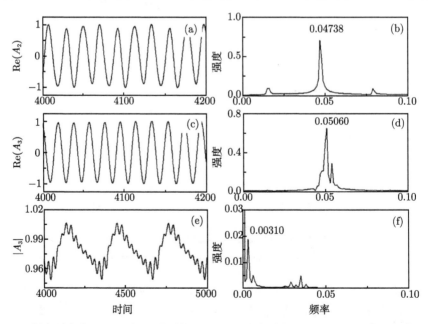

图 6.32　耦合强度为 0.032 时，驱动系统 $\mathrm{Re}(A_2)$、响应系统 $\mathrm{Re}(A_3)$、$|A_3|$ 空间任意一点的时序图 (左栏) 以及相应的频率图 (右栏)

6.4 相–模同步现象的广泛存在性

现为准周期运动, 有两个频率, 主频率为 $\Omega_2 = 0.0473$(主频是由于系统 1 的耦合作用产生, 详见 6.1 节内容); 响应系统同样做周期运动, 主频率 $\Omega_3 = 0.05066$; $|A_3|$ 为准周期运动, 其主频率为 0.00366, 此频率大小约等于 $(\Omega_3 - \Omega_2)$, 这与之前耦合产生模螺旋波的频率的情况一致。

通过以上分析, 可尝试得出结论, 耦合 CGLE 系统产生模螺旋波并非偶然现象, 而是遵循一定的规律: 单向耦合系统的同步遵循从非同步、相–模同步到完全同步的过程。

2. 靶波作为驱动系统

为了证明此结论在其他的波形中也同样适用, 改用靶波做驱动系统, 来观察响应系统的动力学行为。使用如式 (6.10) 和式 (6.11) 的耦合 CGLE 模型, 系统参数 $\alpha = -1.34, \beta = 0.35, L = 128$。在驱动系统 A_1 的局部 (系统格点中心 5×5 区域) 加入振荡项 $\sin(\omega t)$(靶波源), 使驱动系统产生稳定的靶波, ω 取值 0.03, 响应系统的初始条件为多螺旋波。其同步函数值随耦合强度变化如图 6.33 所示: 当 $\varepsilon < 0.034$ 时, 驱动系统对响应的影响不大, 响应系统仍表现为多螺旋波; 当 $0.034 < \varepsilon < 0.162$ 时, 响应系统出现了模靶波, 出现驱动系统的相与响应系统的模螺旋结构相似的现象 (图 6.34), 其同步函数值稳定光滑过渡; 当 $\varepsilon > 0.162$ 时, 同步函数值快速趋于零, 两系统趋于同步, 响应系统逐步演化为相靶波。再来观察 $\varepsilon = 0.05$ 时系统的时序及频率 (图 6.35), 由于驱动系统受靶波源振荡参数 ω 的影响, 运动发生周期性变化, 由单周期运动变为多周期运动, 如图 6.35(a) 所示, 系统的主频率 $\Omega_1 = 0.00568$[与靶波源振荡频率 $\omega/(2\pi)$ 相近], 由于耦合强度较弱, 响应系统的频率受影响不大, 主频率 $\Omega_2 = 0.05206$, 响应系统的模的频率为 0.04651, 此振动频率约等于 $(\Omega_2 - \Omega_1)$, 这与我们发现的规律相符, 证明了我们的结论。为了验证结论的可靠性, 我们在实验中选取大量不同的可以使系统产生靶波的 ω 值, 来研究其耦合行为, 发现了相同的规律性, 这里不再一一列出。

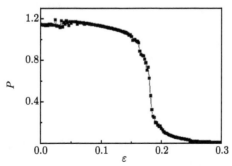

图 6.33 同步函数随耦合强度的变化情况

驱动系统为平面波, 响应系统初始条件为多螺旋波

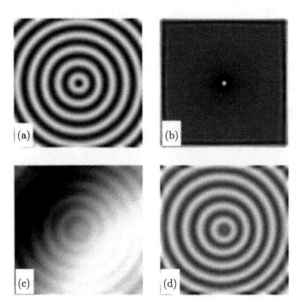

图 6.34 耦合系统相-模同步斑图 ($\varepsilon = 0.05$)

(a) 驱动系统的 $\mathrm{Re}(A_1)$；(b) 驱动系统的 $|A_1|$；(c) 响应系统的 $\mathrm{Re}(A_2)$；(d) 响应系统的 $|A_2|$

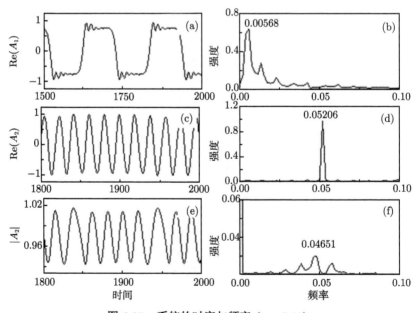

图 6.35 系统的时序与频率 ($\varepsilon = 0.05$)

(a) 驱动系统实部 $\mathrm{Re}(A_1)$ 的时序图；(b) $\mathrm{Re}(A_1)$ 对应的频率；(c) 响应系统实部 $\mathrm{Re}(A_2)$ 的时序图；(d) $\mathrm{Re}(A_2)$ 对应的频率；(e) 响应系统模 $|A_2|$ 的时序图；(f) 响应系统模 $|A_2|$ 的频率

3. 平面波作为驱动系统

以上耦合 CGLE 系统实验,不管是用螺旋波作为驱动系统还是靶波作为驱动系统,研究的都是波的中心区域的动力学行为。为验证远离波的中心区域的耦合动力学行为符合同样的规律,接下来考虑用平面波作驱动系统,以同样方法观察响应系统的变化情况。选驱动系统为如式 (6.14) 所示的平面波:

$$A_1 = \sqrt{1-k^2}\mathrm{e}^{\mathrm{i}(\boldsymbol{k}\cdot\boldsymbol{x}-\omega t)} \tag{6.14}$$

其中 k 为波数,$k=\sqrt{(\omega-\beta)/(\alpha-\beta)}$;$x$、$y$ 为空间坐标;$\boldsymbol{k}$、$\boldsymbol{x}$ 为矢量,$\boldsymbol{k}\cdot\boldsymbol{x}=k_x x+k_y y$;$\omega$ 为频率;t 为时间变量。

采用无流边界条件,系统参数 $\alpha=-1.34, \beta=0.35, L=128$。响应系统同样以多螺旋波作为初始状态,方程模型如式 (6.11)。在数值计算中 $\omega=0.1560\times 2\pi$,$k_x=k_y=k/\sqrt{2}$。系统的同步函数值随耦合强度变化如图 6.36 所示。由图 6.36 可见,当 $\varepsilon<0.060$ 时,驱动系统对响应系统影响不大,响应系统仍表现为多螺旋波;当 $0.060<\varepsilon<0.124$ 时,其同步函数值平稳光滑过渡,响应系统出现了稳定的模平面波,驱动系统相与响应系统的模出现了在斑图结构上相似的现象 (图 6.37);当 $\varepsilon>0.124$ 时,同步函数值快速趋近于零,两系统趋于同步,响应系统演化为相平面波。再来观察 $\varepsilon=0.080$ 时系统的时序图及频率 (图 6.38),驱动系统相的主频率 $\Omega_1=0.01560$,响应系统相的主频率 $\Omega_2=0.04750$,响应系统的模的频率为 0.03190,此频率约等于 $(\Omega_2-\Omega_1)$。这就证明了我们发现的规律在远离波的中心区域的耦合系统中同样适用。

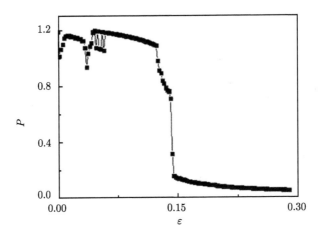

图 6.36 同步函数随耦合强度的变化情况

驱动系统为平面波,响应系统初始条件为多螺旋波

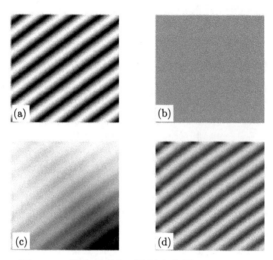

图 6.37 耦合系统相–模同步斑图 ($\varepsilon = 0.080$)

(a) 驱动系统的 $\mathrm{Re}(A_1)$；(b) 驱动系统的 $|A_1|$；(c) 响应系统的 $\mathrm{Re}(A_2)$；(d) 响应系统的 $|A_2|$

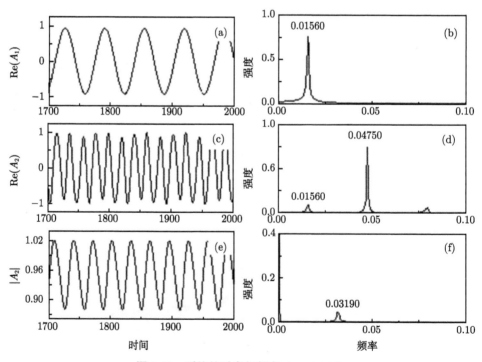

图 6.38 系统的时序与频率 ($\varepsilon = 0.080$)

(a) 驱动系统实部 $\mathrm{Re}(A_1)$ 的时序图；(b) $\mathrm{Re}(A_1)$ 对应的频率；(c) 响应系统实部 $\mathrm{Re}(A_2)$ 的时序图；(d) $\mathrm{Re}(A_2)$ 对应的频率；(e) 响应系统模 $|A_2|$ 的时序图；(f) 响应系统模 $|A_2|$ 的频率

小结:

双向耦合的两个系统的动力学行为与相互之间的耦合强度有着很大的关系,其动力学行为也极为复杂。我们可以通过单向耦合来近似地研究双向耦合系统中一方耦合强度较弱时的动力学行为规律。本研究基于 CGLE 模型研究了单向耦合系统的斑图动力学行为,观察了在模螺旋波驱动下,响应系统在不同耦合强度下的斑图动力学行为。通过斑图结构的相似性确认了在弱耦合 (非同步) 与强耦合 (完全同步) 之间,存在驱动系统的相与响应系统的模在螺旋结构上相似的现象。通过同步函数分析与系统相–模频率分析找到了这一现象的特点。最后用不同的波形做驱动确认了这种现象的一般规律性。也就是说,单向耦合 CGLE 系统的同步遵循从非同步、相–模斑图螺旋结构的相似到完全同步的过程,这也同时解释了为什么会有模螺旋波的产生。这种发现的新颖性和潜在的应用方向在于找到一种用较小的代价 (弱耦合) 来实现混沌控制 (相–模螺旋结构的相似性) 的方法。

参 考 文 献

[1] Wang Q, Gao Q Y, Lu H P, et al. Multi-mode spiral wave in a coupled oscillatory medium. Communications in Theoretical Physics, 2010, 53(5): 977-982.

[2] Yuan G Y, Yang S P, Wang G R, et al. Segmented spiral waves and anti-phase synchronization in a model system with two identical time-delayed coupled layers. Communications in Theoretical Physics, 2008, 49(1): 174-180.

[3] Yuan G Y, Zhang G C, Wang G R, et al. Synchronization and asynchronization in two coupled excitable systems. Communications in Theoretical Physics, 2005, 43(3): 459-465.

[4] Bragard J, Arecchi F T, Boccaletti S. Characterization of synchronized spatiotemporal states in coupled nonidentical complex Ginzburg-Landau equations. International Journal of Bifurcation and Chaos, 2000, 10(10): 2381-2389.

[5] Wang J C, Chen Y. Collective reaction behavior of an oscillating system coupled with an excitable reaction. Journal of Chemical Physics, 2006, 124(23) 234502.

[6] Winston D, Arora M, Maselko J, et al. Cross-membrane coupling of chemical spatiotemporal patterns. Nature, 1991, 351.

[7] Kurata N, Kitahata H, Mahara H, et al. Stationary pattern formation in a discrete excitable system with strong inhibitory coupling. Physical Review E, 2009, 79(5): 56203-56207.

[8] Yang H, Yang J. Spiral waves in linearly coupled reaction-diffusion systems. Physical Review E, 2007, 76(1): 016206.

[9] Bragard J, Boccaletti S, Mendoza C, et al. Synchronization of spatially extended chaotic systems in the presence of asymmetric coupling. Physical Review E, 2004, 70(3): 36219-

36227.

[10] Yang L, Epstein I R. Symmetric, asymmetric, and antiphase Turing patterns in a model system with two identical coupled layers. Physical Review E, 2004, 69(2): 026211.

[11] Hildebrand M, Cui J, Mihaliuk E, et al. Synchronization of spatiotemporal patterns in locally coupled excitable media. Physical Review E, 2003, 68(2): 026205.

[12] Junge L, Parlitz U. Phase synchronization of coupled Ginzburg-Landau equations. Physical Review E, 2000, 62(1): 438-441.

[13] Neubecker R, Gütlich B. Experimental synchronization of spatiotemporal disorder. Physical Review Letters, 2004, 92(15): 154101-154104.

[14] Yang L, Zhabotinsky A M, Epstein I R. Stable squares and other oscillatory turing patterns in a reaction-diffusion model. Physical Review Letters, 2004, 92(19): 198303-198306.

[15] Yang L, Epstein I R. Oscillatory turing patterns in reaction-diffusion systems with two coupled layers. Physical Review Letters, 2003, 90(17): 178303-178306.

[16] Bragard J, Boccaletti S, Mancini H. Asymmetric coupling effects in the synchronization of spatially extended chaotic systems. Physical Review Letters, 2003, 91(6): 064103.

[17] Garcia-Ojalvo J, Roy R. Spatiotemporal communication with synchronized optical chaos. Physical Review Letters, 2001, 86(22): 5204-5207.

[18] Boccaletti S, Bragard J, Arecchi F T, et al. Synchronization in nonidentical extended systems. Physical Review Letters, 1999, 83(3): 536-539.

[19] Amengual A, Hernandezgarcia E, Montagne R, et al. Synchronization of spatiotemporal chaos: The regime of coupled spatiotemporal intermittency. Physical Review Letters, 1997, 78(23): 4379-4382.

[20] 袁国勇, 杨世平, 王光瑞, 等. 两个延迟耦合 FitzHugh-Nagumo 系统的动力学行为. 物理学报, 2005, (4): 1510-1522.

[21] 高继华, 谢伟苗, 高加振, 等. 耦合复金兹堡-朗道 (Ginzburg-Landau) 方程中的模螺旋波. 物理学报, 2012, 61(13): 130506.

[22] 周振玮, 陈醒基, 田涛涛, 等. 耦合可激发介质中螺旋波的控制研究. 物理学报, 2012, 61(21): 107-113.

[23] Tasaki I. Collision of 2 nerve impulses in the nerve fibre. Biochimica Et Biophysica Acta, 1949, 3(4): 494-497.

[24] Gao J H, Xie L L, Nie H C, et al. Novel type of amplitude spiral wave in a two-layer system. Chaos, 2010, 20(4): 043132.

[25] Sudheer K S, Sabir M. Function projective synchronization in chaotic and hyperchaotic systems through open-plus-closed-loop coupling. Chaos, 2010, 20(1): 013115.

[26] Wang Q, Gao Q, Lue H, et al. Multi-mode spiral wave in a coupled oscillatory medium. Communications in Theoretical Physics, 2010, 53(5): 977-982.

[27] Tian C H, Bi H J, Zhang X Y, et al. Asymmetric couplings enhance the transition from chimera state to synchronization. Physical Review E, 2017, 96(5): 052209.

[28] Xu Y, Jia Y, Ma J, et al. Synchronization between neurons coupled by memristor. Chaos Solitons & Fractals, 2017, 104: 435-442.

[29] Suetani H, Yanagita T, Aihara K. Pulse dynamics in coupled excitable fibers: Soliton-like collision, phase locking, and recombination. International Journal of Bifurcation and Chaos, 2008, 18(8): 2289-2308.

[30] Epstein I R, Berenstein I B, Dolnik M, et al. Coupled and forced patterns in reaction-diffusion systems. Philosophical Transactions of the Royal Society A-Mathematical Physical and Engineering Sciences, 2008, 366(1864): 397-408.

[31] Weiss S, Deegan R D. Weakly and strongly coupled Belousov-Zhabotinsky patterns. Physical Review E, 2017, 95(2): 022215.

[32] Bragard J, Boccaletti S, Mendoza C, et al. Synchronization of spatially extended chaotic systems in the presence of asymmetric coupling. Physical Review E, 2004, 70(3): 036219.

[33] Shima S, Kuramoto Y. Rotating spiral waves with phase-randomized core in nonlocally coupled oscillators. Physical Review E, 2004, 69(3): 036213.

[34] Li B W, Cao X Z, Fu C B. Quorum sensing in populations of spatially extended chaotic oscillators coupled indirectly via a heterogeneous environment. Journal of Nonlinear Science, 2017, 27(6): 1667-1686.

[35] Neubecker R, Gutlich B. Experimental synchronization of spatiotemporal disorder. Physical Review Letters, 2004, 92(15): 154101.

[36] Rogers E A, Kalra R, Schroll R D, et al. Generalized synchronization of spatiotemporal chaos in a liquid crystal spatial light modulator. Physical Review Letters, 2004, 93(8): 084101.

[37] Rosenblum M G, Pikovsky A S, Kurths J. From phase to lag synchronization in coupled chaotic oscillators. Physical Review Letters, 1997, 78(22): 4193-4196.

[38] Winston D, Arora M, Maselko J, et al. Cross-membrane coupling of chemical spatiotemporal patterns. Nature, 1991, 351(6322): 132-135.

[39] Yang L F, Epstein I R. Oscillatory turing patterns in reaction-diffusion systems with two coupled layers. Physical Review Letters, 2003, 90(17): 178303.

[40] Yang L, Dolnik M, Zhabotinsky A M, et al. Spatial resonances and superposition patterns in a reaction-diffusion model with interacting turing modes. Physical Review Letters, 2002, 88(20): 208303.

[41] Nie H C, Gao J H, Zhan M. Pattern formation of coupled spiral waves in bilayer systems: Rich dynamics and high-frequency dominance. Physical Review E, 2011, 84(52): 056204.

[42] Nie H C, Xie L L, Gao J H, et al. Projective synchronization of two coupled excitable spiral waves. Chaos, 2011, 21(2): 023107.

[43] Mainieri R, Rehacek J. Projective synchronization in three-dimensional chaotic systems. Physical Review Letters, 1999, 82(15): 3042-3045.

[44] Kocarev L, Parlitz U. Generalized synchronization, predictability, and equivalence of unidirectionally coupled dynamical systems. Physical Review Letters, 1996, 76(11): 1816-1819.

[45] Rosenblum M G, Pikovsky A S, Kurths J. Phase synchronization of chaotic oscillators. Physical Review Letters, 1996, 76(11): 1804-1807.

[46] Pecora L M, Carroll T L. Synchronization in chaotic systems. Physical Review Lecters, 1990, 64(8): 821-824.

[47] 郑志刚. 耦合非线性系统的时空动力学与合作行为. 北京: 高等教育出版社, 2004.

[48] 袁国勇. 双层可激系统的动力学行为及螺旋波的控制. 中国工程物理研究院博士学位论文, 2005.

[49] He X Y, Zhang H, Hu B, et al. Control of defect-mediated turbulence in the complex Ginzburg-Landau equation via ordered waves. New Journal of Physics, 2007, 9: 66.

[50] Zhabotinsky A M, Muller S C, Hess B. Interaction of chemical waves in a thin-layer of microheterogeneous gel with a transversal chemical gradient. Chemical Physics Letters, 1990, 172(6): 445-448.

[51] 高继华, 史文茂, 张超, 等. 耦合复 Ginzburg-Landau 方程中的相-模螺旋结构相似性. 深圳大学学报 (理工版), 2016, 33(03): 272-280.

[52] 高继华, 王宇, 张超, 等. 复 Ginzburg-Landau 方程中模螺旋波的稳定性研究. 物理学报, 2014, 63(2): 20503.

[53] Schmidt L, Krischer K. Chimeras in globally coupled oscillatory systems: From ensembles of oscillators to spatially continuous media. Chaos, 2015, 25(6): 064401.

[54] Schmidt L, Krischer K. Clustering as a prerequisite for chimera states in globally coupled systems. Physical Review Letters, 2015, 114(3): 34101.

[55] Haugland S W, Schmidt L, Krischer K. Self-organized alternating chimera states in oscillatory media. Scientific Reports, 2015, 5: 9883.

[56] Xie L L, Gao J Z, Xie W M, et al. Amplitude wave in one-dimensional complex Ginzburg-Landau equation. Chinese Physics B, 2011, 20(11): 110503.

第7章 不均匀介质中斑图的动力学行为

在许多实际介质中,介质的不均匀性是普遍存在的。不均匀性的存在对螺旋波波头的动力学行为有着重要的影响[1]。例如,影响波的传播速度,甚至导致波的破碎。在心肌细胞中,细胞之间连通的局部不对称性可能引起疾病的产生。本章主要讨论不均匀介质中斑图的动力学行为,如波的竞争、螺旋波振荡频率的变化。

7.1 复金兹堡-朗道方程中能量特征值分析

近几十年来,反应扩散系统中波的动力学行为一直为人们所关注,并被大量研究。当 Vanag 和 Epstein[2] 首次在实验中发现了向内传播的螺旋波时,波的传播方向及波的竞争行为引起了研究者极大的兴趣。文献 [3,4] 中作者通过数值实验得到 CGLE 模型及相应的反应扩散模型中由外向波源传播的波 (inwardly propagating wave, IPW)[2,3,5-7] 和由波源向外传播的波 (outwardly propagating wave, OPW) 所占区域标准,并且阐明了在这两种模型中内传波和外传波所占区域的差别。有研究表明:内传波的出现通常发生在反应扩散系统中霍普夫分岔点附近 [3,4,8]。在没有发现内传波之前,外传波产生的必要条件是波的频率大于一致振荡频率 (bulk frequency)[9],而在发现内传波之后,文献 [2,6] 的作者在反应扩散实验研究中得出结论:内传波产生的必要条件是波的频率小于一致振荡频率。此外,在均匀的反应扩散介质中波的竞争行为有以下一般性规律[10-14]:外传波与外传波之间竞争,高频波入侵低频波;内传波与外传波之间竞争,外传波入侵内传波;内传波与内传波之间竞争,低频波入侵高频波。对于上述规律,研究者通过实验或数值模拟都得到很好的验证,并且从动力学的角度出发,解释了这些规律的正确性。本节通过振幅相表示方法和量子力学相关理论推导出 CGLE 系统中能量特征值的表达式,将能量特征值概念应用于反应扩散系统波的振荡动力学行为中,从而更深层次地理解与掌握波的传播、产生以及竞争规律[15]。

7.1.1 理论推导

考虑以下 CGLE 模型:

$$\partial_t A = A + (1+\mathrm{i}\alpha)\nabla^2 A - (1+\mathrm{i}\beta)|A|^2 A \tag{7.1}$$

在极坐标条件下,引入坐标变换 $(x,y) \to (r,\theta)$,则满足方程 (7.1) 的螺旋波解为

$$A(r,\theta,t) = \rho(r)^{i\phi} = \rho(r)\exp\{i[m\theta - \omega_k + \varphi(r)]\} \tag{7.2}$$

利用 CGLE 的相-振幅表示[5,7,9,16]，将式 (7.2) 代入式 (7.1)，可得

$$\partial_t \rho = (1-\rho^2)\rho + \nabla^2\rho - \rho(\nabla\phi)^2 - \alpha\rho\nabla^2\phi - 2\alpha\nabla\phi\nabla\rho \tag{7.3}$$

$$\partial_t \phi = -\beta\rho^2 + 2\rho^{-1}\nabla\phi\cdot\nabla\rho + \nabla^2\phi + \alpha\rho^{-1}\nabla^2\rho - \alpha(\nabla\phi)^2 \tag{7.4}$$

考虑在非缺陷湍流区域，变量的振幅变化不大可以近似认为 $\partial_t\rho = 0$，结合式 (7.3) 和式 (7.4)，消除 ρ^2 可得相位所满足的方程

$$\partial_t\phi = \sigma_0 + \delta\nabla^2\phi + \sigma_0^{-1}\eta(\nabla\phi)^2 + 2\delta\rho^{-1}\nabla\phi\cdot\nabla\rho - \sigma_0^{-1}\eta\rho^{-1}\nabla^2\rho \tag{7.5}$$

其中 $\sigma_0 = -\beta$，$\delta = 1+\alpha\beta$，$\eta = \beta(\alpha-\beta)$。

对式 (7.5) 运用 Hopf-Cole 转换：$\phi = \sigma_0\eta^{-1}\delta(\ln Q - \ln\rho)$，得

$$\partial_t Q = \delta\left[\eta\delta^{-2} + \nabla^2 - (1+p^2)\rho^{-1}\nabla_r^2\rho\right]Q \tag{7.6}$$

其中 $p = \delta^{-1}\sigma_0^{-1}\eta$。如果式 (7.6) 有螺旋波的解，则

$$Q(r,\theta,t) = \hat{Q}(r)\exp[\pm p(\theta\pm\omega_k t)] \tag{7.7}$$

将式 (7.7) 代入式 (7.6)，可得 $\hat{Q}(r)$ 特征值方程

$$\lambda\hat{Q}(r) = \left[\nabla_r^2 - U(r)\right]\hat{Q}(r) \tag{7.8}$$

其中 $U(r) = U_0(r) + (1+p^2)\rho^{-1}\nabla_r^2\rho$，$\lambda = \eta\delta^{-2}(\sigma_0^{-1}\omega_k - 1)$。值得注意的是，式 (7.8) 与含有特征值的量子力学问题是一致的，其表达式为 $E_{\text{CGLE}}\hat{Q}(r) = \left[-\dfrac{\hbar^2}{2m}\nabla_r^2 + U(r)\right]\cdot\hat{Q}(r)$，能量特征值 $E_{\text{CGLE}} = -\lambda$，其中 $2m=1, \hbar=1$，采用无量纲单位制。所以

$$E_{\text{CGLE}} = -\eta\delta^{-2}(\sigma_0^{-1}\omega_k - 1) = \frac{\alpha-\beta}{(1+\alpha\beta)^2}\cdot\omega_k + \frac{\alpha-\beta}{(1+\alpha\beta)^2}\cdot\beta \tag{7.9}$$

由式 (7.9) 可知，CGLE 系统能量特征值表达式由两部分组成，其中前一部分能量特征值由螺旋波贡献，而后一部分能量特征值由一致振荡贡献。我们对方程 (7.1) 进行数值模拟，可观察螺旋波与一致振荡两部分 (图 7.1)，说明数值模拟结果与式 (7.9) 相符。其中，螺旋波对应的能量特征 $E_w = \dfrac{\alpha-\beta}{(1+\alpha\beta)^2}\cdot\omega_k$；一致振荡能量特征值 $E_b = \dfrac{\alpha-\beta}{(1+\alpha\beta)^2}\cdot\beta$。本小节数值计算采用欧拉差分法，无流边界条件，系统大小 $L\times L$，空间步长 $\Delta x = \Delta y = 0.5$，时间步长 $\Delta t = 0.02$。如图 7.1 所示，从

图 7.1(c1) 中不能直接观察到一致振荡部分,这是因为系统限制在 256×256 区域内,当时间推移至 $t=160$ 时,螺旋波已经演化至占据整个系统。而将系统扩大至 512×512 时,时间推移至 $t=160$,一致振荡部分再次出现。因此,只要系统无限大,不管时间如何推进,总会存在螺旋波和一致振荡部分,只是螺旋波不断演化并向一致振荡扩展而已。

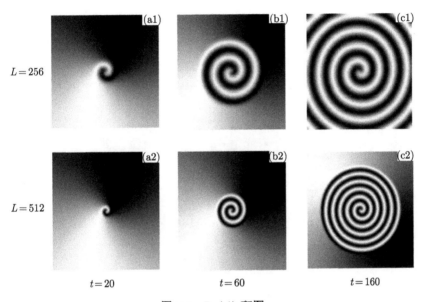

图 7.1 Re(A) 斑图

系统参数 $\beta=0.30, \alpha=-1.34$

7.1.2 数值分析

通过对 CGLE 系统中的能量特征值进行深入数值分析,可以得到以下重要结论:

(1) 螺旋波对应的能量特征值正负性可以表征波的传播方向。研究表明,判断波的传播方向可以用相速度,其表达式为 $V_{\text{ph}}=\dfrac{\omega_k}{k}$。$V_{\text{ph}}>0$,波由波源向外传播;$V_{\text{ph}}<0$,波由外向波源传播。在 CGLE 中,$k$ 与 $\alpha-\beta$ 符号相同[3],那么当 $E_{\text{w}}>0$ 时,$(\alpha-\beta)\omega_k>0$,即 $V_{\text{ph}}=\dfrac{\omega_k}{k}>0$,波由波源向外传播。当 $E_{\text{w}}<0$ 时,$(\alpha-\beta)\omega_k<0$,即 $V_{\text{ph}}=\dfrac{\omega_k}{k}<0$,波由外向波源传播,如图 7.2 所示。另外,当 $1+\alpha\beta\to 0$ 时,$E_{\text{w}}\to\infty$,螺旋波失稳对应于 BFN 线。针对上述发现,本小节将波的能量传输与传播方向联系起来。因此,引入一个广义的能量概念去预测波的传播方向,认为波的传播方向与波的能量传输方向是相同的。

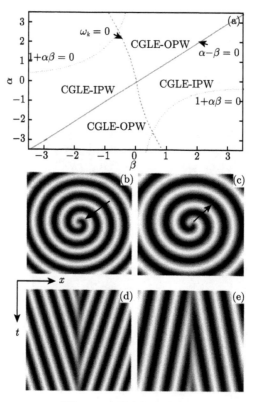

图 7.2 参数空间及斑图

(a) 曲线 $\omega_k = 0$ 和 $\alpha - \beta = 0$ 将 CGLE 模型的参数空间 (β, α) 分成四个主要的部分；(b) 向内传播的螺旋波，系统参数 $\beta = -0.3, \alpha = 1.4$，此时 $\omega_k = -0.07 < 0$, $E_w < 0$；(c) 向外传播的螺旋波，系统参数 $\beta = -0.1, \alpha = 1.4$，此时 $\omega_k = 0.04 > 0$, $E_w > 0$；(d)、(e) 分别是 (b)、(c) 系统中截取中间一条线 $y = 128$ 的时空图。系统大小 256×256

(2) 在 CGLE 系统中，螺旋波产生的必要条件是其能量特征值大于一致振荡能量特征值 ($E_w > E_b$)。首先，考虑外传螺旋波 (OPW) 的产生条件。当 $\alpha - \beta > 0$ 时，$\omega_k > 0$，由色散关系 $\omega_k = \beta + (\alpha - \beta)k^2$，可得 $\omega_k > \beta$，即 $E_w > E_b$。此时，需考虑两种情况：① $\omega_k > \beta > 0$，对应于参数空间图 7.3 中的 A_1 区域，该情况说明外传螺旋波产生的条件是波的频率大于一致振荡频率；② $\omega_k > 0 > \beta$，对应于参数空间图 7.3 中的 B_1 区域，此情况 Gong 等[8] 的研究中未考虑到，此时 ω_k 与 β 的数值大小不易判断，但螺旋波的能量特征值大于一致振荡能量特征值。当 $\alpha - \beta < 0$ 时，$\omega_k < 0$，由色散关系 $\omega_k = \beta + (\alpha - \beta)k^2$，可得 $\omega_k < \beta$，即 $E_w > E_b$。同样需考虑两种情况：① $\omega_k < \beta < 0$，对应于参数空间图 7.3 中的 A_2 区域。此时 $|\omega_k| > |\beta|$，该情况也说明了外传螺旋波产生的条件是波的频率大于一致振荡频率；② $\omega_k < 0 < \beta$，对应于参数空间图 7.3 中的 B_2 区域，该情况 Gong 等[8] 同样在研

7.1 复金兹堡-朗道方程中能量特征值分析

究中未考虑到。综上可得，产生外传螺旋波时，总有 $E_w > E_b$ 成立。

其次，考虑内传螺旋波 (IPW) 的产生条件。当 $\alpha - \beta > 0$ 时，$\omega_k < 0$，由色散关系 $\omega_k = \beta + (\alpha - \beta)k^2$，可得 $\omega_k > \beta$，即 $E_w > E_b$。从而 $\beta < \omega_k < 0$，对应于参数空间图 7.3 中的 C_1 区域。此时 $|\omega_k| < |\beta|$，该情况说明内传螺旋波产生的条件是波的频率小于一致振荡频率。当 $\alpha - \beta < 0$ 时，$\omega_k > 0$，由色散关系 $\omega_k = \beta + (\alpha - \beta)k^2$，可得 $\omega_k < \beta$，即 $E_w > E_b$。从而 $0 < \omega_k < \beta$，对应于参数空间图 7.3 中的 C_2 区域。此时 $\omega_k < \beta$，该情况也说明内传螺旋波产生的条件是波的频率小于一致振荡频率。综上可得，产生内传螺旋波时，总有 $E_w > E_b$ 成立。

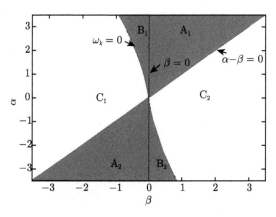

图 7.3　曲线 $\omega_k = 0, \alpha - \beta = 0$ 和 $\beta = 0$ 将 CGLE 模型的参数空间 (α, β) 分成六个主要的部分，分别用 $A_1, B_1, C_1, A_2, B_2, C_2$ 表示

其中，A_1, B_1, A_2, B_2 区域产生向外传播的螺旋波；C_1, C_2 区域产生向内传播的螺旋波

(3) 在均匀单一的 CGLE 系统中，能量特征值较大的螺旋波可入侵能量特征值较小的螺旋波。假设在 CGLE 系统中有两个螺旋波，分别记为 "1" 和 "2"，螺旋波 "1" 入侵螺旋波 "2"，其频率分别为 ω_{k1} 和 ω_{k2}，对应的能量特征值分别为 E_{w1} 和 E_{w2}。① 两个外传螺旋波之间竞争时，高频波入侵低频波。当 $\alpha - \beta > 0$ 时，$\omega_{k1} > \omega_{k2} > 0$，即 $E_{w1} > E_{w2}$。当 $\alpha - \beta < 0$ 时，$|\omega_{k1}| > |\omega_{k2}|$，$\omega_{k1} < \omega_{k2} < 0$，即 $E_{w1} > E_{w2}$。② 外传螺旋波与内传螺旋波竞争时，外传波入侵内传波。$E_{w1} > 0$，$E_{w2} < 0$，即 $E_{w1} > E_{w2}$。③ 两个内传螺旋波之间竞争时，低频波入侵高频波。当 $\alpha - \beta > 0$ 时，$|\omega_{k1}| < |\omega_{k2}|$，$\omega_{k2} < \omega_{k1} < 0$，即 $0 > E_{w1} > E_{w2}$。当 $\alpha - \beta < 0$ 时，$0 < \omega_{k1} < \omega_{k2}$，即 $0 > E_{w1} > E_{w2}$。综上所述，能量特征值较大的螺旋波可入侵能量特征值较小的螺旋波。

方程 (7.1) 进行 $A \to A\exp(\mathrm{i}\omega t)$ 转化，可得

$$\partial_t A = (1 - \mathrm{i}\omega)A + (1 + \mathrm{i}\alpha)\nabla^2 A - (1 + \mathrm{i}\beta)|A|^2 A \tag{7.10}$$

其中 ω 是线性频率参数，非线性扩散关系 $\omega_k=\omega_0+(\alpha-\beta)k^2$，$\omega_0$ 表示一致振荡频率。

在 CGLE 系统中，引入一个圆形不均匀区域 [9-11,17-20]，表达式如下：

$$\omega(r) = \begin{cases} 0, & r > r_0 \\ \Delta\omega, & r \leqslant r_0 \end{cases} \tag{7.11}$$

其中 $r = \sqrt{(x-x_{\rm c})^2 + (y-y_{\rm c})^2}$，$(x_{\rm c}, y_{\rm c})$ 指的是不均匀区域的中心位置，区域半径大小为 r_0。数值模拟在产生稳定的靶波前提下进行，即 $(\alpha-\beta)\Delta\omega > 0$。为了研究方便并不失一般性，设定 $\left|\dfrac{\alpha-\beta}{(1+\alpha\beta)^2}\right| = 1$，可得：当波向外传播时，$E_{\rm w} = |\omega_k|$；当波向内传播时，$E_{\rm w} = -|\omega_k|$。如图 7.4 所示，在 CGLE 系统中，引入半径 $r_0 = 16$，

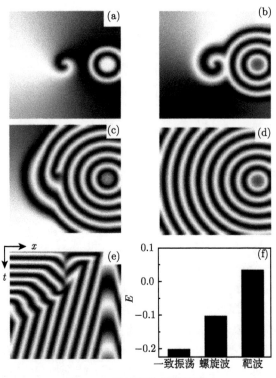

图 7.4 局域不均匀的情形

在 CGLE 系统中注入不均匀区域，其中心 (128,226)，半径 $r_0 = 16$，系统参数 $\beta = -0.2, \alpha = 0.9$，$\Delta\omega = 0.26$。系统大小为 256×256。(a)~(d) 分别表示 $t=40, t=80, t=160, t=400$ 时对应的 Re(A) 相图；(e) 系统截取中间一条线 $y = 128$ 的时空图；(f) 一致振荡能量特征值 $E_{\rm b}= -0.20$，螺旋波的能量特征值 $E_{\rm s}= -0.10$，以及靶波能量特征值 $E_{\rm t}= 0.04$

7.1 复金兹堡-朗道方程中能量特征值分析

中心位置 (128,226) 的圆形不均匀区域。从图 7.4 中可以看出，CGLE 系统中产生了外传的靶波和内传的螺旋波 ($E_b < E_s$, $E_b < E_t$)，而且随着时间进一步的演化，靶波入侵螺旋波 ($E_s < E_t$)。

接下来，本小节讨论不均匀区域的大小对波的形成与传播的影响。在图 7.5 中，当系统不均匀区半径 $r_0 = 0$ 时，产生螺旋波，波的能量特征值 $E_w = -|\omega_k| = -0.11$，一致振荡能量特征值 $E_b = \beta = -0.20\,(\alpha - \beta > 0)$，$E_b < E_w < 0$，说明螺旋波能够产生并向内传播。当 $7 \leqslant r_0 \leqslant 20$ 时，系统产生靶波，并且靶波的能量特征值随 r_0 增大呈非线性增加。由于 $7 \leqslant r_0 \leqslant 9$，$E_w < 0$，所以靶波向内传播；$10 \leqslant r_0 \leqslant 20$，$E_w > 0$，所以靶波向外传播。当系统不均匀区半径 $r_0 = 400$ 时，也产生螺旋波，$E_w = |w_k| = 0.15$，一致振荡频率 $E_b = \omega + \beta = 0.06\,(\alpha - \beta > 0)$，$E_w > E_b > 0$，说明螺旋波能够产生并向外传播。数值模拟如图 7.5 所示。

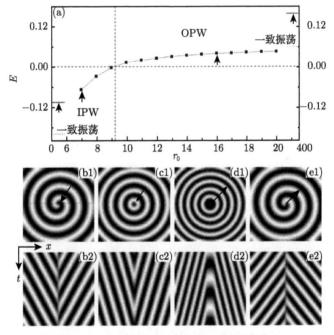

图 7.5 局域不均匀区域大小对波的影响

(a) 不均匀区域大小对能量特征值的影响；(b1)～(e1) 分别表示 $r_0 = 0$, $r_0 = 7$, $r_0 = 16$, $r_0 = 400$ 的 $\mathrm{Re}(A)$，与 (a) 中箭头所指处对应；(b2)～(e2) 分别表示相应的系统截取中间一条线 $y = 128$ 的时空图，(b2)、(c2) 表示波向内传播，(d2)、(e2) 表示波向外传播。系统参数 $\beta = -0.2$, $\alpha = 0.9$, $\Delta\omega = 0.26$。系统大小 256×256，局部不均匀区域的中心位置为 (128,128)

小结：

基于对 CGLE 系统中的能量特征值的分析，我们不禁会将波的能量传输与波的传播方向联系起来。当然，由于本节进行的是数值模拟实验，而并非真实体系的

实验，所以提出的"能量"是广义概念。从近代物理学对波的研究进展来看，波的传播实质上是能量的传输，并且波的能量来自于波源。本节主要从能量的角度讨论了波的形成、传播与竞争规律。根据之前的数值模拟与分析，波的传播方向与波的能量传输方向是相同的。波的能量特征值为正，表示波的传播方向由波源向外传播，即波的能量由波源向外传播。反之亦然。正如平静的湖面上投掷一颗石子，产生的波形如靶波，靶波的中心即波源，也是靶波的能量源，靶波的传播方向和能量传输方向都由波源向外。无论是螺旋波或者是靶波，波源都会控制它们周围的频率与波速。显而易见，波的能量来自于波源。波的能量是标量，其正负性表示能量传输的趋向和大小。螺旋波的能量源是一个点，即时空拓扑缺陷点；靶波的能量源通常是外界引入的不均匀区域面，而一致振荡的能量源就是其本身。此外，我们猜想，波的能量传输是量子化的，即能量传输是不连续的、分立的，只与波的频率有关。本节尝试在 CGLE 系统中引入能量子的概念，即能量子 $E = \hbar \cdot \omega$，其中 $\hbar > 0$ 是常数，ω 表示频率。当波向外传播时，$\omega = |\omega_k|$；当波向内传播时，$\omega = -|\omega_k|$。因此，当能量子较大的波与能量子较小的波竞争时，能量子较大的波入侵能量子较小的波；并且新的波型能够产生并且稳定存在，其能量子必须大于原有的波型或者一致振荡能量子。

总之，本节的主要工作是分析和讨论了 CGLE 系统中的能量特征值相关的性质。我们得出结论：① 在 CGLE 系统中，系统的能量特征值可以分成两部分，分别对应的是螺旋波的能量特征值和一致振荡的能量特征值。② 能量特征值为正的波表示波由波源向外传播；能量特征值为负的波表示波由外向波源传播。③ 当能量特征值较大的波与能量特征值较小的波竞争时，能量特征值较大的波能够入侵能量特征值较小的波；新的波型能够产生并且稳定存在，其能量特征值必须大于原有的波型或者一致振荡能量特征值。

本节的工作主要是尝试将波的传播与能量传输联系起来。引入的能量特征值为后人研究非线性波的传播行为以及它们之间的竞争关系提供一个新的方式。一方面，我们期待本节所提出的能量特征值概念可以进一步应用到真实体系的实验研究中，来解释反应扩散系统中波动的本质规律；另一方面，我们希望启发研究者在讨论波的动力学行为时从能量的角度出发，开阔思维，从而更好地认识这个缤纷多彩的世界。

7.2 二维非均匀振荡介质中波的竞争规律

波的传播是波的形成与动力学行为的一个重要特征。在自然界中，波在传递能量的过程中扮演重要的角色。最近几十年，波在非线性延展系统中表现出的丰富性和复杂性吸引越来越多研究者的关注[21]，比如在扩散系统中的孤立波、心脏组织

7.2 二维非均匀振荡介质中波的竞争规律

中的可激发波以及振荡介质中的相波等。为了揭示这些波的基本特性,在均匀介质中诸如波的形成、传播、竞争被不断讨论与研究,并形成了比较成熟的理论。已知均匀的介质中,波的竞争规律[12-14,22-25],然而,研究者对波在非均匀振荡介质中的竞争规律掌握得不是很透彻。文献 [12, 23] 作者在对波的竞争规律研究过程中发现一种界面选择波 (interface-selected wave, ISW),界面选择波是指一种非线性波,它能自发在两个不同的均匀介质的连接处产生,稳定存在并且占据两个不均匀的介质。他们也详细研究了一维非均匀 CGLE 介质系统中波的竞争规律,并对这些规律做了一些理论的解释。因此,本节从更高维度出发研究二维非均匀振荡介质中波的竞争规律。

7.2.1 方法与模型介绍

考虑二维 CGLE 模型

$$\partial_t A = A + (1+\mathrm{i}\alpha)\nabla^2 A - (1+\mathrm{i}\beta)|A|^2 A \tag{7.12}$$

其中色散关系 $\omega_k = \beta + (\alpha-\beta)k^2$,实数 β 表示一致振荡频率。将 CGLE 系统作左、右不均匀处理,表达式如下:

$$(\alpha,\beta) = \begin{cases} (\alpha_1,\beta_1), & x \leqslant L_x/2, \quad 0 \leqslant y \leqslant L_y \\ (\alpha_\mathrm{r},\beta_\mathrm{r}), & L_x/2 < x \leqslant L_x, \quad 0 \leqslant y \leqslant L_y \end{cases} \tag{7.13}$$

系统尺寸 $L_x = 256, L_y = 128$,采用欧拉差分数值分析方法,时间步长 $\Delta t = 0.02$,空间步长 $\Delta x = \Delta y = 0.5$,无流边界条件。如图 7.6 所示,系统左右两边都产生了稳定的螺旋波,其中左边的系统参数为 $\alpha_1 = 1.0, \beta_1 = 0$;右边的系统参数 $\alpha_\mathrm{r} = 0.8, \beta_\mathrm{r} = -0.1$。

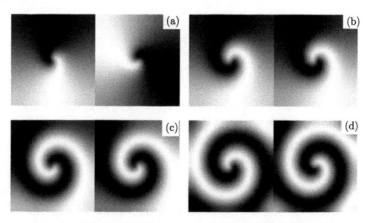

图 7.6 系统左、右不均匀处理分别产生两个稳定的螺旋波
(a) $t = 20$; (b) $t = 60$; (c) $t = 120$; (d) $t = 200$

在数值实验中，首先让左、右两半边的系统各自演化至产生稳定的螺旋波 (图 7.6)，然后再开通两系统相连接的边界使它们进行竞争，并观察螺旋波竞争行为。如图 7.7 给出了左、右两系统开通界面之后的系统演化过程。从图 7.7 中可以看出，当系统演化至 $t=2000$ 后，左、右两边系统都演化生成了稳定的螺旋波，此时，开通系统相连接的边界，可以看到左边的螺旋波逐渐入侵右边的螺旋波直至将右边的螺旋波推出系统。系统参数同样设置为：左边 $\alpha_l=1.0, \beta_l=0$；右边 $\alpha_r=0.8, \beta_r=-0.1$。

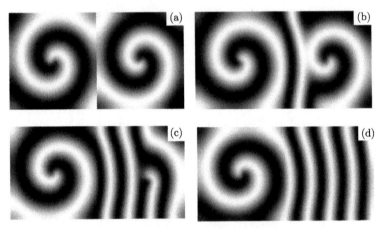

图 7.7 开通界面后两个稳定的螺旋波的竞争演化过程

(a) $t=2000$; (b) $t=2100$; (c) $t=2200$; (d) $t=2400$

7.2.2 波的常规竞争规律

如图 7.8 所示，给出了螺旋波竞争的几种情况。图 7.8(a1)~(c1) 表示两个内传螺旋波的竞争，从图中可以看出左半边的螺旋波入侵右半边的螺旋波。图 7.8(a2)~(c2) 表示左边的外传螺旋波与右边的内传螺旋波的竞争，从图中可以看出左半边的外传螺旋波入侵右半边的内传螺旋波。图 7.8(a3)~(c3) 表示两个外传螺旋波的竞争，从图中可以看出右半边的螺旋波入侵左半边的螺旋波。

我们对图 7.8 中的各螺旋波进行频率分析，来解释竞争结果的内在机理。首先，分析两个内传螺旋波之间的竞争规律，对应图 7.8 中的 (a1)~(c1)。如图 7.9 所示，(a) 表示左边系统中点 (64,30) 的时序图，(b) 表示右边系统中点 (64,230) 的时序图，(c) 对应图 7.9(a) 的 FFT 图，(d) 对应图 7.9(b) 的 FFT 图。从图 7.9(a)、(c) 中可以看出，系统一直是周期性振荡，且振荡频率为 $\Omega_1=0.01425$，即左边螺旋波的频率。从图 7.9(b)、(d) 中可以看出，系统周期性振荡分为两段，前一段对应原有的螺旋波的周期性振荡，频率为 $\Omega_2=0.02325$，而后面一段表示被左边螺旋波入侵之后的周期性振荡，频率为 $\Omega_1=0.01425$。因此，可以得出结论：左边低频的内传螺

7.2 二维非均匀振荡介质中波的竞争规律

旋波入侵右边高频的内传波。

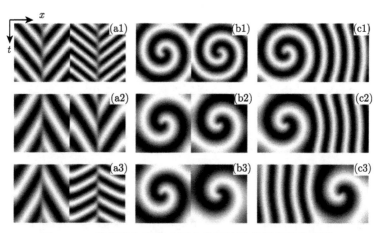

图 7.8 二维非均匀振荡介质中的螺旋波的常规竞争规律

(a1)~(c1) 系统参数为: 左边 $\alpha_l=1.0, \beta_l=-0.2$, 右边 $\alpha_r=1.0, \beta_r=-0.3$; (a2)~(c2) 系统参数为: 左边 $\alpha_l=1.0, \beta_l=0$, 右边 $\alpha_r=0.8, \beta_r=-0.1$; (a3)~(c3) 系统参数为: 左边 $\alpha_l=1.0, \beta_l=0$, 右边 $\alpha_r=1.0, \beta_r=0.1$

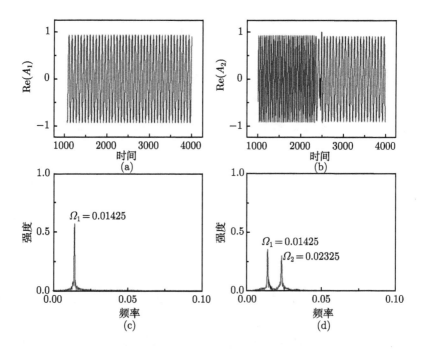

图 7.9 (a) 左边系统 $\text{Re}(A_1)$ 的时序图; (b) 右边系统 $\text{Re}(A_2)$ 的时序图; (c) 左边系统对应的 FFT 图, 频率为 $\Omega_1=0.01425$; (d) 右边系统对应的 FFT 图, 频率 $\Omega_1=0.01425, \Omega_2=0.02325$

其次，分析外传螺旋波与内传螺旋波的竞争规律，对应图 7.8 中的 (a2)~(c2)。如图 7.10 所示，(a) 表示左边系统中点 (64,30) 的时序图，(b) 表示右边系统中点 (64,230) 的时序图，(c) 对应图 7.10(a) 的 FFT 图，(d) 对应图 7.10(b) 的 FFT 图。从图 7.10(a)、(c) 中可以看出，系统一直是周期性振荡，且振荡频率为 $\Omega_1=0.00775$，即左边外传螺旋波的频率。从图 7.10(b)、(d) 中可以看出，系统周期性振荡分为两段，前一段对应原有的内传螺旋波的周期性振荡，振荡频率为 $\Omega_2=0.00875$，而后面一段表示被左边螺旋波入侵之后的周期性振荡，振荡频率为 $\Omega_1=0.00775$。因此，左边外传螺旋波入侵右边内传螺旋波，与左右两边螺旋波的频率大小没有关系。

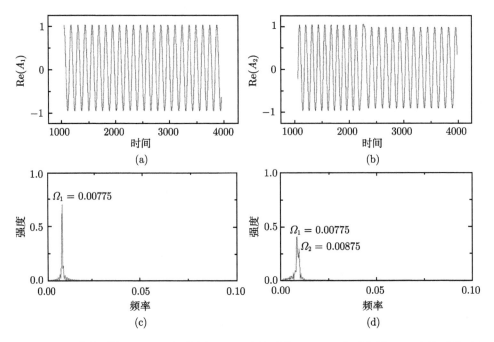

图 7.10　(a) 左边系统 $Re(A_1)$ 的时序图；(b) 右边系统 $Re(A_2)$ 的时序图；(c) 左边系统对应的 FFT 图，频率为 $\Omega_1=0.00775$；(d) 右边系统对应的 FFT 图，频率 $\Omega_1=0.00775, \Omega_2=0.00875$

最后，对两个外传螺旋波竞争规律进行频率分析，对应图 7.8 中的 (a3)~(c3)。如图 7.11 所示，(a) 表示左边系统中点 (64,30) 的时序图，(b) 表示右边系统中点 (64,230) 的时序图，(c) 对应图 7.11(a) 的 FFT 图，(d) 对应图 7.11(b) 的 FFT 图。从图 7.11(a)、(c) 中可以看出，系统周期性振荡分为两段，前一段对应原有的外传螺旋波的周期性振荡，频率为 $\Omega_1=0.00775$，而后面一段表示被右边外传螺旋波入侵之后的周期性振荡，频率为 $\Omega_2=0.02025$。从图 7.11(b)、(d) 中可以看出，系统一直是周期性振荡，且振荡频率为 $\Omega_2=0.02025$，即右边外传螺旋波的频率。因此，右边高频外传螺旋波入侵左边低频外传螺旋波。

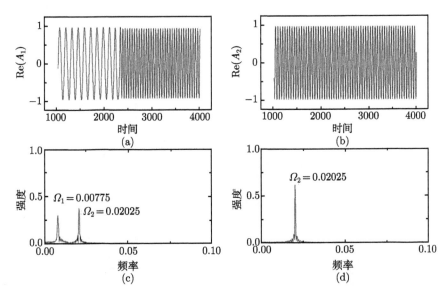

图 7.11　(a) 左边系统 $\mathrm{Re}(A_1)$ 的时序图；(b) 右边系统 $\mathrm{Re}(A_2)$ 的时序图；(c) 左边系统对应的 FFT 图，频率为 $\Omega_1=0.00775$, $\Omega_2=0.02025$；(d) 右边系统对应的 FFT 图，频率 $\Omega_2=0.02025$

接下来，我们考虑这三种情况的色散关系曲线 $(\omega=\beta+(\alpha-\beta)k^2)$，可以总结出一些一般性规律。如图 7.12 所示，从图中可以看出，所有的色散关系曲线的斜率都是同号且为正的。通过验证，当两边色散关系曲线同号且为负时，波的竞争规律也按照均匀介质中的竞争模式进行。

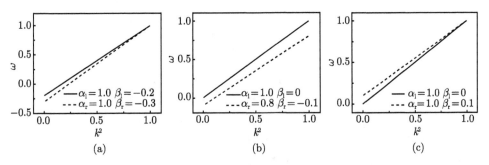

图 7.12　(a) 两个内传螺旋波之间竞争的色散关系曲线；(b) 外传螺旋波与内传螺旋波的竞争色散关系曲线；(c) 两个外传螺旋波之间竞争的色散关系曲线

7.2.3 界面选择波的产生

当实验的系统参数设置为左边 $\alpha_l = 0, \beta_l = 0.4$,右边 $\alpha_r = 0.8, \beta_r = 0.2$,其他条件不变时,我们可以看到在左右两边介质的连接处产生一个界面选择波 (ISW),并逐渐演化占据整个系统,如图 7.13 所示。从图中可以看出,当系统演化至 t =2000 后,左右两边系统都演化生成了稳定的螺旋波 (波数较小),此时,开通左右两边介质相连接的边界,在连接的边界处可以观察到 ISW 产生。

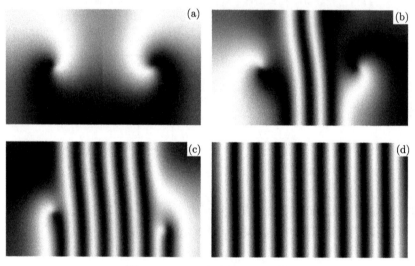

图 7.13 ISW 产生的演化过程

(a) t =2000; (b) t =2100; (c) t =2200; (d) t =2400

如图 7.14 所示,我们对 ISW 的产生进行了频率分析。(a) 表示左边系统中点 (64,30) 的时序图,(b) 表示右边系统中点 (64,230) 的时序图,(c) 对应图 7.14(a) 的 FFT 图,(d) 对应图 7.14(b) 的 FFT 图。从图 7.14(a)、(c) 中可以看出,系统周期性振荡分为两段,前一段对应原有的螺旋波的周期性振荡,频率为 Ω_1=0.06325,而后面一段表示被 ISW 入侵之后的周期性振荡,频率为 $\Omega_{\rm ISW}$=0.051。从图 7.14(b)、(d) 中可以看出,系统周期性振荡也分为两段,前一段对应原有的螺旋波的周期性振荡,频率为 Ω_2=0.03275,而后面一段表示被 ISW 入侵之后的周期性振荡,频率为 $\Omega_{\rm ISW}$=0.051。根据系统参数设置可以判断,左边的螺旋波是内传的,而右边的螺旋波是外传的。因此,竞争规律可以总结为:相对低频的 ISW 入侵左边高频的内传螺旋波,而相对高频的 ISW 入侵右边低频的外传螺旋波。

同样,分析 ISW 产生的色散关系曲线 $(\omega - k^2)$,如图 7.15 所示,发现一条直线的斜率为正,而另外一条直线的斜率为负,并且两条直线相交于点 (0.20,0.32)。产生的 ISW 频率 $\Omega_{\text{ISW}} = \dfrac{\omega}{2\pi} = \dfrac{0.32}{2\pi} = 0.051$。

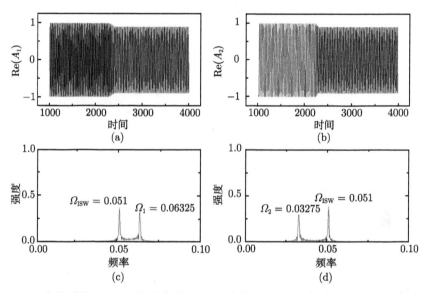

图 7.14 (a) 左边系统 $\text{Re}(A_1)$ 的时序图；(b) 右边系统 $\text{Re}(A_2)$ 的时序图；(c) 左边系统对应的 FFT 图，频率为 $\Omega_1=0.06325, \Omega_{\text{ISW}}=0.051$；(d) 右边系统对应的 FFT 图，频率为 $\Omega_2=0.03275, \Omega_{\text{ISW}}=0.051$

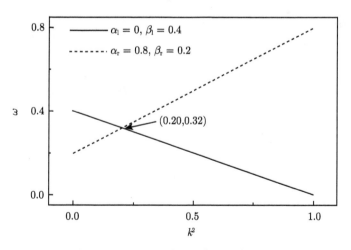

图 7.15 ISW 产生的色散关系曲线

7.2.4 波共存

二维非均匀振荡介质的竞争规律最后一种情况是波共存，波共存主要分两种情况，一个是波传播方向以及波的频率相同时波竞争时达到共存，该情况可归类为波的常规竞争规律，我们不做讨论，接下来本小节主要讨论另外一种波共存的情况。如图 7.16 所示，当数值模拟的系统参数设置为左边 $\alpha_l = 0.3, \beta_l = 0.2$，右边 $\alpha_r = -1.0, \beta_r = -0.6$ 时，左右两边介质的波达到共存。同样，我们对左右两边介质的波进行了频率分析，如图 7.17 所示。分析表明，左右两边的波共存，并都按照各自频率进行振荡，左边波频率为 $\Omega_1=0.03175$，右边波频率为 $\Omega_2=0.096$。

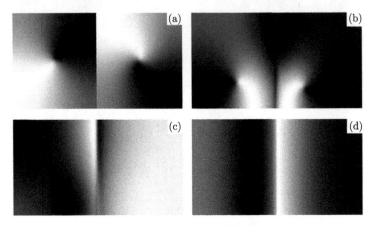

图 7.16 波共存的演化过程

(a) $t=2000$; (b) $t=2400$; (c) $t=3200$; (d) $t=4000$

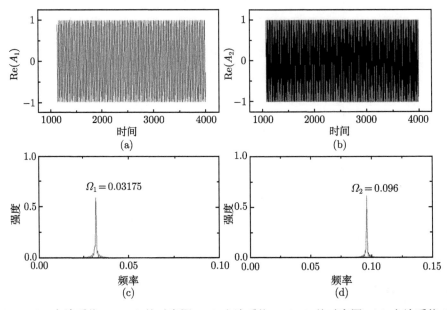

图 7.17 (a) 左边系统 $\text{Re}(A_1)$ 的时序图；(b) 右边系统 $\text{Re}(A_2)$ 的时序图；(c) 左边系统对应的 FFT 图，频率为 $\Omega_1=0.03175$；(d) 右边系统对应的 FFT 图，频率为 $\Omega_2=0.096$

我们同样分析波共存的色散关系曲线 (ω-k^2),从图 7.18 中可以看出,色散关系中一条直线的斜率为正,而另外一条直线的斜率为负,并且两条直线没有交点,此时两边介质的波达到共存。

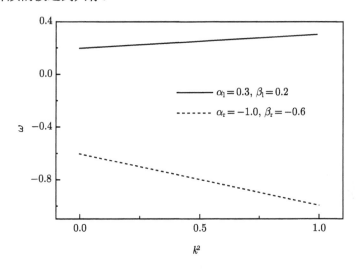

图 7.18 波共存的色散关系曲线

小结:

本节主要研究了二维非均匀介质中波的竞争规律。在非均匀的介质中,当两边介质的色散关系曲线的斜率同号 (同为正或者同为负) 时,波的竞争规律按照常规竞争模式进行,即内传波与内传波竞争,低频胜;外传波与内传波竞争,总是外传波胜;外传波与外传波竞争,高频胜。当两边介质的色散关系曲线的斜率为一正一负,且两条色散曲线相交于一点时,两边介质相连接的边界处产生 ISW。ISW 的频率高的一方为外传螺旋波的频率而低的一方为内传螺旋波的频率。当两边介质的色散关系曲线为一正一负,且不相交时,两边介质的波共存。

7.3 局部不均匀性对时空系统振荡频率的影响

反应扩散系统在随机初始条件下可以产生多个螺旋波稳定共存的现象,持续注入的周期性信号、系统边界条件的影响以及系统参数的不均匀性,均可以将多螺旋波转换为靶波,并产生相应的振荡频率改变。自从别洛乌索夫和扎布亭斯基首先在皮氏培养皿中发现 BZ 反应的螺旋波和靶波斑图以来[26],以 CGLE 为模型的反应扩散系统的斑图动力学行为研究便一直为人们所关注。文献 [27 – 30] 研究了反应扩散系统中的节拍器使系统产生稳定的靶波的机制。这种自组织 (由节拍器引发的) 靶波的存在在实验中得到了证实[31], 文献 [7] 作者从理论上对这种现象进行了解释, 让我们对此有了更为深入的了解。文献 [2,6] 在实验中观察到了反向传播的螺旋波与靶波, 在数值模拟实验中观察到了同样的行为[3,4]。节拍器与产生的靶波的传播方向 (内传或外传) 的关系在文献 [10,11] 中得到详细的研究。局部参数的调整可使系统在缺陷湍流状态下产生靶波[18,19,32-34], 这种方法被用于控制时空混沌。综上所述, 对于靶波的产生机理已有较多的研究, 获得了一系列启发性的研究成果。本节将以二维 CGLE 为模型, 通过局部参数调整产生系统不均匀性, 将多螺旋波转化为靶波, 通过数值实验测量靶波的振荡频率, 并讨论和总结其传播方向和频率变化的规律[35]。

7.3.1 模型和控制方法

模型采用如下 CGLE:

$$\partial_t A = A + (1+i\alpha)\nabla^2 A - (1+i\beta)|A|^2 A \tag{7.14}$$

本节实验要求选取的系统参数可使系统出现稳定的多螺旋波, 不失一般性, 选取为 $\alpha = -1.34, \beta = 0.35$。系统尺寸 $L = 128$。二维系统空间占据 $L \times L$ 的正方形区域, 采用无流边界条件。在此参数下可以形成向内传播的螺旋波。系统获得稳定的多螺旋波斑图以后, 在系统中加入半径 $r_0 = 5$ 的圆形参数不均匀区域作为控制信号, 然后通过实验观察该杂质区域对初始螺旋波斑图的影响。加入杂质区域之后, 系统参数 α, β 的值如式 (7.15) 所示:

$$(\alpha, \beta) = \begin{cases} (\alpha_1, \beta_1), & r > r_0 \\ (\alpha_2, \beta_2), & r \leqslant r_0 \end{cases} \tag{7.15}$$

式中 $r = \sqrt{(x-x_c)^2 + (y-y_c)^2}$, 为杂质区域的半径, 其中 x_c, y_c 是杂质区域的中心坐标, $(x_c, y_c) = (64, 64)$; α_1, β_1 为原始系统参数, $\alpha_1 = -1.34, \beta_1 = 0.35, \alpha_2, \beta_2$ 为杂质区参数。以下通过数值模拟实验调整控制参数 α_2, β_2, 来观察系统演化所产生时空斑图的频率特征, 并发现和总结其中的规律。

7.3.2 数值模拟与分析

我们先通过引入局域不均匀性来观察原始多螺旋波所受到的影响。局域的杂质区域放置于系统空间的中心位置, 区域的大小由半径 r_0 来确定。由于本节重点讨论杂质区域的参数对系统的影响, 故在不失一般性的前提条件下, 固定 $r_0 = 5$, 进行以下的数值实验研究。当在特定杂质参数 $\alpha_2 = -1$ 和 $\beta_2 = 1$ 的情况下, 我们可以观察到, 原始的多螺旋波斑图出现以杂质区为核心的靶波, 随着时间的推移, 靶波逐渐占据了多螺旋波的区域, 最终靶波占据了整个系统空间, 如图 7.19 所示。

7.3 局部不均匀性对时空系统振荡频率的影响

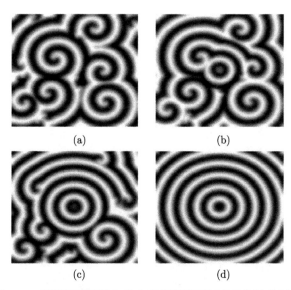

图 7.19 利用局域不均匀性在多螺旋波区域产生靶波的过程

系统参数为 $\alpha_1 = -1.34, \beta_1 = 0.35$,杂质参数为 $\alpha_2 = -1, \beta_2 = -1$。(a) 系统时间 $t = 300$ 时加入局域不均匀控制区域;(b) $t = 500$;(c) $t = 600$;(d) $t = 900$,系统最终演化为稳定的靶波

如图 7.19 所示,杂质区域参数随机赋值,$\alpha_2 = -1, \beta_2 = -1$,当 $t = 300$ 时系统未加入杂质区域,处于均匀状态,表现为多螺旋波,如图 7.19(a) 所示;在 $t = 500$ 时,系统的中间区域出现靶波源,如图 7.19 (b) 所示;在 $t = 600$ 时靶波扩散明显,已占据系统中间与上部大部分区域,系统下方仍表现为多螺旋波,如图 7.19 (c) 所示;在 $t = 600$ 时靶波占据了整个系统空间,如图 7.19 (d) 所示。这就证明了局部参数的变化引起的局部不均匀性可以使多螺旋波系统产生靶波,对多螺旋波起到抑制作用。

实验观察到,并不是任意的杂质参数都可使多螺旋波系统产生靶波,不同的杂质参数对系统的影响呈多样性,这种多样性可以通过一系列的不同杂质参数观察到。我们固定 $\alpha_2 = -1$,在 $-3\sim 3$ 以步长 0.1 改变 β_2 的值,观察系统在最终时刻 ($t = 5000$) 的斑图情况,在图 7.20 中根据不同的 β_2 列举了一些代表性斑图。不同杂质参数对多螺旋波的影响大致可分为以下几种:① 对多螺旋波基本无影响,在系统中间可观察到明显的圆形杂质区域,如图 7.20(a)~(c) 所示;② 使多螺旋波杂质区域附近出现失稳,出现混沌状态,如图 7.20(d) 所示;③ 对多螺旋波基本无影响,杂质区域表现不明显,如图 7.20(h)、(i) 所示;④ 由于杂质参数与系统参数相近,对多螺旋波系统无影响,如图 7.20(g) 所示;⑤ 使多螺旋波系统产生靶波,如图 7.20(e)、(f) 所示。我们关注的重点还是靶波的出现,通过以上观察,可以推断靶波出现在 $\beta_2 = -0.1$ 左右的一段连续的杂质参数下,而 β_2 的值太大或太小都不能系统产生靶波。

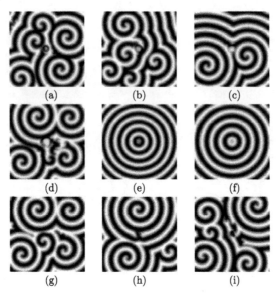

图 7.20　不同杂质参数情形下系统的最终演化结果

系统参数为 $\alpha_1 = -1.34$, $\beta_1 = 0.35$, 杂质参数为 $\alpha_2 = -1$。(a) $\beta_2 = -3.0$; (b) $\beta_2 = -1.2$; (c) $\beta_2 = -0.6$; (d) $\beta_2 = -0.4$; (e) $\beta_2 = -0.1$; (f) $\beta_2 = 0$; (g) $\beta_2 = 0.4$; (h) $\beta_2 = 2.2$; (i) $\beta_2 = 2.8$。可以注意到，在所示的杂质参数条件下只有在 (e) 和 (f) 这两个例子中，系统的原始多螺旋波最终演化为稳定的靶波斑图。

以上定性分析表明，系统的不均匀性可以产生稳定的靶波，当改变杂质参数时，系统的最终演化结果也有相应的变化。只有在特定的杂质参数区间，系统才可以产生靶波，而在此区间之外，系统仍然保持螺旋波状态。仔细观察图 7.20 中多螺旋波的情形，我们可以注意到，虽然当 β_2 的值较大或者较小时系统未能演化成靶波，但是其螺旋波的形状仍然会受到杂质参数的影响，产生微小的改变。为了进一步研究局域非均匀性对系统最终演化结果的影响，我们考虑测量系统振荡频率随着杂质参数的变化情况。在 CGLE 中，系统参数的改变可以影响到系统的固有频率，一般情况下满足色散关系 $\omega = \beta + (\alpha - \beta)k^2$，其中 k 是波数。在本节的数值模拟中，系统的振荡频率则需要考虑非杂质区域和杂质区域这两种情形。在这两个区域中，系统介质均分别以相同的频率进行振荡，所以只需要任意取非杂质区域和杂质区域中的两个代表点进行频率测量，就可以了解系统的整体振荡频率。图 7.21 中画出了系统振荡频率随着 β_2 的变化情况，从其中可以观察到杂质参数将系统的最终演化结果分为三个部分：在 β_2 较小的 A 区，非杂质区域的频率小于杂质区域的频率；在 β_2 较大的 B 区和 C 区，非杂质区域与杂质区域的频率相同。B 区与 C 区的区别是：B 区非杂质区域与杂质区域的频率相等，均出现了低于非杂质区域固有频率的情形；而在 C 区两者的频率均等于非杂质区域的固有频率。在图

7.21 所示的系统参数条件下,我们可以获得三个区域的具体范围,并可以进一步分析三个区域中的细节。当固定杂质区域参数为 $\alpha_2 = -1$ 时,通过调整控制参数 β_2 的数值,可以发现:A 区域的范围是 $\beta_2 < -0.17$,在此参数范围内系统在杂质区的频率明显大于非杂质区,并且随着 β_2 的增大逐渐减小。而非杂质区域的频率则相对稳定,在原系统的固有频率 (0.0155) 上下小范围波动,基本上不受杂质区域的影响,系统的最终演化斑图为多螺旋波,对应于图 7.20(a)~(d) 的情形。C 区域的范围是 $\beta_2 > -0.02$,在此范围内杂质区域与非杂质区域的振荡频率在测量误差范围内相等,均在原系统固有频率上下小范围内波动,系统的最终演化斑图与 A 区相同,也为多螺旋波,对应于图 7.20(g)~(i) 的情形。当时系统处于图 7.21 中所示的 B 区 $-0.17 \leqslant \beta_2 \leqslant -0.02$。在这个区域内杂质区与非杂质区的频率相等,均随着 β_2 的增大出现先减小后增大的 V 形变化。通过对系统演化的最终斑图进行观察,发现也正是在 B 区可以获得稳定靶波,因此 B 区域也可称为靶波区域。这个区域具有特殊性,无论是在非杂质区域还是杂质区域,它们共同的振荡频率均低于系统固有的振荡频率,因此值得进行进一步的观察和讨论。图 7.22 是 B 区附近非杂质区域振荡频率随着 β_2 的变化情况。由图可以看出,在 $\beta_c \approx -0.1$ 时,系统的振荡频率为零,数值模拟发现在这个参数条件下可以得到定态靶波,系统所有的空间位置均不发生振荡现象。而在临界参数 β_c 的两侧系统频率的变化函数接近于直线,通过线性拟合方法获得 V 形区域左右直线边的斜率分别为 -0.12 和 0.12,频率函数的斜率在数值上具有对称性。

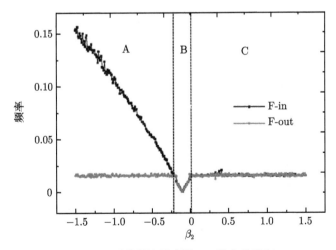

图 7.21 系统频率随参数 β_2 的变化情况

系统参数为 $\alpha_1 = -1.34$, $\beta_1 = 0.35$,杂质参数为 $\alpha_2 = -1$。图中 F-in 点线图代表杂质区域的频率,F-out 点线图代表非杂质区域的频率。由图可以分析出三个明显的区域,其中仅在 B 区系统的最终演化结果为靶波,而在 A 区和 C 区系统最终表现为多螺旋波

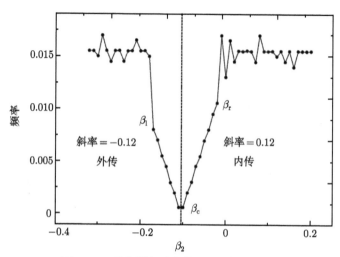

图 7.22　系统频率随参数 β_2 的变化情况

系统参数为 $\alpha_1=-1.34$, $\beta_1=0.35$, 杂质参数为 $\alpha_2=-1$。图中仅画出了非杂质区域的振荡频率

系统频率随杂质参数的变化函数出现 V 形结构，频率先减小，下降为零后再增大，而且减小和增大的速度是相同的，这在图 7.22 中体现为 V 形区域左右直线边的斜率具有对称性。这就给了我们一个启发，在临界控制参数 β_c 附近之所以会出现系统频率从减小到增大的变化，实际上是由于在这里出现了靶波传播方向的改变。为了验证这个猜想，图 7.23 分别选取了 V 形区域两边的参数进行实验，发现确实出现了靶波传播方向的改变。在 V 形区域的左边即 $-0.17\leqslant\beta_2\leqslant-0.11$ 波是由内向外传播的，而区域的右边即 $-0.10\leqslant\beta_2\leqslant-0.02$ 波是由外向内传播的。

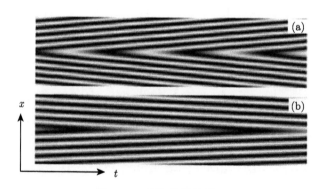

图 7.23　系统的演化情况

系统参数为 $\alpha_1=-1.34$, $\beta_1=0.35$, 杂质参数为 $\alpha_2=-1$。(a) $\beta_2=-0.16$, 位于图 7.22 中 V 形区域的左边，系统最终形成了由内向外传播的靶波；(b) $\beta_2=-0.08$, 位于 V 形区域的右边，系统最终形成了由外向内传播的靶波

7.3 局部不均匀性对时空系统振荡频率的影响

为了更加准确地描述 V 形区域在参数区的位置，引入三个参数 β_l、β_c、β_r 来表示该区域的宽度，它们分别代表了 V 形区域的左、中、右三个点的参数值 (如图 7.22 所示)。调整杂质区域参数 α_2，可以观察 V 形区域三个关键值的走势，如图 7.24 所示。可以看到，随着参数 α_2 的增加，β_l、β_c、β_r 呈递减的趋势，而区域的宽度并无明显变化。

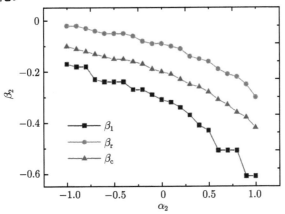

图 7.24　β_l、β_c、β_r 随 α_2 的变化情况

为不失一般性，以上的研究基于多螺旋波系统。而我们也考虑到了一种特殊情况，即这种局部的不均匀性发生在螺旋系统的波心位置。螺旋波的动力学中心是一个奇点 (在这一点系统的模为零)。它是螺旋波的组织中心，我们把杂质区域刚好加到这个中心的奇点上，来观察系统的动力学行为是否具有特殊性。

实验使用相同的 CGLE 模型，不同的是将随机初始条件改为特殊初始条件，使系统产生稳定的单螺旋波，其他参数不变，在 $-3 \sim 3$ 调节 β_2 的大小，观察系统斑图演化情况，如图 7.25 所示。

图 7.26 刻画了系统振荡频率受杂质区域参数 β_2 的影响。可以看出随着 β_2 的改变系统频率出现了大幅波动，我们根据频率的变化与对应的斑图，把杂质区域对螺旋波中心的影响分为了 7 种情况，分别对应图 7.26 中 A、B、C、D、E、F、G 区域。当 $\beta_2 < -1.14$ 时，系统处在 A 区域，系统的频率值增大，系统中能观察到较为明显的杂质的存在，但系统整体的动力学行为并未受到改变，如图 7.25 (a) 所示；当 $-1.14 < \beta_2 < -0.74$ 时，系统处在 B 区域，系统的频率骤降，接近原频率，单螺旋波被打乱，系统演化成了多螺旋波，如图 7.25 (b) 所示；当 $-0.74 < \beta_2 < -0.42$ 时，系统处在 C 区域，系统的频率值骤增，且随着 β_2 的增大而增大，系统斑图演化为一种宽波纹靶波，如图 7.25 (c)、(d) 所示；当 $-0.42 < \beta_2 < -0.24$ 时，系统处在 D 区域，此时系统频率又重新骤降至原频率值附近，与 B 区域相似，斑图情况如图 7.25(e) 所示；当 $-0.24 < \beta_2 < 0.11$ 时，系统处在 E 区域，同样出现了 V 形靶

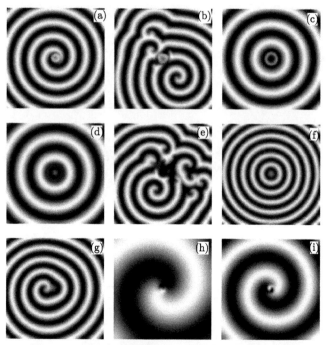

图 7.25 不同杂质参数情形下系统的最终演化结果

系统参数为 $\alpha_1 = -1.34, \beta_1 = 0.35$，杂质参数为 $\alpha_2 = -1$。(a) $\beta_2 = -1.8$；(b) $\beta_2 = -1.0$；(c) $\beta_2 = -0.7$；(d) $\beta_2 = -0.5$；(e) $\beta_2 = -0.4$；(f) $\beta_2 = -0.2$；(g) $\beta_2 = 0.1$；(h) $\beta_2 = 0.7$；(i) $\beta_2 = 1.8$。可以注意到，在所示的杂质参数条件下系统的演化结果呈现多样性，出现了许多特殊斑图

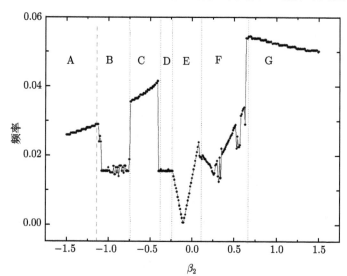

图 7.26 系统频率随参数 β_2 的变化情况

系统参数 $\alpha_1 = -1.34$，$\beta_1 = 0.35$，杂质参数为 $\alpha_2 = -1$。图中仅画出了非杂质区域的振荡频率

7.3 局部不均匀性对时空系统振荡频率的影响

波区域,如图 7.25(f) 所示,图 7.27 较为详细地刻画了此区域的特点,不难发现,此 V 形区域与多螺旋波系统中发现的 V 形区域有着共同的特点;当 $0.11 < \beta_2 < 0.63$ 时,系统处于 F 区域,此时系统频率有着先减小后增大的趋势,但频率较为混乱,此时系统斑图表现为单螺旋波,只是单螺旋波的中心被系统杂质挤压稍微偏离了系统中间位置,如图 7.25(g) 所示;当 $\beta_2 > 0.63$ 时系统频率骤增至一个较大频率,随着 β_2 的增大有着平缓减小的趋势,系统在这个区域时的斑图较为特殊,表现为一种超宽波纹的螺旋结构,如图 7.25 (h)、(i) 所示。

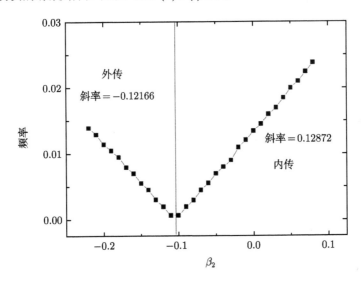

图 7.27 单螺旋波系统中 V 形区域图

经过定性分析,我们不难得出结论,杂质对单螺旋波波心区域的影响之复杂性要远大于对多螺旋波系统一般区域的影响。但相同的是,在一定杂质参数值下,都会产生特性一致的 V 形靶波区域。这表明了 V 形区域的应用适用于各种螺旋波系统。V 形区域之外出现的特殊斑图同样值得进一步的探索与研究。

小结:

本节研究了时空系统中的局域不均匀性对螺旋波的影响,通过加入具有不同系统参数的杂质区域,系统中原有的螺旋波可以被转换为稳定的靶波。通过对杂质区域的参数进行改变,可以归纳得到三种结果。只有杂质区域的参数处于特定范围,系统才能最终演化为稳定的靶波。本节通过分析不同杂质参数时系统振荡频率的变化情况,发现螺旋波转换为靶波的条件是非杂质系统和杂质系统的振荡频率相等且小于系统的固有频率,并在参数频率空间形成一个特殊区域,称之为 V 形区域。该区域具有三个特点:① V 形两边的斜率绝对值相等,具有左右对称性;② V 形区域两边的靶波传播方向相反,其中区域左边 ($\beta_1 \leqslant \beta_2 \leqslant \beta_c$) 形成的靶波由内向外传播,区域右边 ($\beta_c \leqslant \beta_2 \leqslant \beta_r$) 形成的靶波由外向内传播;③ V 形区域随着杂质区域参数 α_2 的增大向 β_2 减小的方向平移,区域的宽度基本保持不变。此外,本节还通过大量的数值实验,在不同的杂质区域半径下都观察到了类似的 V 形区域,且杂质区域尺寸的改变并不影响 β_1、β_c、β_r 的值,出于篇幅的考虑,这些数据分析结果没有在此一一列举。值得一提的是,我们在研究杂质对螺旋波波心的影响时,同样发现了此 V 形区域的存在。时空系统中的振荡现象理论研究,在信号传播、模式竞争等领域都具有潜在的应用价值。本节对于靶波稳定性条件的数值实验和理论分析可以为这些领域提供更多的支持,并期望对相关应用领域的研究提供启发和思路,以获得突破性的应用成果。

7.4 局域不均匀性产生靶波在双层系统中周期性振荡行为研究

第 6 章中详细介绍了在弱耦合的双层 CGLE 系统中通过单螺旋波耦合多螺旋波,发现新颖的模螺旋波斑图,并分析了这种模螺旋波的产生机制与频率来源。文献 [36] 作者则在双层耦合 CGLE 系统中通过单螺旋波与单螺旋波的耦合,观察到了丰富的斑图动力学行为,如相漂移、振幅调制、振幅主导、相同步等,并发现双层耦合系统中高频主导的规律。

本节的主要研究内容是:首先在驱动 CGLE 系统中引入一个不均匀的区域以产生稳定的靶波,然后单向耦合一个内传的单螺旋波,通过改变靶波的频率和耦合强度来观察双层耦合系统中的动力学行为,最后着重分析模靶波周期性振荡频率的来源以及耦合达到相同步时临界耦合强度与驱动系统的靶波频率呈现出来的规律。

7.4.1 靶波的产生

我们考虑以下 CGLE:

$$\partial_t A = (1 - i\omega) A + (1 + i\alpha) \nabla^2 A - (1 + i\beta) |A|^2 A \tag{7.16}$$

其中 ω 是线性频率参数,非线性扩散关系 $\omega_k = \omega_0 + (\alpha - \beta) k^2$,$\omega_0$ 表示一致振荡频率。在 CGLE 系统中,我们引入一个圆形不均匀区域,表达式如下:

$$\omega(r) = \begin{cases} 0, & r > r_0 \\ \Delta\omega, & r \leqslant r_0 \end{cases} \tag{7.17}$$

其中 $r = \sqrt{(x - x_c)^2 + (y - y_c)^2}$,$(x_c, y_c)$ 指的是不均匀区域的中心位置,区域半

7.4 局域不均匀性产生靶波在双层系统中周期性振荡行为研究

径大小为 r_0。我们采用欧拉差分方法进行数值模拟，系统大小 256×256，时间步长 $\Delta t = 0.04$，空间步长 $\Delta x = \Delta y = 1.0$，无流边界条件。

设置系统参数 $\beta = -0.2$，$\alpha = 0.8$，$r_0 = 10$，$\Delta \omega = 0.16$，局域不均匀区域的中心位置为 $(128,128)$，可以观察一个靶波的产生过程，如图 7.28 所示。系统的初始条件是，产生一个稳定的单螺旋波，即未加入局域不均匀区域的情况下有单螺旋波的产生。从图 7.28(a)~(c) 我们可以看到系统仍然有螺旋波中心缺陷点的存在。在图 7.28(d) 中，可以观察到系统已经产生稳定的靶波，并且螺旋波中心的缺陷点被推出系统区域。这种情况下产生的靶波将作为 7.4.2 节耦合时的驱动系统。

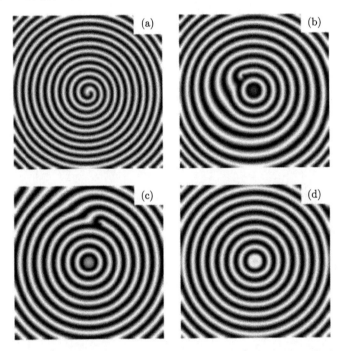

图 7.28　引入局域不均匀区域在产生单螺旋波的系统中生成稳定靶波的过程

(a) $t = 400$; (b) $t = 600$; (c) $t = 900$; (d) $t = 1500$。系统已经生成稳定的靶波

接下来，主要通过改变局部不均匀区域的 $\Delta \omega$ 值，来观察靶波的传播方向的变化以及靶波频率的变化规律。在图 7.28 中，不能看出靶波的传播方向是向内还是向外，但可以通过观察系统 $y = 128$ 此条线的时序图或者系统演化过程中某一点的 $\text{Re}(A)$ 和 $\text{Im}(A)$ 时序图来判别波的传播方向。如图 7.29 所示，当 $\Delta \omega = 0.16$ 时，实线在虚线之前，即 $\text{Re}(A)$ 在 $\text{Im}(A)$ 前，系统产生的靶波向内传，当 $\Delta \omega = 0.26$ 时，实线在虚线之后，即 $\text{Re}(A)$ 在 $\text{Im}(A)$ 后，系统产生的靶波向外传。

如图 7.30 所示，给出了不同的 $\Delta \omega$ 值所产生靶波的频率值 (FFT)。当 $\Delta \omega$ 逐

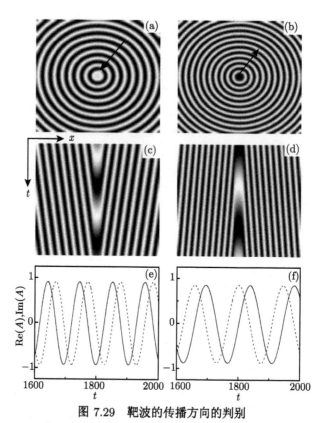

图 7.29 靶波的传播方向的判别

左栏图 (a)、(c)、(e) 表示靶波向内传播, 右栏图 (b)、(d)、(f) 表示靶波向外传播。(c)、(d) 表示系统截取中间一条线 $y = 128$ 的时序图。(e)、(f) 表示系统中点 (10,10) 的时序图。系统参数 $\beta = -0.2$, $\alpha = 0.8$, $r_0 = 10$, $\Delta\omega = 0.16$(左栏), $\Delta\omega = 0.26$(右栏)

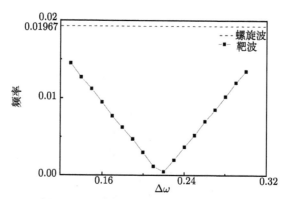

图 7.30 靶波的频率随 $\Delta\omega$ 的变化情况

图中虚线表示原系统中的螺旋波频率值。系统参数 $\beta = -0.2$, $\alpha = 0.8$, $r_0 = 10$。$\Delta\omega$ 的变化范围是 (0.13, 0.30)

渐增大时,产生的靶波的频率先减小后增大,并与 $\Delta\omega$ 变化呈现出良好的线性关系。其中,频率逐渐减小的靶波对应于内传靶波;而频率逐渐增大的靶波对应于外传靶波。另外,从图中可以看出,产生靶波的频率不超过螺旋波的频率 0.01967,这是因为螺旋波的自身传播方向是向内的,根据前人对波的竞争与稳定性研究,图 7.30 的实验结果是合理的。

7.4.2 双层耦合复金兹堡-朗道方程系统

考虑以下单向耦合的 CGLE 模型:

$$\partial_t A_2 = A_2 + (1+\mathrm{i}\alpha)\nabla^2 A_2 - (1+\mathrm{i}\beta)|A_2|^2 A_2 - \varepsilon(A_2 - A_1) \tag{7.18}$$

其中 A_1, A_2 是系统复变量。A_1 对应 7.4.1 节中的靶波模型系统,表示驱动系统,A_2 对应单螺旋模型系统,表示响应系统。实数 α, β 为系统参数。考虑二维时空系统,拉普拉斯算符:$\nabla^2 = \partial^2/\partial x^2 + \partial^2/\partial y^2$。同样,采用欧拉差分方法进行数值模拟,系统大小 256×256,时间步长 $\Delta t = 0.04$,空间步长 $\Delta x = \Delta y = 1.0$,无流边界条件。

如图 7.31 所示,是内传靶波与内传螺旋波的耦合。当耦合强度为 $\varepsilon = 0.08$ 时,

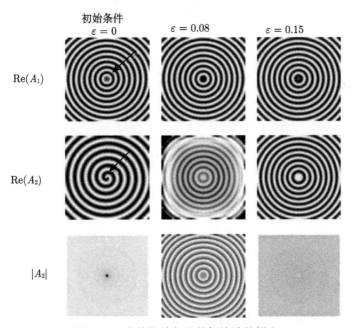

图 7.31 内传靶波与内传螺旋波的耦合

第一行 Re(A_1) 表示驱动系统的实部斑图,第二行 Re(A_2) 表示响应系统的实部斑图,第三行 $|A_2|$ 表示响应系统的振幅斑图。系统参数 $\beta = -0.2, \alpha = 0.8$。驱动系统的内传靶波产生的其他参数是 $\Delta\omega = 0.16, r_0 = 10$

在响应系统 $|A_2|$ 中产生了靶波，称之为模靶波。当耦合强度为 $\varepsilon = 0.15$ 时，在响应系统 $\mathrm{Re}(A_2)$ 中产生了靶波，表示驱动系统与响应系统达到相同步。

如图 7.32 所示，是外传靶波与内传螺旋波的耦合。当耦合强度为 $\varepsilon = 0.15$ 时，在响应系统 $|A_2|$ 中产生了模靶波。当耦合强度为 $\varepsilon = 0.22$ 时，在响应系统 $\mathrm{Re}(A_2)$ 中产生了靶波，表示驱动系统与响应系统达到相同步。

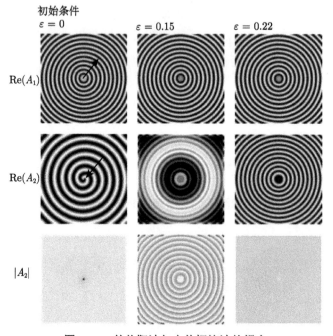

图 7.32 外传靶波与内传螺旋波的耦合

系统参数 $\beta = -0.2$，$\alpha = 0.8$。驱动系统的外传靶波产生的其他参数是 $\Delta\omega = 0.26, r_0 = 10$

从上述实验观察中，我们可以得出结论：无论是外传靶波还是内传靶波，耦合内传螺旋波后，当耦合强度较小时，在响应系统会出现模靶波；当耦合强度较大时，响应系统中会出现与驱动系统相似的靶波，即相同步的现象。接下来的小节，我们会着重分析模靶波周期性振荡频率的来源以及耦合达到相同步时临界耦合强度与驱动系统的靶波频率呈现出来的规律。

7.4.3 理论分析

1. 模靶波的周期性振荡频率来源

通过实验分析可知模靶波是呈周期性振荡的，即存在振荡频率。在此，重点探讨模靶波的周期性振荡频率来源。首先，考虑内传靶波与内传螺旋波的耦合情况，图 7.33 表示耦合后的 $\mathrm{Re}(A_1)$，$\mathrm{Re}(A_2)$，$|A_2|$ 时序图以及相应的 FFT 图。从

7.4 局域不均匀性产生靶波在双层系统中周期性振荡行为研究

图中可以看出驱动系统 $\text{Re}(A_1)$ 呈周期运动,其频率为 $\Omega_1 = 0.0095$,响应系统 $\text{Re}(A_2)$ 呈准周期运动,具有两个不同频率 Ω_1,$\Omega_2(\Omega_2 = 0.0257)$,其中 Ω_2 是通过耦合作用新产生的。在图 7.33 (e) 中看出响应系统 $|A_2|$ 也呈周期性振荡,其频率 $\Omega = 0.0162 \approx \Omega_2 - \Omega_1$。

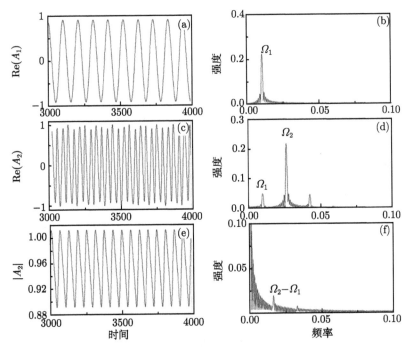

图 7.33 $\text{Re}(A_1)$,$\text{Re}(A_2)$,$|A_2|$ 时序图 (左栏) 以及相应的 FFT(右栏)
$\Omega_1 = 0.0095$,$\Omega_2 = 0.0257$,$\Omega_2 - \Omega_1 \approx 0.0162$。选取的系统中的时空点为 (50,55)

其次,考虑外传靶波与内传螺旋波的耦合情况,图 7.34 表示耦合后的 $\text{Re}(A_1)$,$\text{Re}(A_2)$,$|A_2|$ 时序图 (左栏) 以及相应的 FFT 图 (右栏)。从图中可得,驱动系统 $\text{Re}(A_1)$ 呈周期运动,其频率为 $\Omega_1 = 0.0070$,响应系统 $\text{Re}(A_2)$ 呈准周期运动,具有两个不同频率 Ω_1,$\Omega_2(\Omega_2 = 0.0185)$,其中 Ω_2 是通过耦合作用新产生的。从图 7.33(e) 中看出响应系统 $|A_2|$ 也呈周期性振荡,其频率 $\Omega = 0.0257 \approx \Omega_2 + \Omega_1$。

综上所述,可以得出结论:耦合作用使得响应系统产生的新频率是其振幅产生周期性振荡的主要原因。响应系统在新频率 Ω_2 驱动下,使得 $\text{Re}(A_2)$ 由周期运动演化为准周期运动,从而在振幅中出现周期性振荡行为。当驱动系统和响应系统同时属于向内传播的波时,耦合之后响应系统模靶波的频率等于响应系统 $\text{Re}(A_2)$ 中新产生的频率与驱动系统 $\text{Re}(A_1)$ 的频率之差 ($\Omega \approx \Omega_2 - \Omega_1$);当驱动系统靶波向外传播,而响应系统螺旋波向内传播时,耦合之后响应系统模靶波的频率等于响应

系统 $\mathrm{Re}(A_2)$ 中新产生的频率与驱动系统 $\mathrm{Re}(A_1)$ 的频率之和 $(\Omega \approx \Omega_2 + \Omega_1)$。

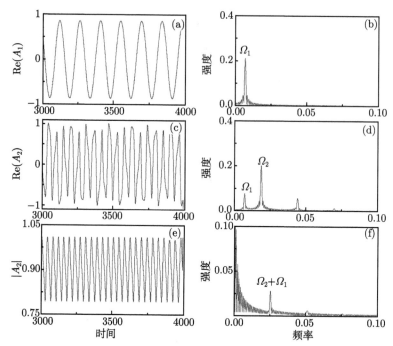

图 7.34 $\mathrm{Re}(A_1)$, $\mathrm{Re}(A_2)$, $|A_2|$ 时序图 (左栏) 以及相应的 FFT(右栏) $\Omega_1 = 0.0070$, $\Omega_2 = 0.0185$, $\Omega_2 + \Omega_1 \approx 0.0257$。选取的系统中的时空点为 (50,55)

2. 利用 P 函数分析耦合系统中的同步行为

为了研究驱动与响应系统之间的差异,我们引入同步 P 函数,其表达式如下:

$$P = \lim_{T \to \infty} \frac{1}{T} \frac{1}{L^2} \int_0^T \mathrm{d}t \int_0^L \mathrm{d}x \int_0^L |A_2 - A_1| \mathrm{d}y \tag{7.19}$$

其中 T 为系统的演化总时间,L 为系统尺寸,t 为时间变量,x 和 y 为系统的空间坐标。由同步 P 函数的定义可知,驱动与响应系统的差异越大,则同步函数的数值越大,反之就越小;当驱动与响应系统趋于相同步时,同步 P 函数值趋于 0。图 7.35 展示了耦合强度 ε 与同步 P 函数的关系图。以 $\Delta\omega = 0.16$ 为例,当 $0.025 < \varepsilon < 0.111$ 时,P 函数出现光滑的线性平台,此时响应系统出现模靶波。当 $\varepsilon > 0.125$ 时,同步 P 函数趋向于 0,此时响应与驱动系统达到相同步。如 7.4.2 节所观察到的。从图 7.35 中,可以观察到 P-ε 曲线随着 $\Delta\omega$ 的逐渐增大而呈现平缓的渐变过程。接下来,本小节关注耦合达到相同步时临界耦合强度与驱动系统的靶波频率呈现出来的规律。

7.4 局域不均匀性产生靶波在双层系统中周期性振荡行为研究

从图 7.35 中可以看出，当 $\Delta\omega$ 逐渐增大，耦合达到相同步时，所需要的临界耦合强度也逐渐增大。图 7.36 给出了 $\Delta\omega$ 值与临界 ε_c 之间的关系，可以看出 $\Delta\omega$ 值与临界耦合强度 ε_c 之间呈良好的线性关系。再结合图 7.30 中 $\Delta\omega$ 值与靶波频率的关系可以得出结论：当内传靶波耦合螺旋波时，内传靶波的频率越小耦合达到相同步的耦合强度就越大，而当外传靶波耦合螺旋波时，外传靶波的频率越大耦合达到相同步的耦合强度就越大，并且双层系统达到相同步时，临界耦合强度与驱动系统的靶波频率呈线性关系。

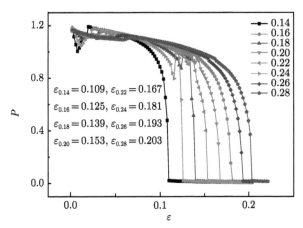

图 7.35 耦合强度 ε 与同步 P 函数的关系图

$\varepsilon_{0.14}, \varepsilon_{0.16}, \varepsilon_{0.18}, \varepsilon_{0.20}, \varepsilon_{0.22}, \varepsilon_{0.24}, \varepsilon_{0.26}, \varepsilon_{0.28}$ 表示当 $\Delta\omega = 0.14, 0.16, 0.18, 0.20, 0.22, 0.24, 0.26, 0.28$ 时，耦合后达到相同步的临界耦合强度

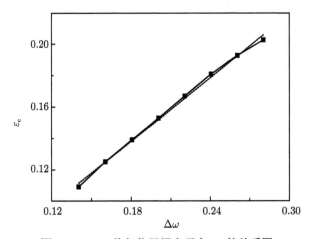

图 7.36 $\Delta\omega$ 值与临界耦合强度 ε_c 的关系图

虚线为线性拟合曲线

小结:

本节以双层耦合 CGLE 系统为时空模型,研究了不同频率的靶波耦合内传螺旋波所产生的动力学行为,发现在弱耦合强度的条件下,响应系统的模会出现靶波,我们称之为模靶波。模靶波具有周期性振荡频率,我们利用 FFT 着重分析了这种周期性振荡频率的来源,发现当内传的靶波耦合内传的螺旋波时,响应系统会出现新的频率,而模靶波的频率值是这个新的频率与原有驱动系统中靶波频率之差。此外,当外传的靶波耦合内传的螺旋波时,响应系统也会出现新的频率,而模靶波的频率值是新的频率与原有驱动系统中靶波频率之和。

同时,本节研究了不同频率的靶波耦合内传螺旋波时同步函数的变化规律,发现当内传靶波耦合螺旋波时,内传靶波的频率越小耦合达到相同步的临界耦合强度就越大,而当外传靶波耦合螺旋波时,外传靶波的频率越大耦合达到相同步的临界耦合强度就越大,并且双层系统达到相同步时,临界耦合强度与驱动系统的靶波频率呈良好的线性关系。

参 考 文 献

[1] 王光瑞, 袁国勇. 螺旋波动力学及其控制. 北京: 科学出版社, 2014.

[2] Vanag V K, Epstein I R. Inwardly rotating spiral waves in a reaction-diffusion system. Science, 2001, 294(5543): 835-837.

[3] Nicola E M, Brusch L, Bar M. Antispiral waves as sources in oscillatory reaction-diffusion media. Journal of Physical Chemistry B, 2004, 108(38): 14733-14740.

[4] Brusch L, Nicola E M, Bar M. Comment on "Antispiral waves in reaction-diffusion systems". Physical Review Letters, 2004, 92(8): 089801.

[5] Hagan P S. Inward propagating chemical waves in a single-phase reaction-diffusion system. Physical Review Letters, 1981, 100(19): 198304.

[6] Shao X, Wu Y, Zhang J Z, et al. Inward propagating chemical waves in a single-phase reaction-diffusion system. Physical Review Letters, 2008, 100(19): 198304.

[7] Hagan P S. Target patterns in reaction-diffusion systems. Advances in Applied Mathematics, 1981, 2(4): 400-416.

[8] Gong Y F, Christini D J. Antispiral waves in reaction-diffusion systems. Physical Review Letters, 2003, 90(8): 088302.

[9] Kuramoto Y. Chemical Oscillations, Waves, and Turbulence. New York: Springer, 1984.

[10] Li B W, Ying H P, Yang J S, et al. Heterogeneity selected target waves and their competition: Outgoing or ingoing? Physics Letters A, 2010, 374(36): 3752-3757.

[11] Li B W, Gao X, Deng Z G, et al. Circular-interface selected wave patterns in the complex Ginzburg-Landau equation. Europhysics Letters, 2010, 91(3): 34001.

[12] Cui X H, Huang X Q, Cao Z J, et al. Interface-selected waves and their influence on wave competition. Physical Review E, 2008, 78(22): 026202.

[13] Cui X H, Dong Y X, Huang X Q, et al. The prediction of wave competitions in inhomogeneous brusselator systems. Communications in Theoretical Physics, 2015, 63(3): 359-366.

[14] Cui X H, Huang X D, Hu G. Waves spontaneously generated by heterogeneity in oscillatory media. Scientific Reports, 2016, 6: 25177.

[15] Gao J H, Xiao Q, Xie L L, et al. Analysis of energyeigenvalue in the complex Ginzburg-Landau euation. Communications in Theoretical Physics, 2017, 67(6): 717-722.

[16] Hagan P S. Spiral waves in reaction-diffusion equations. SIAM Journal on Applied Mathematics, 1982, 42(4): 762-786.

[17] Li B W, Zhang H, Ying H P, et al. Coherent wave patterns sustained by a localized inhomogeneity in an excitable medium. Physical Review E, 2009, 79(22): 026220.

[18] Li B W, Zhang H, Ying H P, et al. Sinklike spiral waves in oscillatory media with a disk-shaped inhomogeneity. Physical Review E, 2008, 77(52): 056207.

[19] He X Y, Zhang H, Hu B B, et al. Control of defect-mediated turbulence in the complex Ginzburg-Landau equation via ordered waves. New Journal of Physics, 2007, 9(66): 66.

[20] Li T C, Li B W. Reversal of spiral waves in an oscillatory system caused by an inhomogeneity. Chaos, 2013, 23(3): 033130.

[21] 欧阳颀. 非线性科学与斑图动力学导论. 北京: 北京大学出版社, 2010.

[22] Cui X H, Huang X Q, Di Z R. Target wave imagery in nonlinear oscillatory systems. Europhysics Letters, 2015, 112(5): 54003.

[23] Cui X H, Huang X Q, Xie F G, et al. Wave competitions around interfaces of two oscillatory media. Physical Review E, 2013, 88(2): 022905.

[24] Huang X Q, Liao X H, Cui X H, et al. Nonlinear waves with negative phase velocity. Physical Review E, 2009, 80(32): 036211.

[25] Cao Z J, Zhang H, Hu G. Negative refraction in nonlinear wave systems. Europhysics Letters, 2007, 79(3): 34002.

[26] Ross J, Muller S C, Vidal C. Chemical waves. Science, 1988, 240(4851): 460-465.

[27] Stich M, Ipsen M, Mikhailov A S. Self-organized stable pacemakers near the onset of birhythmicity. Physical Review Letters, 2001, 86(19): 4406-4409.

[28] Stich M, Mikhailov A S. Target patterns in two-dimensional heterogeneous oscillatory reaction-diffusion systems. Physica D: Nonlinear Phenomena, 2006, 215(1): 38-45.

[29] Stich M, Mikhailov A S. Complex pacemakers and wave sinks in heterogeneous oscillatory chemical systems. Zeitschrift fur Physikalische Chemie-International Journal of Research in Physical Chemistry & Chemical Physics, 2002, 216(4): 521-533.

[30] Stich M, Mikhailov A S, Kuramoto Y. Self-organized pacemakers and bistability of pulses in an excitable medium. Physical Review E, 2009, 79(22): 026110.

[31] Vidal C, Pagola A. Observed properties of trigger waves close to the center of the target patterns in an oscillating belousov-zhabotinsky reagent. Journal of Physical Chemistry, 1989, 93(7): 2711-2716.

[32] Jiang M X, Wang X N, Ouyang Q, et al. Spatiotemporal chaos control with a target wave in the complex Ginzburg-Landau equation system. Physical Review E, 2004, 69(52): 056202.

[33] Gao J H, Zhan M. Target waves in oscillatory media by variable block method. Physics Letters A, 2007, 371(1-2): 96-100.

[34] Luo J M, Zhan M. Synchronization defect lines in complex-oscillatory target waves. Physics Letters A, 2008, 372(14): 2415-2419.

[35] 高继华, 史文茂, 汤艳丰, 等. 局部不均匀性对时空系统振荡频率的影响. 物理学报, 2016, (15): 150503.

[36] Nie H C, Gao J H, Zhan M. Pattern formation of coupled spiral waves in bilayer systems: Rich dynamics and high-frequency dominance. Physical Review E, 2011, 84(52): 056204.

第8章 结　束　语

　　系统科学的理论体系非常丰富，涵盖了其他具体科学中存在的复杂性问题研究，其中包括两个重要的研究领域：控制论和自组织理论。近些年来，这两个领域产生了大量的理论研究成果，为自然科学的不断发展提供了丰富的养分，也为相关技术领域提供了有益的借鉴。本书的主要内容就是针对这两个领域中的一些基础研究课题，同时也是作者与合作者近十几年来在相关方向上科研工作的一个整理总结。如前所述，本书主要讨论了 CGLE 模型中的时空混沌和周期性斑图控制方法，并对这些控制过程中所观察到的现象进行分析。在第 2 章与第 3 章中介绍了线性反馈控制方法、广义函数反馈控制方法对时空混沌的控制效果。在第 4 章至第 7 章中介绍了周期性斑图的动力学行为及其控制，分别采用耦合方法、外加周期信号、脉冲等外力形式，并通过边界控制、相空间压缩等方法对斑图进行控制与研究。此外，本书还通过数值实验观察了双层耦合系统的同步现象与模螺旋波的动力学行为，并采用调整系统参数的方法引入不均匀介质对螺旋波竞争规律进行研究。这些研究工作中的绝大多数内容都曾经公开发表在各学术期刊上，通过整理成书，则可以使读者更为系统地了解这些研究思路之间的相互关系和发展脉络。限于作者的水平，本书一定还存在不少疏漏甚至谬误之处，敬请读者批评指正。

　　作为系统科学的重要组成部分，控制论与自组织理论作为独立学科从产生至今虽然已经发展了数十年，但是对于人类探索大自然奥秘的漫长历史来说，仍然是非常年轻的理论，在许多研究方向上都具有发展空间。与此同时，这些理论也在不断地开拓应用范围，具有较高的应用潜力和能力。在未来社会，大量应用机器人进行工业生产和社会服务是一个重要的发展方向，控制论在机器人的设计制造中可以发挥关键作用。在社会管理中，控制论也可以为各级政府和社会组织提供管理理论依据。随着大数据技术的广泛应用，以及互联网技术的不断进步，人类在社会管理领域中会不断提出新的问题。对于这些应用型研究课题的钻研，也会促使控制论得到进一步完善，理论和应用相辅相成、同步发展。对于自组织理论而言，复杂系统在不同内部和外部条件的相互作用下所遵循的演化规律不但适用于探究自然系统的变化情况，也为研究社会系统模型的演化提供了借鉴。从广义的角度去思考，人类社会中的任何组织都可以看成是大自然中自组织结构的特例，因而遵循相同的稳定与变化规律。因此，以自组织理论为基础，或许可以让人们重新审视人类与自然界的关系,以及人类社会的未来发展方向和模式。本书的研究内容虽然仅仅着眼于一个时空方程模型中的混沌与周期模式控制问题,但是作者希望这些工作能在各位读者的了解和推广下,在更高的理论层次、更广的应用领域发挥更大的作用,从而为人类社会的发展做出更大的贡献。

附录　科学家中外译名对照表

阿诺尔德	V. I. Arnold
爱德华·洛伦兹	Edward Lorenz
奥特	E. Ott
贝纳德	E. Benard
别洛乌索夫	Belousov
伯克霍夫	George David Birkhoff
厄农	M. Henon
费尔德	R. J. Field
格里波基	G. Grebogi
哈肯	H. Haken
赫伯曼	B. A. Huberman
惠更斯	C. Huygens
卡罗尔	T. M. Caroll
柯尔莫哥洛夫	A. H. Kolmogorov
克劳斯	E. Körös
李雅普诺夫	Lyapunov
吕埃勒	D. Ruelle
罗伯特·梅	Robert May
曼德勃罗	Benoit B. Mandelbrot
米切尔·费根鲍姆	Mitchell Jay Feigenbaum
莫泽	J. K. Moser
牛顿	Newton
诺伊斯	R. M. Noyes
庞加莱	H. Poincaré
佩科拉	L. M. Pecora
皮里格斯	Pyragas
普利高津	I. Prigogine

塔肯斯	F. Takens
图灵	Turing
维夫瑞	Arthur T. Winfree
扎布亭斯基	Zhabotinski
詹姆斯·约克	James A. Yorke

索引

A
爱克豪斯失稳　27

B
靶波　14, 19
斑图动力学　19
贝纳德对流　5
遍历性　13

C
超螺旋波　25
虫口模型　11
初值敏感性　13

D
动力系统　1
动力学方程　2
多臂螺旋波　26
多普勒失稳　27

F
反螺旋波　25
分岔　8
分段螺旋波　26

H
蝴蝶效应　13
化学振荡　4

J
局域钉扎方法　17

K
可激发介质系统　21

L
李雅普诺夫指数　9
连续变量反馈方法　15

M
漫游螺旋波　25

O
耦合映象格子　9
耦合振子　49

Q
确定性系统　2
缺陷湍流　23

S
时空阵发　68
双稳介质系统　22
随机性　13

T
图灵斑图　18

X

线性稳定性分析　29

相空间　7

相湍流　36

Y

有界性　13

元胞自动机　9

Z

振荡介质系统　20

自适应控制方法　16

其 他

OGY 控制方法　15